21世纪高等教育计算机规划教材

COMPUTER

计算机硬件组装与维护教程

Computer Hardware Assembly and Maintenance

于德海　主编

王王亮 吕佳阳 杨明 陈明 李杰　副主编

人民邮电出版社

北京

图书在版编目（CIP）数据

计算机硬件组装与维护教程 / 于德海主编. -- 北京
: 人民邮电出版社，2013.9（2023.10 重印）
21世纪高等教育计算机规划教材
ISBN 978-7-115-32842-7

Ⅰ. ①计… Ⅱ. ①于… Ⅲ. ①电子计算机－组装－高等学校－教材②计算机维护－高等学校－教材 Ⅳ. ①TP30

中国版本图书馆CIP数据核字(2013)第195909号

内容提要

本书从普通高等院校理工类本、专科教育对计算机应用能力培养的要求出发，以 80x86 PC 为基础，系统地介绍了与计算机硬件组装与维护方面的相关知识，全书分为理论和实验两部分，其中理论部分共 13 章，详细地讲解了微型计算机的组成和主要工作原理、计算机网络基础知识、笔记本电脑和掌上电脑的基础知识，常见故障与维护和目前比较主流的 Windows 7 操作系统。实验部分共 10 个实验，介绍了计算机硬件组装、BIOS 设置、操作系统安装和无线网络组建、计算机常见问题及故障排除及与计算机硬件密切相关的主要技术的应用，并给出了具体的操作步骤。

《计算机硬件组装与维护教程》的内容阐述深入浅出，实例丰富并且涉及的硬件都以最新产品为例，应用性很强。在内容编排上，本书注重微型计算机的系统性、基础性和技术性，尽量把原理与应用技术结合，有效地提高读者的阅读效率。

本书可以作为高等院校计算机专业的教材，也可作为高职高专计算机专业的教材，还适合作为工程技术人的学习参考书，同时还适合初学者自学使用。

◆ 主　　编　于德海
副 主 编　王　亮　吕佳阳　杨　明　陈　明　李　杰
责任编辑　许金霞
责任印制　彭志环　杨林杰
◆ 人民邮电出版社出版发行　　北京市丰台区成寿寺路 11 号
邮编　100164　　电子邮件　315@ptpress.com.cn
网址　https://www.ptpress.com.cn
北京盛通印刷股份有限公司印刷
◆ 开本：787×1092　1/16
印张：15.5　　2013 年 9 月第 1 版
字数：400 千字　　2023 年 10 月北京第 9 次印刷

定价：36.00 元

读者服务热线：(010) 81055256　印装质量热线：(010) 81055316
反盗版热线：(010) 81055315

前言

计算机硬件技术是计算机技术的一个重要组成部分。不同层次的计算机人才，需要拥有不同层次的计算机硬件知识。因此，计算机硬件组装与维护是大学计算机公共课中的一门重要课程，与计算机软件技术基础同属于计算机基础课中的第二层次。本书主要介绍微型计算机的硬件技术。在传统的计算机硬件课程的教学中，硬件基础通常以“计算机组成原理”为蓝本，深入详尽地讲解计算机各部分的工作原理及功能的内部实现。由于深入到计算机硬件结构的内部，涉及许多复杂的逻辑电路图、时序图以及计算机内部抽象深奥的原理知识，理论性太强，直观生动性不够，使初学者在学习的过程中感到吃力、生硬和抽象。为了适应形势的变化，结合当前人才培养目标的要求，我们把教材的编写定位在“理论知识以必要且够用为前提，重点加强实际应用能力的培养”，将本书分为理论和实验两个部分，理论部分降低了相关知识的理论深度，着重于硬件部件的外观特性、基本功能、使用方法及常规维护等知识的介绍。同时考虑到理论需要联系实际。实验部分是检验前面理论部分学习情况的重要依据，也是理论联系实际必须涉及的内容。

全书理论部分共分为 13 章，在实验部分配有 10 个比较经典的相关实验，每一章的内容和每个实验的设计都精挑细选。本书的编写特点如下：

（1）难度适中，详略得当，完全以对知识的掌握和应用为编写的出发点；

（2）知识面广，本书涉及了计算机硬件及与硬件相关的各方面的知识；

（3）知识点新，既介绍计算机硬件的基础知识，又结合相关领域的新技术、新器件、新应用，紧跟科学发展的步伐。

（4）理论联系实际，用比较典型的实验来验证理论部分讲解的相关知识点。

本书参考学时为 32 ~ 48 学时（含实验实训）。

本书由长春工业大学于德海任主编，长春工业大学王亮、吕佳阳、杨明、陈明任副主编。在教材的编写过程中，长春工业大学李万龙教授提出了许多宝贵意见并给予了很大帮助，在此表示衷心的感谢。本书可作为高等院校及高职院校各专业的计算机硬件入门教材，也可作为计算机初学者的自学教材。本书按照新的教材体系编写，对相关知识进行了大幅度的重组及整理，同时添加了许多的新技术及新应用。由于作者水平有限，书中难免存在不当之处，敬请读者批评指正。我们的联系方式是 wangliang@mail.ccut.edu.cn。

编　者

2013 年 6 月

目 录

理论部分

实验部分

理论部分

第1章 计算机概述

1.1 计算机发展史

计算机是20世纪最伟大的发明之一，可以说计算机是当代社会、科学和经济发展的奠基石。计算机的发明带动了20世纪下半叶的信息技术革命，和以往的工业革命不同的是，计算机将人类从繁杂的脑力和体力劳动中解放了出来，这使得人类社会70年来的发展速度比此前任何一个时期都快，生产总值比此前几千年来的总和还要多。

计算机为什么会有如此神奇的力量呢？它究竟是什么样子呢？它又是如何被发明的？下面就来了解一下计算机的发展史。

1.1.1 计算机的诞生

计算机是人们对电子计算机的俗称，第一台计算机是1946年2月15日由美国宾夕法尼亚大学研制的，名为恩尼亚克（ENIAC），负责人是John W.Mauchly和J.Presper Eckert。ENIAC重30吨，由17468个电子管组成，功率25千瓦，主要用于计算弹道和氢弹的研制，如图1-1所示。后来，由天才数学大师、美籍匈牙利数学家冯·诺依曼（1903—1957）对其进行了改进，并命名为“冯·诺依曼”体系计算机，现在的计算机都是由“冯·诺依曼”体系计算机发展而来的，因此冯·诺依曼被西方科学家尊称为“电子计算机之父”。

图1-1　恩尼亚克（ENIAC）

在第一台电子计算机之前，还有具有历史意义的一台计算器，那就是由法国数学家帕斯卡（1623—1662）于1642年发明的自动进位加法器，称为Pascalene。后来，德国数学家莱布尼兹(1646—1716)在帕斯卡计算器的基础上，于1694年发明了世界上第一台能进行加减乘除法运算的机械计算机。莱布尼兹还有一项重大发明，那便是当今所有计算机使用的二进制。二进制只有 0 和 1 这两个数字，遇到比 1 大的数就进位，例如，1 + 1 = 10，11 + 1 = 100 等。

1.1.2 计算机的发展

自 1946 年第一台真正意义上的计算机被发明以来，计算机已经走过了 60 多个年头。从最初采用电子管的庞大计算机到如今采用超大规模集成电路的微型计算机，计算机主要经历了 4 个阶段和 3 次重大的技术革新。

1. 第一代（1946—1958）：电子管数字计算机

计算机的逻辑元件采用电子管，主存储器采用汞延迟线、磁鼓、磁芯，外存储器采用磁带，软件主要采用机器语言、汇编语言，其应用主要以科学计算为主。其特点是体积大、耗电量大、可靠性差、价格昂贵、维修复杂，但它奠定了以后计算机技术的基础。

1946 年研发的第一代 ENIAC 计算机使用了 17 468 个真空电子管，耗电量达到 174 千瓦，占地 170 平方米，重达 30 吨。由于那个时期的计算机以电子管作为基本电子元件，用磁鼓作为主存储器，因而那个时期被称为“电子管时代”。那时的计算机和现在使用的计算机还差得很远，它采用十进制的计数方式，由冯・诺依曼改进后，计算机才开始采用二进制的计数方式，并且在计算机内加入存储器，把程序和数据一起存储在计算机内，让计算机自动完成运算过程，这便是我们今天使用的计算机的雏型。

不过这一代的计算机体积大、耗电量大、价格昂贵、运行速度较慢，并且可靠性较差，使得计算机的应用范围只局限于科研、军事等少数几个领域。

2. 第二代（1958—1964）：晶体管数字计算机

晶体管的发明推动了计算机的发展，逻辑元件采用晶体管以后，计算机的体积大大缩小，耗电量减少，可靠性提高，性能比第一代计算机有很大的提升。

主存储器采用磁芯，外存储器已开始使用更先进的磁盘。软件也有了很大发展，出现了各种各样的高级语言及其编译程序，还出现了以批处理为主的操作系统，应用以科学计算和各种事务处理为主，并开始用于工业控制。

1956 年诞生了世界上第一台晶体管计算机 Lepreachaun，如图 1-2 所示，它是由美国贝尔实验室研制而成的，以晶体管代替电子管作为基本电子元件，该时期便被称为计算机的“晶体管时代”。这时计算机的体积、重量、功耗都大大地减少了，计算速度达到了 300 万次每秒。

图 1-2 Lepreachaun

3. 第三代（1964—1971）：集成电路数字计算机

20 世纪 60 年代，计算机的逻辑元件采用小、中规模集成电路（SSI、MSI），计算机的体积更小型化、耗电量更少、可靠性更高，性能比第二代计算机又有了很大的提升，这时，小型机也蓬勃发展起来，应用领域日益扩大。

主存储器仍采用磁芯，软件逐渐完善，分时操作系统、会话式语言等多种高级语言都有新的发展。1962 年，由美国德克萨斯公司与美国空军共同研制出了第一台采用中小规模集成电路的计算机。当时的计算机大都以集成电路为最基本电子元件，其体积、功耗都进一步减小，可靠性进一步提高，运算速度达到了 4000 万次每秒，这个时期被称为“集成电路时代”。由于计算机采用了中小规模集成电路，因而集成度较高、功能增强，价格却更便宜，使计算机的应用范围变得更为广泛。

4. 第四代（1971 年以后）：大规模集成电路数字计算机

随着科学技术突飞猛进的发展，20 世纪 70 年代后，各种先进的生产技术被广泛应用于计算机制造中，这使得电子元器件的集成度进一步加大，出现了大规模和超大规模集成电路。计算机以大规模和超大规模集成电路作为基本电子元件后，其体积更加小型化，功耗更低，价格更便宜，这为计算机的普及铺平了道路。这时微型机应运而生，为计算机的普及以及网络化创造了条件。

计算机的逻辑元件和主存储器都采用了大规模集成电路（LSI）。所谓大规模集成电路是指在单片硅片上集成 1000～2000 个甚至更多个晶体管的集成电路，其集成度比中、小规模的集成电路提高了 1～2 个甚至更多个数量级。这时计算机发展到了微型化、耗电极少、可靠性很高的阶段。大规模集成电路使军事工业、空间技术、原子能技术得到发展，这些领域的蓬勃发展又对计算机提出了更高的要求，有力地促进了计算机工业的空前大发展。随着大规模集成电路技术的迅速发展，计算机除了向巨型机方向发展外，还朝着超小型机和微型机方向飞跃前进。1971 年末，世界上第一台微处理器和微型计算机在美国旧金山南部的硅谷应运而生，它开创了微型计算机的新时代。此后各种各样的微处理器和微型计算机如雨后春笋般地被研制出来，并潮水般地涌向市场，成为当时首屈一指的畅销品。这种势头直至今天仍然延续着。特别是 IBM-PC 系列机自诞生以后，几乎一统世界微型机市场，各种各样的兼容机也相继问世。

1.1.3　计算机的未来展望

戈登·摩尔是 Intel 公司创始人之一，1965 年，他预言了计算机集成技术的发展规律，那就是每 18 个月在同样面积的芯片中集成的晶体管数将翻一番，而成本将下降一半。几十年来，计算机芯片的集成度严格按照摩尔定律进行发展，不过它已经走到了尽头。由于计算机采用的是电流作为数据传输的信号，而电流主要靠电子的迁移而产生，电子最基本的通路是原子，一个原子的直径大约等于 1nm，目前芯片的制造工艺已经达到了 20nm 甚至更小，也就是说一条传输电流的导线的直径为 90 个原子并排的长度。照这样发展下去，最终一条导线的直径可以达到一个原子的直径长度，但是这样的电路是极不稳定的，因为电流极易造成原子迁移，那么电路也就断路了。

由于晶体管计算机存在上述的物理极限，因而人类在较早的时候就开始了各种非晶体管计算机的研究，如“梦幻式”的超导计算机、生物计算机、光学计算机等，其中研究成果最为显著的是光学计算机。2003 年 10 月底，以色列 Lenslet 公司研发的 Enlight——全球首枚嵌入光核心的商用向量光学数字处理器问世，它的运算速度达到了 80000 亿次每秒，是普通数字信号处理器的 1000 倍。

1. 计算机芯片新技术

随着硅芯片技术的高速发展，硅技术越来越接近了其自身的物理发展极限，因此，迫切要求计算机从结构变革到器件与技术的革命这一系列的技术都要产生一次质的飞跃才行，新型的量子计算机、光子计算机、分子计算机和纳米计算机应运而生。

（1）量子计算机

量子计算机是基于量子效应基础上开发的，它利用一种链状分子聚合物的特性来表示开与关的状态，并利用激光脉冲来改变分子的状态，使信息沿着聚合物移动从而进行运算，一个量子位可以存储 2 个数据（0 和 1 可同时存取）。同样数量的存储位，量子计算机的存储量比普通计算机要大得多，而且能够实行量子并行计算，其运算速度可能比现有的个人计算机的晶片快上亿倍。

（2）光子计算机

光子计算机即全光数字计算机，以光子代替电子，以光互连代替导线互连，以光硬件代替计算机中的电子硬件，以光运算代替了电运算，光介质的性质决定了光计算机有超高的运算速度。与只能在正常室温下工作的超高速电子计算机相比，光计算机可在非常温状态下工作。光计算机还具有容错性，从这个层面上可以与人脑相媲美。

（3）分子计算机

其运算过程指蛋白质分子与化学介质的相互作用，计算机的转换开关是酶，而程序在酶合成和蛋白质中表现出来，其完成一项运算所需的时间仅为10微微秒，是人的思维速度的100万倍。DNA分子计算机有1立方米的DNA溶液存储1万亿亿的二进制数据的存储容量；DNA计算机消耗的能量只有电子计算机的十亿分之一，其芯片原材料是蛋白质，所以它既可自我修复，又能直接与生物体相连接。

（4）纳米计算机

纳米技术的终极目标是人类按照自己的意志直接操纵单个原子，制造出具有特定功能的产品。现在纳米技术能把传感器、电动机和各种处理器集成在一个硅芯片上，纳米计算机内存芯片的体积不过与几百个原子的大小相当，它几乎不需要耗费任何能源，且其性能比普通计算机强许多倍。

这些计算机被称为第五代计算机，其运算速度将达到1万亿次每秒，能在更大程度上仿真人的智能，并在某些方面超过人的智能。

2. 未来计算机的发展趋势

（1）更小——它甚至可以内置在皮肤里。

个人计算机所配备的显示器的确越来越薄、越来越清晰，但是主机的外形仍然像一个大盒子。未来的计算机可不是这样，它不会把所有的配件都集中在一个笨重的盒子里，而是由多个设备组成，有的部分只有一个卡片那么大，或是像一块手表那么大。体积上的优势使你可以方便地将它们带到任何地方，再以后，它们甚至可以缩小到内置在你的衣服中或者皮肤里。

实现这个梦想的关键在于生产速度更快、体积更小、价格更低廉的计算机芯片。传统的硅芯片技术将在未来的10～15年内达到物理极限，到那时硅材料不可能再缩小。那么用什么来取代硅晶体管呢？纳米晶体管是取代硅晶体管的首选。

所谓纳米，指的是一个极其微小的长度单位，只有一米的十亿分之一。这就意味着一个针尖般大小的尺寸上就能容纳数以千万计的晶体管。如此高集成度的芯片，可以使用在许多小型的家用电器、数码产品和掌上计算机中。一方面可以使这些电器产品和数码产品更加智能化，功能更多；另一方面，掌上计算机的数据处理运算性能将大大改善，真正成为方便随身携带的“口袋计算机”。

（2）更个性化——它能懂得主人的命令。

未来的计算机在交互式软件和芯片方面都会有很大的改进，因此，下一代个人计算机也会变得更为个人化，而不会像今天的PC这样千机一面。

人与计算机进行交互式交流也会更容易，比如说，将来的计算机可以和我们进行语音交流——这一点也不奇怪，目前的所谓语音识别软件还只能识别我们的声音，以后的这类软件甚至无需我们发声，就可以读懂我们的“唇语”！将来的语音界面会训练计算机知道，当用户把脸转向它时，它就懂得主人要下命令了，而当人离开时，这种待命状态就自行结束。专业人士相信这种训练有素的“电子大脑”将在随后的5～10年中得到发展。

此外，更有个性的计算机将基于更可靠的个人认证系统（例如手纹、声控或虹膜），这样便能最大程度地保障用户的隐私不受侵犯。

（3）更聪明——现在都会下中国象棋了。

随着计算机数据处理运算能力的不断进步，个人计算机将会变得越来越聪明。通过持续提升的硬件性能和更加卓有成效的控制软件，能够主动学习的 PC 将终有诞生之日。

制造出有人一样智慧的“智能人”还存在着许多的技术障碍，但研究出“聪明的 PC”却大有希望。国际象棋特级大师卡斯帕罗夫 1997 年在“人机大战”中输给计算机“深蓝”的情景还让人记忆犹新。在北京举行的首届“象棋人机大战”中超级计算机“浪潮天梭”又以 5.5 比 4.5 击败了中国象棋大师联队。

未来“聪明 PC”也更能为主人带来便利。它将能够根据主人的每次行动逐渐理解他的需求，把握他的心意，进而变被动地找寻信息为主动地截获信息。

（4）更廉价——已经降至大众可接受的水平。

个人计算机诞生的一个主要影响就是降低了计算机的价格。到了今天，计算机已经成为人们日常工作和生活中必不可少的工具，主要原因也在于它的价格已经达到了大众可以接受的水平。甚至，现在许多智能手机的价格已经超过了个人 PC。

（5）更“无线”（无限）——在任何地点与任何机器交流。

目前，随着互联网的普及，办公桌面上的个人计算机的各种功能正被分发、转移并融入到人们随身携带的 PDA、手表、驾乘的汽车之中。联网的计算机可以控制电灯、电视、立体声音响、安全系统、空调、暖气，甚至草坪喷淋装置。所有的控制信号通常都可以自动发出。个人计算机的网络化还意味着家庭网络与邻近网络（短程网络）、办公网络与远距离通信网络之间毫无缝隙的彼此融合。

对于个人计算机的前景，微软全球副总裁张亚勤博士曾经说过：“几年以后，我们甚至可能发现自己找不到那台曾经熟悉的计算机主机了，然而它的影响却无所不在——我们的 PC 将不只是一台个人计算机，它的功能早已延伸到了更加深邃的领域，成为全新的个人通信计算机，一台集控制、计算、存储、沟通和娱乐全功能为一体的超级工具箱。只要开启这个魔盒，每个人都可在浴室中、办公室里、游泳池边……在任何地点与任何同类或机器实现交流。”

（6）更普遍——未来 PC 无处不在。

目前，很多计算机厂商都认为 PC 发展的大方向将是一个无所不在的运算环境。IBM 的有关人士表示，由于计算机的运算速度已越来越快，未来的产品将越来越小，但功能却越来越多，甚至是与家电或公共设施结合的运算环境。

目前，越来越多的普通家用电器都带有 PC 的功能，用户可以在家中处理财务或是上网。未来的 PC 将通过各种具有计算机能力的家电产品，如以机顶盒的方式结合电视、音响而建构出无所不在的 PC 环境，未来的 PC 可能不是现在的模样了。这样的家庭 PC 环境或许不是一两年内就可以看到，但有些厂商已经开始测试其产品。

而在公共场合中，具有运算能力的主机服务器将遍布在机场、车站，通过卫星、通信设备等网络架构，形成一种可移动的、无线的运算环境。使用者只需携带可随身的 IT 设备，不需做任何连接，利用红外线的传输方式，即可随时从公共场合的服务器主机上接收自己的电子邮件等重要信息。

（7）更时尚——永远走在时尚的前列。

在未来社会，产品的设计同产品本身的功能同样重要，只有更时尚的产品才能抓住消费者的心。作为消费者个人使用的产品，PC 一直走在时尚的前列。

未来的 PC 在外观设计上将会有重大突破。事实上，苹果公司的“iMac”设计就是未来发展趋势之一，产品呈一体化，并且可以通过显示屏旋转来实现不同角度的操作。同时，为了使 PC 在外观上更具魅力，制造商们正在寻求新的材料以减少 PC 的塑料感。例如，苹果公司目前已经引进了钛金和铝金材料。

PC 显示器也是制造商们比拼设计能力的舞台之一，未来 PC 显示器的能耗将越来越小，分辨率越来越高，而且还可以弯曲、折叠，甚至是卷起来。因此，未来的显示器不但可以折成“报纸”状，还可以嵌入到家具中。还有人设想，未来的军队指挥官还可以把 PC 显示器卷起来，将一张张数字地图带到战场上。

1.2 计算机系统的基本组成和工作原理

1.2.1 冯·诺依曼结构

一台计算机系统主要由硬件和软件两大部分组成，硬件是指组成计算机的物理实体，如 CPU、主板、内存等；软件是指运行于硬件之上具有一定功能，并能够对硬件进行操作、管理及控制的计算机程序，它依附于硬件。

微型计算机和大型计算机都是以“电子计算机之父”冯·诺依曼所设计的体系结构为基础的，冯·诺依曼体系结构就像一本书的目录一样，使得计算机的发展变化从未越出其规定和约束。冯·诺依曼体系结构规定计算机主要由运算器、控制器、存储器、输入设备和输出设备等几部分组成，如图 1-3 所示。

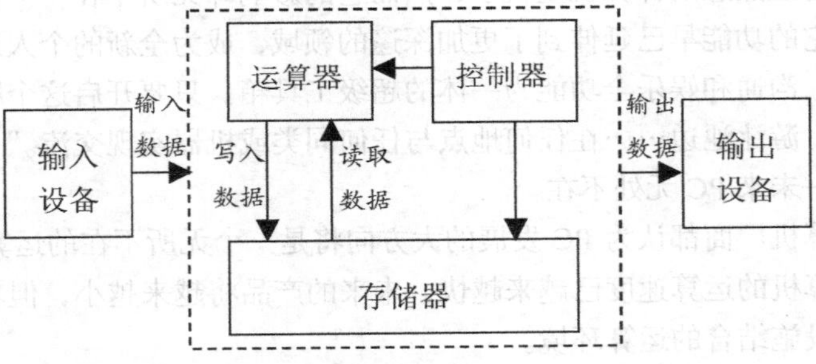

图 1-3 冯·诺依曼体系结构

1. 硬件系统

（1）运算器和控制器

运算器，顾名思义即进行计算的机器，它被集成在 CPU 中，用来进行数据处理，即完成数据的算术运算和逻辑运算。控制器是指进行控制的机器，它也被集成在 CPU 中，用来对计算机的运算器等部件进行控制，控制器可以发出各种指令，以控制整个计算机的运行，指挥和协调计算机各部件的工作。运算器和控制器合称为中央处理单元（Central Processing Unit，CPU）。CPU 是整个计算机的中枢，通过各部分的协同工作，实现数据的分析、判断和计算等处理，以完成程序所指定的任务。

（2）存储器

存储器是计算机存放数据的仓库，存储器分为内存储器和外存储器。内存储器又叫内存或主存，其容量较小，但速度快，用于存放临时数据；外存储器是辅助存储器，简称外存，其容量较大，但速度较慢，用于存放计算机暂时不用的数据和程序。内存和外存的关系就像大米口袋和粮仓的关系，大米口袋用于存放要吃的大米，粮仓则存放暂时不吃的粮食。

（3）输入设备

输入设备是指将数据输入到计算机中的设备，在早期，输入设备是一台读孔的机器，它只能输入“0”和“1”两种数字。随着高级语言的出现，人们逐渐发明了键盘、鼠标、扫描仪和手写板等人性化的输入设备，从而使计算机不再只是科学家能够操作的工具，一般人也可以轻松驾驭。

（4）输出设备

在计算机中，输出设备负责将计算机处理数据时的中间过程和结果告知人们，让人们以此来判断计算的正确与否。最初计算机的输出结果是一长串由 0 和 1 组成的机器数，人们很难对其进行判断，后来为了方便，便在计算机中加入各种转换设备，将机器数转换成人们能够轻松识别的数字、字符、表格、图形等。最常见的输出设备有显示器、打印机和绘图仪等，现在显示器已成为每台计算机的必配输出设备。

2. 软件系统

软件系统运行在计算机硬件系统上，其作用是运行、管理和维护计算机系统，并充分发挥计算机性能。计算机软件都是由计算机语言编制而成的程序，由于软件的功能各有不同，因此可将其分为系统软件、程序设计语言和应用软件 3 大类。

（1）系统软件

主要作用是对计算机的软硬件资源进行管理，并为用户提供各种服务。系统软件比较复杂，由一个或多个团体开发而成，包括操作系统、监控管理软件和编译程序等，如 Windows 等。

（2）程序设计语言

作用是将用户语言翻译成计算机能够识别的机器语言，用户能对计算机进行控制，程序设计语言有机器语言、汇编语言和高级语言等。

（3）应用软件

指一些具有特定功能的软件，这些软件能够帮助用户完成特定的任务，如图形处理软件、数据库设计软件等。

1.2.2　计算机系统的基本组成

从外观上看，计算机由主机、显示器、鼠标、键盘和音箱等设备组成，如图 1-4 所示。

为了更好地了解计算机，我们首先来了解一下组成计算机的 CPU（中央处理器）、主板、内存条、硬盘、软驱、光驱、显卡、声卡、机箱、显示器、键盘、鼠标、音箱等部件，以及打印机、扫描仪、传真机和游戏手柄等外部设备。

图 1-4　计算机的基本组成

1. 中央处理器

CPU 是计算机的大脑，如图 1-5 所示，它是一台计算机的运算核心和控制核心。其功能主要是解释计算机指令以及处理计算机软件中的数据。CPU 由运算器、控制器和寄存器及实现它们之间联系的数据总线、控制总线及状态总线构成。

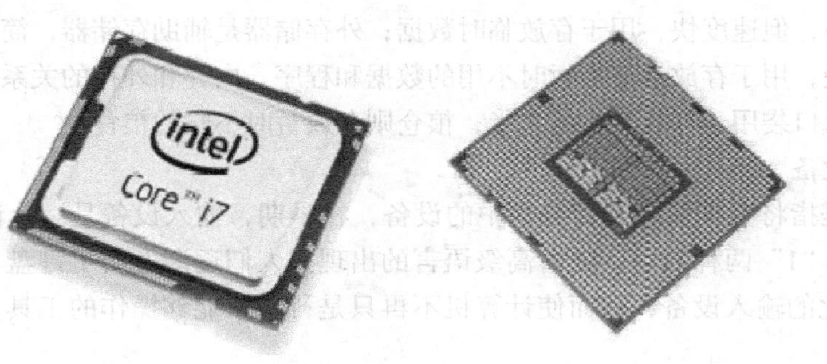

图 1-5　CPU

2. 主板

主板在计算机中起着举足轻重的作用，是计算机最重要的部件之一，主机里面几乎所有的设备都会和主板有关联，如图 1-6 所示。从外观上看，一块方形的电路板上布满了各种电子元器件、插槽和各种外部接口，其中有北桥芯片、南桥芯片、CPU 插槽、显卡插槽、鼠标和键盘接口、电源插座等。

图 1-6　主板

3. 内存

内存是冯·诺依曼体系计算机中的关键部件，如图 1-7 所示，计算机没有内存将无法运行。内存是计算机中各部件与 CPU 进行数据交换的中转站，用于存储 CPU 当前处理的信息，能直接和 CPU 交换数据。内存由半导体大规模集成电路制成，特点是存取速度快，但是容量较小，断电后不能保存数据。

图 1-7　内存

4. 硬盘

硬盘是计算机中主要的存储媒介之一，由一个或者多个铝或者玻璃制成的碟片组成。这些碟片外覆盖有铁磁性材料。绝大多数硬盘都是固定硬盘，被永久性地密封固定在硬盘驱动器中。硬盘是计算机中较重要的存储设备，其中存放着计算机正常运行所需的操作系统和数据，如图 1-8 所示，它具有速度快、容量大、可靠性高等特点。

5. 光驱

光驱是计算机中最普遍的外部存储设备，如图 1-9 所示。由于各种操作系统和软件都是二进制数据，为了方便这些数据的存放和传播，便将其刻在光盘上，为了使计算机能够直接读取这些数据，就在计算机中增加了光驱这一外设。早期，这类数据的存放和传播是采用类似录音机磁带的存储介质，即磁带机和磁盘（软盘）。后来开始使用光盘来存放计算机程序、多媒体应用软件以及文本、图形图像等。

图 1-8　硬盘

图 1-9　光驱

6. 显卡与显示器

显卡与显示器共同组成了计算机的显示系统，是计算机的输出设备。显卡又称为显示适配器，它主要用于计算机中的图形处理和输出，如图 1-10 所示。显示器的重要作用是将显卡传送来的图像信息在屏幕上显示，它是用户和计算机对话的窗口，可以显示用户的输入信息和计算机的输出信息，如图 1-11 所示。

7. 声卡与音箱

声卡与音箱组成了计算机的音效系统，它们也是计算机的输出设备之一。声卡的作用和显卡类似，用于声音信息的处理和输出，如图 1-12 所示。声卡还可用来进行声音的输入，如图 1-13 所示为多媒体音箱。

图 1-10　显卡

图 1-11　显示器

图 1-12　声卡

图 1-13　音箱

8. 键盘与鼠标

自从人们摆脱了手工的数字输入后，键盘就成了必不可少的输入设备。输入各种数据都需要键盘，它是人类和计算机之间重要的沟通工具。鼠标是随着图形操作界面而产生的，如图 1-14 所示，使用鼠标可以准确、方便地移动光标，从而实现精确定位。

图 1-14　键盘与鼠标

9. 电源和机箱

电源也称为电源供应器，是计算机的“心脏”，如图 1-15 所示，它提供了计算机正常运行时所需的动力，各种设备的运行都需要电源提供动力。机箱是安装放置各种计算机设备的装置，如图 1-16 所示，它将计算机设备整合在一起，起到保护计算机部件的作用，同时其还能屏蔽主机内的电磁辐射，保护计算机使用者。

图 1-15　电源

图 1-16　机箱

10. 其他外设

除了上面介绍的计算机必不可少的设备外，还可以为计算机添加各种外设。如用于文字或图形打印的打印机，如图 1-17 所示；用于玩游戏用的游戏手柄，如图 1-18 所示；扫描文字和照片用的扫描仪，如图 1-19 所示；视频聊天用的摄像头，如图 1-20 所示。

图 1-17 打印机

图 1-18 游戏手柄

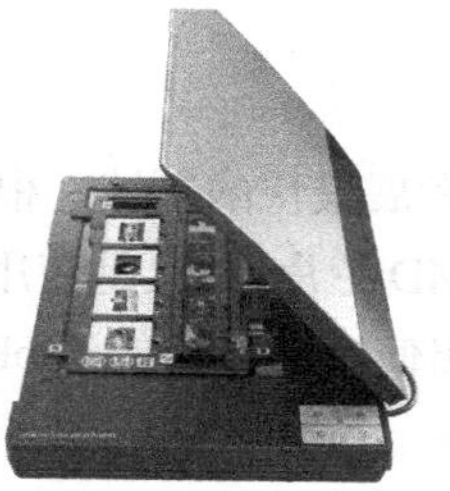

图 1-19 扫描仪

图 1-20 摄像头

1.3 计算机的特点和主要技术指标

1.3.1 计算机的分类

1. 传统的分类标准

根据计算机的演变过程和近期可能的发展趋势，国外通常把计算机分为以下 6 大类。

（1）超级计算机或称巨型机

超级计算机（Super Computer）通常是指最大、最快、最贵的计算机。例如目前世界上运行最快的超级机速度为每秒 1704 亿次浮点运算。生产巨型机的公司有美国的 Cray 公司、TMC 公司，日本的富士通公司、日立公司等。我国研制的银河机也属于巨型机，银河 1 号为亿次机，银河 2 号为十亿次机。

（2）小超级机或称小巨型机

小超级机（Mini Super Computer）又称桌上型超级计算机，它想使巨型机缩小成个人机的大小，或者使个人机具有超级计算机的性能，典型产品有美国 Convex 公司的 C-1、C-2、C-3 等，以及 Alliant 公司的 FX 系列等。

（3）大型主机

大型主机（Mainframe）包括我们通常所说的大、中型计算机。这是在微型机出现之前最主要的计算模式，即把大型主机放在计算中心的玻璃机房中，用户要上机就必须去计算中心的终端上工作。大型主机经历了批处理阶段、分时处理阶段，现已进入了分散处理与集中管理的阶段。IBM公司一直在大型主机市场处于霸主地位，DEC、富士通、日立、NEC也生产大型主机。不过随着微机与网络的迅速发展，大型主机正在走下坡路。我们许多计算中心的大型主机正在被高档微机群取代。

（4）小型机

大型主机价格昂贵、操作复杂，只有大企业大单位才能买得起。在集成电路推动下，20世纪60年代DEC推出一系列小型机（Mini Computer），如PDP-11系列、VAX-11系列，HP有1000、3000系列等。通常小型机用于部门计算，同样它也受到高档微机的挑战。

（5）工作站

工作站（Workstation）与高档微机之间的界限并不十分明确，而且高性能工作站正接近小型机，甚至接近低端主机。但是，工作站毕竟有它明显的特征：使用大屏幕、高分辨率的显示器，有大容量的内外存储器，而且大都具有网络功能。它们的用途也比较特殊，例如用于计算机辅助设计、图像处理、软件工程以及大型控制中心。

（6）个人计算机或称微型机

个人计算机或称微型机（Micro Computer）是目前发展最快的领域。根据它所使用的微处理器芯片的不同而分为若干类型：首先是使用Intel芯片、AMD芯片，其次是使用IBM-Apple-Motorola联合研制的PowerPC芯片的机器，再次是DEC公司推出使用它自己的Alpha芯片的机器。

2. 按年代分类

按年代分类，可以把计算机分为以下几个阶段。

（1）大型主机阶段

20世纪40至50年代，是第一代电子管计算机。它经历了电子管数字计算机、晶体管数字计算机、集成电路数字计算机和大规模集成电路数字计算机的发展历程，计算机技术逐渐走向成熟。

（2）小型计算机阶段

20世纪60至70年代，是对大型主机进行的第一次“缩小化”，可以满足中小企业事业单位的信息处理要求，成本较低，价格可被接受。

（3）微型计算机阶段

20世纪70至80年代，是对大型主机进行的第二次“缩小化”，1976年美国苹果公司成立，1977年就推出了AppleII计算机，并大获成功。1981年IBM推出IBM-PC，此后它经历了若干代的演进，占领了个人计算机市场，使得个人计算机得到了很大的普及。

（4）客户机/服务器阶段

客户机/服务器阶段即C/S阶段。随着1964年IBM与美国航空公司建立了第一个全球联机订票系统，把当时美国2000多个订票的终端用电话线连接在了一起，标志着计算机进入了客户机/服务器阶段，这种模式至今仍在大量使用。在客户机/服务器网络中，服务器是网络的核心，而客户机是网络的基础，客户机依靠服务器获得所需要的网络资源，而服务器为客户机提供网络必需的资源。C/S结构的优点是能充分发挥客户端PC的处理能力，很多工作可以在客户端处理后再提交给服务器，大大减轻了服务器的压力。

（5）Internet阶段

Internet阶段也称互联网、因特网、网际网阶段。互联网即广域网、局域网及单机按照一定的通信协议组成的国际计算机网络。互联网始于1969年，是在ARPA（美国国防部研究计划署）制定的协定下将美国西南部的大学（UCLA（加利福尼亚大学洛杉机分校）、Stanford Research

Institute（斯坦福大学研究学院）、UCSB（加利福尼亚大学）和 University of Utah（犹他州大学））的四台主要的计算机连接起来。此后经历了文本到图片，到现在语音、视频等阶段，带宽越来越快，功能越来越强。

（6）云计算时代

从 2008 年起，云计算（Cloud Computing）概念逐渐流行起来，它正在成为一个通俗和大众化（Popular）的词语。云计算被视为“革命性的计算模型”，因为它使得超级计算能力通过互联网自由流通成为了可能。企业与个人用户无需再投入昂贵的硬件购置成本，只需要通过互联网来购买租赁计算力，用户只用为自己需要的功能付钱，同时消除传统软件在硬件、软件、专业技能方面的花费。云计算让用户脱离技术与部署上的复杂性而获得应用。云计算囊括了开发、架构、负载平衡和商业模式等，是软件业的未来模式。它基于 Web 的服务，以互联网为中心。

3. 按硬件重新分类

传统的分类把计算机分为巨型计算机、大型计算机、中型计算机、小型计算机、微型计算机等。听起来似乎有些道理，但这种分类是 1989 年定义的，经过了 20 年的发展，这种分类方法显然已经变得陈旧，因为 20 世纪 80 年代的服务器多数已经被淘汰了，而且现在有的服务器比当年的大型计算机的功能还要强劲，但却小得多。因此，现在有人将计算机按硬件重新分类，分为服务器、工作站、台式机、笔记本计算机、手持设备 5 大类。

（1）服务器

服务器（Server）专指某些高性能计算机，它能通过网络对外提供服务。相对于普通计算机来说，稳定性、安全性、性能等方面都要求更高，因此在 CPU、芯片组、内存、磁盘系统、网络等硬件和普通计算机有所不同。服务器是网络的节点，它存储、处理网络上 80%的数据、信息，在网络中起到举足轻重的作用。它们是为客户端计算机提供各种服务的高性能的计算机，其高性能主要表现在高速度的运算能力、长时间的可靠运行、强大的外部数据吞吐能力等方面。服务器的构成与普通计算机类似，也有处理器、硬盘、内存、系统总线等，但因为它是针对具体的网络应用特别制定的，因而服务器与微机在处理能力、稳定性、可靠性、安全性、可扩展性、可管理性等方面存在很大差异。

（2）工作站

工作站（Workstation）是一种以个人计算机和分布式网络计算为基础，主要面向专业应用领域，具备强大的数据运算与图形、图像处理能力，为满足工程设计、动画制作、科学研究、软件开发、金融管理、信息服务、模拟仿真等专业领域而设计开发的高性能计算机。它属于一种高档的计算机，一般拥有较大屏幕的显示器和大容量的内存及硬盘，也拥有较强的信息处理功能和高性能的图形、图像处理功能以及联网功能。

（3）台式机

台式机（Desktop）也叫桌面机，为现在非常流行的微型计算机，多数人家里和公司用的机器都是台式机。台式机的性能相对较笔记本计算机要强。

（4）笔记本计算机

笔记本计算机（Notebook Computer，NB 或 Laptop）也称手提计算机或膝上型计算机（港台地区则称之为笔记型计算机），是一种小型、可携带的个人计算机，通常重 1～3 千克。它和台式机架构类似，但是提供了更好的便携性，包括液晶显示器、较小的体积、较轻的重量。笔记本计算机除了键盘外，还提供了触控板（TouchPad）或触控点（Pointing Stick），提供了更好的定位和输入功能。笔记本计算机可以大体上分为 4 类：商务型、时尚型、多媒体应用和特殊用途。商务型笔记本计算机的特点一般可以概括为移动性强、电池续航时间长、商务软件多。时尚型外观主要针对时尚女性。多媒体应用型笔记本计算机则具有较强的图形、图像处理能力和多媒体能力，尤其是播放能力，为享受型产品。而且，多媒体笔记本计算机多拥有较为强劲的独立显卡和声卡（均支持高清），并有较大的屏幕。特殊用途的笔记本计算机是服务于专业人士，是可以在酷暑、严寒、低气压、战争等恶劣环境下使用的机型，有的较笨重，比如奥运会前期在“华硕珠峰大本营 IT 服务区”使用的华硕笔记本计算机。

（5）手持设备

手持设备（Handhold）种类较多，如 PDA、SmartPhone、智能手机、3G 手机、Netbook、EeePC 等，它们的共同特点是都比较体积小。随着 3G 时代的到来，手持设备将会获得更大的发展空间，其功能也会越来越强。

1.3.2 计算机的特点

1. 运算速度快

计算机的运算速度指的是单位时间内所能执行指令的条数，一般以每秒能执行多少条指令来描述，早期的计算机由于技术原因，工作频率较低，像 1946 年的第一台电子管计算机，体积相当庞大，但运算速度却只有每秒几千次，而现代的大型计算机运算速度已达到每秒几十亿到数百亿次，假如一个航天遥感活动数据的计算，如果用一千个工程师手工计算需要 1000 年，而用大型计算机计算则只需 1～2 分钟。

2. 计算精度高

计算机的运算精度取决于采用机器码的字长（二进制码），即我们常说的 8 位、16 位、32 位和 64 位等，字长越长，有效位数就越多，精度就越高。如果使用十位十进制数变成机器码，可轻而易举取得几百亿分之一的精度。我国的数学家祖冲之发现了圆周率，以往经过几代科学家长期艰苦的努力只能算到小数点后几百位，如果使用计算机计算，要取得一百万位的结果并不困难。可见计算机计算精度提高了数千倍。

3. 具有存储记忆能力

计算机具有许多存储记忆载体，可以将运行的数据、指令程序和运算的结果存储起来，供计算机本身或用户使用，还可即时输出。一个大型图书馆若使用人工查阅则犹如大海捞针，现在普遍采用计算机管理，所有的图书目录及索引都存储在计算机中，而计算机又具备自动查询功能，若需要查找一本图书只需要几秒钟。

4. 具有数据分析和逻辑判断能力

计算能力只是神通广大的计算机的一小部分，除了计算功能外，它还具备数据分析和逻辑判断能力，高级计算机还具有推理、诊断、联想等模拟人类的思维能力。

5. 高度自动化

计算机内具有运算单元、控制单元、存储单元和输入输出单元，计算机是完全按照预先编制的程序指令运行的，不同的程序指令即有不同的处理结果。因而计算机可用于工农业生产、国防、文教、科研以及日常生活等诸多领域。

例如，生产车间及流水线管理所使用的各种自动化生产设备，因为植入了计算机控制系统才使工厂生产自动化成为可能。

把微型机与测量设备、仪表连接起来，可以实时地处理测量信息、数据分析和输出测量结果以及作出相应的处理，大大提高了测量效率，实现测量自动化。

利用计算机实行商场、仓库和企业管理，以及飞机票联网预订、银行联网储蓄等信息处理和管理，使我们的工作和生活获得了极大的便利，这些都是借助于计算机的实时处理和自动化功能。

计算机自动化控制的产品在我们周围比比皆是，我们的家用电器基本上都是由计算机（单片微型计算机）控制的，常用的手机、彩电、冰箱及各种各样的电器都离不开计算机，正因为计算机的自动化功能，使我们能从繁重的体力和脑力劳动中解脱出来，才有我们身边许许多多智能化的电器设备。

1.3.3 计算机的主要技术指标

1. 运算速度

运算速度是衡量计算机性能的一项重要指标。通常所说的计算机运算速度（平均运算速度），是指每秒钟所能执行的指令条数，一般用“百万条指令/秒”（Million Instruction Per Second MIPS）来描述。同一台计算机，执行不同的运算所需时间可能不同，因而对运算速度的描述常采用不同的方法。常用的有 CPU 时钟频率（主频）、每秒平均执行指令数（ips）等。微型计算机一般采用主频来描述运算速度，一般说来，主频越高，运算速度就越快。

2. 字长

计算机在同一时间内处理的一组二进制数称为一个计算机的“字”，而这组二进制数的位数就是“字长”。在其他指标相同时，字长越大计算机处理数据的速度就越快。早期的微型计算机的字长一般是 8 位和 16 位。目前大多是 32 位，现在也有很多操作系统已经是 64 位的了。

3. 内存储器的容量

内存储器，简称主存，是 CPU 可以直接访问的存储器，需要执行的程序与需要处理的数据就是存放在主存中的。内存储器容量的大小反映了计算机即时存储信息的能力。随着操作系统的升级、应用软件的不断丰富及其功能的不断扩展，人们对计算机内存容量的需求也不断提高。目前主流的内存为 2GB 和 4GB。

4. 外存储器的容量

外存储器容量通常是指硬盘容量（包括内置硬盘和移动硬盘）。外存储器容量越大，可存储的信息就越多，可安装的应用软件就越丰富。目前，硬盘容量一般为 320GB 或 500GB，有的已达到 1024GB（1TB）甚至更大。

以上只是一些主要性能指标。除了上述这些主要性能指标外，微型计算机还有其他一些指标，例如，所配置外围设备的性能指标以及所配置系统软件的情况等。另外，各项指标之间也不是彼此孤立的，在实际应用时，应该把它们综合起来考虑，而且还要遵循“性能价格比”的原则。这些重要的性能指标会在接下来的章节中做详细的介绍。

1.3.4 二进制简介

二进制是计算技术中广泛采用的一种数制。二进制数据是用 0 和 1 两个数码来表示的数。它的基数为 2，进位规则是“逢二进一”，借位规则是“借一当二”，由 18 世纪德国数理哲学大师莱布尼兹发明。当前的计算机系统使用的基本上都是二进制系统。

1. 二进制数据的表示法

二进制数据也是采用位置计数法，其位权是以 2 为底的幂。例如二进制数据 110.11，逢 2 进 1，其权的大小顺序为 2^2、2^1、2^0、2^{-1}、2^{-2}。

2. 二进制与十进制的转换

在计算机系统中存储和传递的二进制信息时，整数和带有小数部分的都会遇到，所以，需要我们掌握二进制与我们熟悉的十进制之间的转换。

（1）二进制转十进制

二进制转十进制最基本的方法为“按权展开求和”。下面是一个二进制数据转十进制的例子。

$$(1011.01)_2=(1\times2^3+0\times2^2+1\times2^1+1\times2^0+0\times2^{-1}+1\times2^{-2})_{10}$$
$$=(8+0+2+1+0+0.25)_{10}$$
$$=(11.25)_{10}$$

在公式中我们可以看出转换过程中的规律为：个位上数字的幂数是 0，十位上数字的幂数是 1，依次递增，而小数位十分位数字的幂数是−1，百分位上数字的幂数是−2，依次递减。但是，我们还要注意不是任何一个十进制小数都能转换成有限位的二进制数。

（2）十进制转二进制

十进制整数转二进制数最基本的方法为“除以 2 取余，逆序排列”（除二取余法）。下面是一个十进制整数转二进制的例子。

$(89)_{10}=(1011001)_2$

89÷2……1

44÷2……0

22÷2……0

11÷2……1

5÷2……1

2÷2……0

1

十进制小数转二进制数最基本的方法为“乘以 2 取整，顺序排列”（乘 2 取整法）。下面是一个十进制小数转二进制的例子。

$(0.625)_{10}=(0.101)_2$

0.625 × 2 = 1.25……1

0.25 × 2 = 0.50……0

0.50 × 2 = 1.00……1

习　题　1

一、选择题

1. 目前普遍使用的微型计算机，所采用的逻辑元件是（　　）。

A. 电子管　　B. 晶体管　　C. 小规模集成电路　　D. 大规模和超大规模集成电路

2. 第 4 代电子计算机使用的电子元件是（　　）。

A. 电子管　　B. 晶体管　　C. 小规模集成电路　　D. 大规模和超大规模集成电路

3. 电子计算机的发展按其所采用的逻辑器件可分为几个阶段？（　　）

A. 2 个　　B. 3 个　　C. 4 个　　D. 5 个

4. 世界上第一台计算机的名称是（　　）。

A. ENIAC B. APPLE C. UNIVAC-I D. IBM-7000

5. UNIVAC-I 是哪一代计算机的代表（ ）。

A. 第 1 代 B. 第 2 代 C. 第 3 代 D. 第 4 代

6. 第 2 代电子计算机使用的电子元件是（ ）。

A. 电子管 B. 晶体管

C. 小规模集成电路 D. 大规模和超大规模集成电路

7. 在 ENIAC 的研制过程中，美籍匈牙利数学家总结并提出了非常重要的改进意见，他是（ ）。

A. 冯·诺依曼 B. 阿兰·图灵 C. 古德·摩尔 D. 以上都不是

8. 第 3 代计算机所处的时间阶段是（ ）。

A. 1946～1958 B. 1956～1965 C. 1965～1970 D. 1970 至今

9. 计算机的应用原则上分为哪两大类？（ ）

A. 科学计算和信息处理 B. 数值计算和非数值计算

C. 军事工程和日常生活 D. 现代教育和其他领域

10. 计算机按照处理数据的形态可以分为（ ）。

A. 巨型机、大型机、小型机、微型机和工作站

B. 286 机、386 机、486 机、Pentium 机

C. 专用计算机、通用计算机

D. 数字计算机、模拟计算机、混合计算机

11. 计算机按其性能可以分为 5 大类，即巨型机、大型机、小型机、微型机和（ ）。

A. 工作站 B. 超小型机 C. 网络机 D. 以上都不是

12. 微型计算机中运算器的主要功能是进行（ ）。

A. 算术运算 B. 逻辑运算 C. 算术和逻辑运算 D. 初等函数运算

13. 在下列设备中，哪个属于输出设备？（ ）

A. 显示器 B. 键盘 C. 鼠标 D. 微机系统

14. 计算机软件系统不包括（ ）。

A. 系统软件 B. 程序设计语言 C. 应用软件 D. BIOS

15. CPU 由运算器、控制器和（ ）及实现它们之间联系的数据、控制及状态的总线构成。

A. 放大器 B. 存储器 C. 南桥 D. 北桥

二、简答题

1. 计算机由哪两部分组成？各部分的功能是什么？
2. 计算机硬件主要包括什么？各部分有什么功能？
3. 简述冯·诺依曼体系中的计算机结构组成部分有哪些？
4. 简述未来计算机的发展趋势。
5. 简要说明计算机发展的四个阶段和这些阶段计算机的主要特点。
6. 简述计算机传统的分类标准。
7. 将二进制数据 10101110 转换成十进制数。
8. 将十进制数据 240 转换成二进制数（以字节为单位）。

第2章 中央处理器

2.1 中央处理器概述

中央处理器（Central Processing Unit，CPU），是电子计算机的主要设备之一。其功能主要是解释计算机指令以及处理计算机软件中的数据。所谓计算机的可编程性主要是指对CPU的编程。CPU、内部存储器和输入/输出设备是现代计算机的三大核心部件。

2.1.1 中央处理器的发展

1. 早期的CPU

早期我们接触的计算机，大部分使用的是Intel的处理器，386、486其实说的就是CPU的型号。例如486是指CPU为Intel 80486处理器的计算机，如图2-1所示。Intel的处理器价格比较昂贵，并不是普通用户都能够买得起的，当时一台普通的486计算机售价都要达到上万元。这个时期AMD公司一直都在努力仿照Intel的CPU，推出一系列的处理器，而且采取和Intel同样的命名方式，也取名叫386、486。

图2-1 Intel 80486处理器

2. Pentium与K5出现

1993年3月，Intel发布了继80486之后的又一款CPU，并正式取名为Pentium（奔腾），也就是我们俗称的“586”。最初有Pentium 60和Pentium 66两款产品，后面的数字代表CPU的主频，比如Pentium 60的主频为60 MHz。1994年至1996年，Intel又分别将主频从75MHz提升到200MHz。所有的Pentium系列都内置了16KB的一级缓存，二级缓存集成在主板上。

AMD公司为了与Pentium系列的处理器抗衡，也推出了自己的K5系列CPU。K5系列的处理器集成了24KB一级缓存，比Pentium系列多出了50%，在整体性能方面K5要高过同频的Pentium。

3. Pentium MMX与K6时代

1996年底，Pentium MMX上市了，如图2-2所示，这是另一款有划时代意义的处理器，它一共包括3种主频：166/200/233MHz。Intel将一级缓存增加到32KB，CPU接口也固定为Socket 7。Pentium MMX和上一代产品主要的区别就在这个MMX上，它包含57条指令，很快就成为了个人计算机处理器的主流产品。

1997 年初，AMD 公司摆脱了 Intel 处理器的影响，自己推出了新一代的 K6 系列。主频从 166MHz 一直到 300MHz，外频仍然不变，还是 66MHz。一级缓存增加到 64KB，又超越了 Intel 的 MMX，当时缓存一直都是两家争夺的焦点。

4. PentiumⅡ与 K6-2

由于 AMD 的 K6 系列价格便宜，而且性能也很强，使得 Intel 的 MMX 又失去了很多市场，为此，Intel 在 1997 年推出了 PentiumⅡ处理器，由于在制造工艺上有了很多的改进，PentiumⅡ的最高频率一度达到了 450MHz。

为了抵制住 PentiumⅡ的强大优势，1998 年中，AMD 推出了 K6-2 处理器，如图 2-3 所示，这也是 AMD 第一次在处理器中添加了新的指令集“3D Now!”。

图 2-2　Intel Pentium MMX 处理器

图 2-3　AMD K6-2 处理器

在 AMD 不断的攻势下，CPU 的低端市场已经开始向 AMD 和另一家 CPU 公司 Cyrix（赛瑞克斯）倾斜。为了争夺低端市场，Intel 将 PentiumⅡ的核心进行简化，推出了新系列产品——Celeron（赛扬）系列处理器来力保低端市场。Celeron 1 采用 PentiumⅡ的核心，接口形式有 Slot 1 和 Socket 370 接口，频率从 300MHz 一直到 500MHz。良好的超频性能和低廉的售价，Intel 终于靠 Celeron 重新占领了低端市场。

5. PentiumⅢ 与 Athlon

继 PentiumⅡ之后，Intel 接着发布了下一代 PentiumⅢ处理器，起初它采用与 PentiumⅡ一样的接口，但为了和 Socket 370 主板兼容，之后又推出了带 Socket 370 接口的 PentiumⅢ。频率从 450MHz 开始，外频为 100MHz。1GHz 以上的 PentiumⅢ又称为图拉丁核心的 PentiumⅢ，如图 2-4 所示，外频从 100MHz 上升到 133MHz。

不久，AMD 发布了它强大的 K7 系列处理器，并命名为 Athlon（速龙）。起先 Athlon 处理器是 Slot A 接口，如图 2-5 所示，频率从 500 MHz 开始，在主频上超越了当时的 Intel 处理器，从这时起，AMD 的 CPU 在主频方面占据了优势。

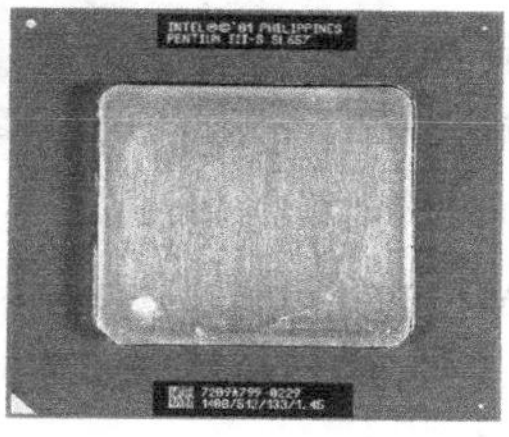

图 2-4　PentiumⅢ处理器

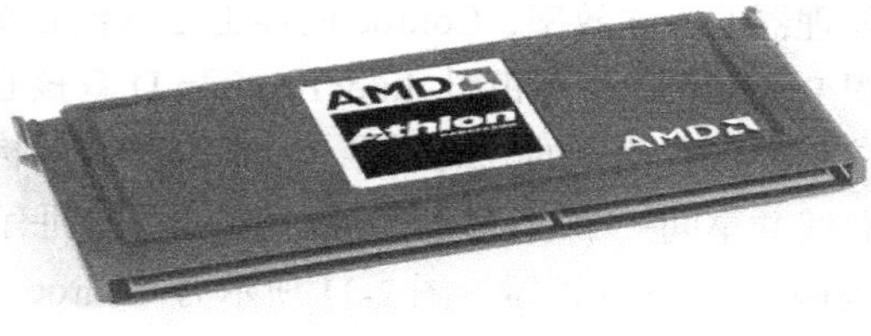

图 2-5　Athlon 处理器

面对低端市场，Intel Celeron 2 和 Celeron 3 也应运而生。为了同 Intel 争夺市场，AMD 在高端推出了全新内核的新 Athlon 处理器，中文名叫做雷鸟，低端推出了毒龙系列处理器。

6. Pentium 4 与 Athlon 64

Intel 推出的 Socket 423 的 Pentium 4 处理器，如图 2-6 所示，由于 1.4GHz 的 Pentium 4 性能上还不如 1.2GHz 的 Celeron 3，所以没有得到用户的认可。

与此同时，AMD 公司继雷鸟之后又发布了一新款处理器，这就是采用了 Palamino 核心的 Athlon XP 处理器，Athlon XP 采用新的制造工艺，主频从 1.3GHz 开始，外频为 133MHz，256KB 二级缓存，由于在频率上落后于 Intel 的 Pentium 4，所以 AMD 在新的处理器上采用 PR 值的标注方式，即 1.3GHz 的 Athlon XP 标注为 1500 +，意思是可以和 P4 1.5GHz 或是老核心的雷鸟 1.5GHz 相抗衡。Intel 在 Socket 423 后发布的是 Socket 478 的 Willamette 核心和 Northwood 核心的 Pentium 4，如图 2-7 所示，Willamette 核心的 CPU 具有 100MHz 的外频和 400MHz 的前端总线，并集成了 256KB 的二级缓存。而 Northwood 核心将二级缓存提升到 512KB，外频从 100MHz 一直到 200MHz，前端总线也达到了 800MHz。新一代 Prescott 核心的 CPU 随之推出，其二级缓存从原来的 512KB 增加到了 1MB，和前者不同的是 Prescott 核心的 CPU 具有 31 级的流水线，而 Northwood 只有 20 级，理论上 Prescott 的 CPU 能够达到 5GHz 的主频，在低端方面 Intel 则随之推出了 Celeron 4，占有很大的市场份额。

图 2-6　Pentium 4 处理器

图 2-7　Northwood 核心的 Pentium 4 处理器

AMD 方面继 Palamino 核心之后，又推出了 Barton 核心的处理器，如图 2-8 所示，性价比比较高的 XP 2500 + 采用的就是这个核心。AMD 之后发布的 64 位的处理器 Athlon 64，一级缓存为 128KB，二级缓存从 256KB 到 1MB，虽然在频率方面输于 Intel 的高端 CPU，但是执行效能却一度超过了 Intel 的 Pentium 4。

图 2-8　Barton 核心的处理器

7. Intel 双核新一代 Core 微架构

Intel Core 微架构中全新的智能缓存技术有效地提升双核心乃至多核心处理器的工作效率，Conroe 同样也是双核心设计，但是其缓存设计跟 Pentium D 并不相同。Intel Pentium D 双核心处理器中每个独立的核心都拥有独立的二级缓存，Intel Core 微架构则是通过内部的传输总线共享同一个二级缓存，2 个内核共同拥有 4MB 或 2MB 的共享式二级缓存。图 2-9、2-10 所示为两款 Core 处理器，图 2-11 所示为 Conroe 微架构。

图 2-9　Core T2500

图 2-10　Core 2 Duo E4300

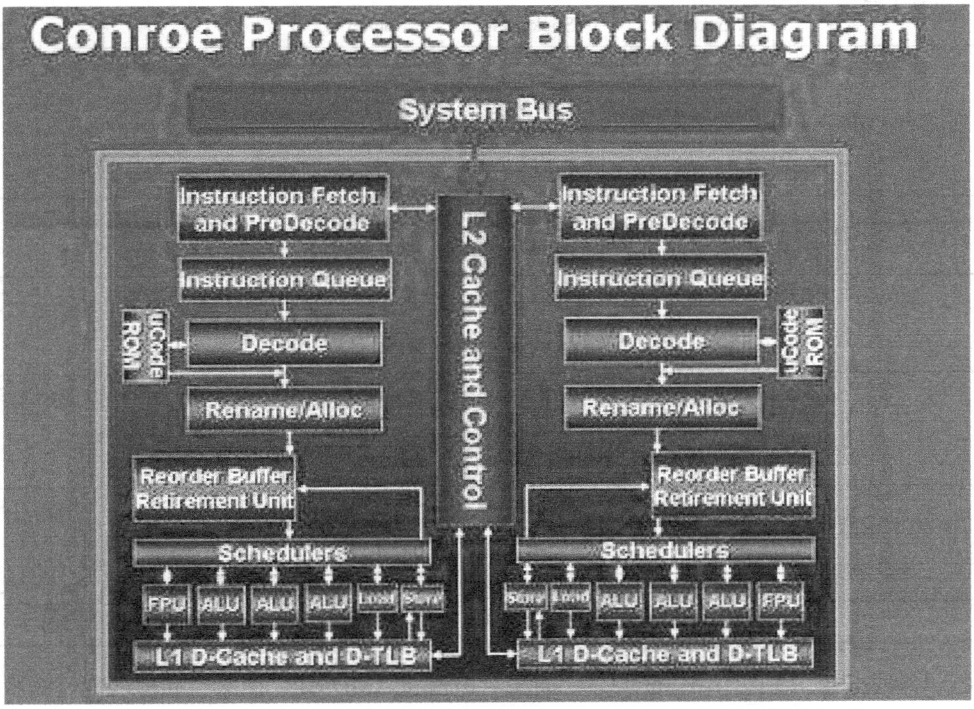

图 2-11　Conroe 微架构

由于 Core 和 Conroe 两个单词在结构上很类似，因此有不少人时常将 Core 和 Conroe 混淆。实际上，我们把 Core 音译为酷睿，它是 Intel 下一代处理器产品将统一采用的微架构，而 Conroe 只是对基于 Core 微架构的 Intel 下一代桌面平台级产品的代号。除 Conroe 处理器之外，Core 微架构还包括代号为 Merom 的移动平台处理器和代号为 Woodcrest 的服务器平台处理器。采用 Core 的处理器被统一命名。由于上一代采用 Yonah 微架构的处理器产品被命名为 Core Duo，因此为了便于与前代 Intel 双核处理器区分，Intel 下一代桌面处理器 Conroe 以及下一代笔记本处理器 Merom 都将被统一叫做 Core 2 Duo。另外，Intel 的顶级桌面处理器被命名为 Core 2 Extreme，以区别于主流处理器产品。

从 Intel 和 AMD 两大厂商在 CPU 一级缓存和主频方面的竞争过程中，我们可以简要地了解 CPU 技术的发展情况，也有助于我们了解 CPU 相关技术。在接下来的小节里将介绍与 CPU 相关的技术。

2.1.2 中央处理器的插槽

CPU 插槽主要分为 Socket、Slot 两种，就是主板上用于安装 CPU 的插座。目前 CPU 的接口都是针脚式接口，对应到主板上就有相应的插槽类型。CPU 接口类型不同，其插孔数、体积、形状也都会有变化，所以不能互相接插。

表 2-1 Intel CPU 插座与插槽

桌面平台	· Slot 1	· Socket 370	· Socket 423	· Socket 478	· LGA 775
	· LGA 1366	· LGA 1156	· LGA 1155	· LGA 2011	· LGA 1150
移动平台	· Socket 441	· Socket 479	· Socket 495	· Socket M	
	· Socket P	· Socket G1	· Socket G2		
服务器平台	· Socket 8	· Slot 2	· Socket 603	· Socket 604	
	· PAC 418	· PAC 611	· LGA 771	· LGA 1366	· LGA 1156
	· LGA 1155	· LGA 1356	· LGA 1248	· Socket TW	
	· LGA 1567	· LGA 2011			
早期非专有插座	· Socket 1	· Socket 2	· Socket 3	· Socket 4	
	· Socket 5	· Socket 6	· Socket 7		

表 2-2 AMD CPU 插座与插槽

桌面平台	· Super Socket 7	· Slot A	· Socket A	· Socket 754	· Socket 939
	· Socket 940	· Socket AM2	· Socket F	· Socket AM2+	
	· Socket AM3	· Socket AM3+	· Socket FM1	· Socket FM2	
移动平台	· Socket A	· Socket 563	· Socket 754	· Socket S1	· Socket FT1
	· Socket FS1				
服务器平台	· Socket A	· Socket 940	· Socket F	· Socket F+	· Socket G3
	· Socket G34	· Socket C32			

表 2-1 和表 2-2 分别给出了 Intel CPU 插座与插槽和 AMD CPU 插座与插槽出现过的版本，可以看出两大厂商的 CPU 曾经支持过的版本有很多，我们不一一做介绍。

2.1.3 中央处理器的组成

中央处理器包括四个组成部分，即算数术逻辑单元、寄存器组、控制单元和总线，如图 2-12 所示。中央处理器从存储器或高速缓冲存储器中取出指令，放入指令寄存器，并对指令译码。它把指令分解成一系列的微操作，然后发出各种控制命令，执行微操作系列，从而完成一条指令的执行。指令是计算机规定执行操作的类型和操作数的基本命令。

1. 算术逻辑单元 ALU

ALU（Arithmetic Logic Unit）是运算器的核心。它是以全加器为基础，辅以移位寄存器及相应控制逻辑组合而成的电路，在控制信号的作用下可完成加、减、乘、除四则运算和各种逻辑运算。就像工厂中的生产线，负责运算数据。

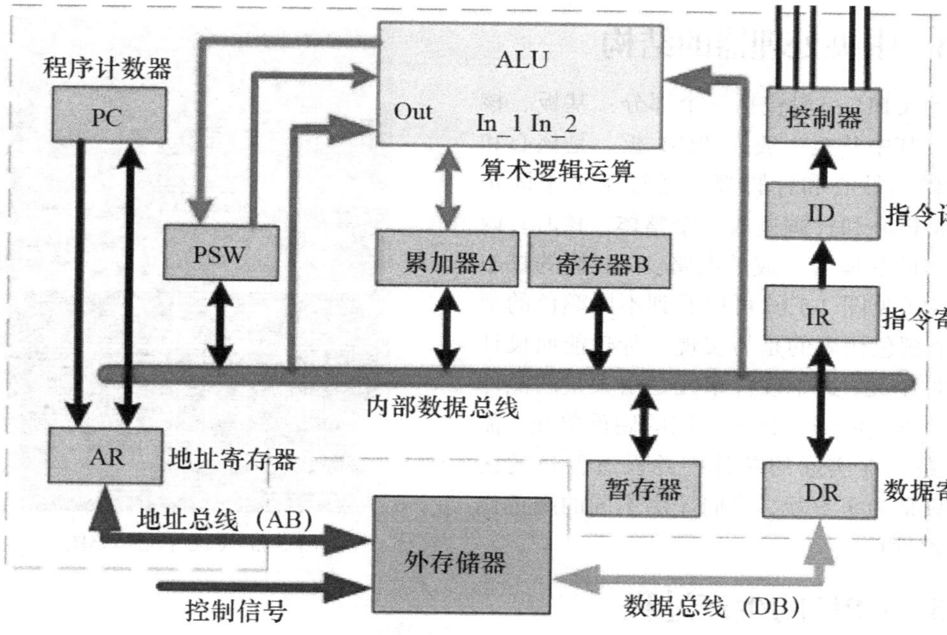

图 2-12　中央处理器的组成

2. 寄存器组 RS

RS（Register Set 或 Registers）实质上是 CPU 中暂时存放数据的地方，里面保存着那些等待处理的数据，或已经处理过的数据，CPU 访问寄存器所用的时间要比访问内存的时间短。采用寄存器可以减少 CPU 访问内存的次数，从而提高了 CPU 的工作速度。但因为受到芯片面积和集成度所限，寄存器组的容量不可能很大。寄存器组可分为专用寄存器和通用寄存器。专用寄存器的作用是固定的，分别寄存相应的数据。而通用寄存器用途广泛并可由程序员规定其用途，通用寄存器的数目因微处理器而异。

3. 控制单元

正如工厂的物流分配部门，控制单元（Control Unit）是整个 CPU 的指挥控制中心，由指令寄存器 IR（Instruction Register）、指令译码器 ID（Instruction Decoder）和操作控制器 OC（Operation Controller）三个部件组成，对协调整个计算机有序工作极为重要。它根据用户预先编好的程序，从存储器中依次取出各条指令放在指令寄存器 IR 中，通过指令译码（分析）确定应该进行什么操作，然后通过操作控制器 OC 按确定的时序向相应的部件发出微操作控制信号。操作控制器 OC 中主要包括节拍脉冲发生器、控制矩阵、时钟脉冲发生器、复位电路和启停电路等控制逻辑。

4. 总线

就像工厂中各部位之间的联系渠道，总线（Bus）实际上是一组导线，是各种公共信号线的集合，用于作为计算机各组成部分传输信息共同使用的“公路”。直接和 CPU 相连的总线可称为局部总线，包括数据总线 DB（Data Bus）、地址总线 AB（Address Bus）、控制总线 CB（Control Bus）。其中，数据总线用来传输数据信息，地址总线用于传送 CPU 发出的地址信息，控制总线用来传送控制信号、时序信号和状态信息等。

2.1.4 中央处理器的结构

目前的 CPU 一般包括三个部分：基板、核心、针脚。其中基板一般为 PCB 板，是核心和针脚的载体。核心和针脚都是通过基板来固定的，基板将核心和针脚连成一个整体。核心，内部是由众多的晶体管构成的电路。在我们的核心放大图片中（见图 2-13）可以看到不同颜色的部分，同一个颜色代表的是为实现一种功能而设计的一类硬件单元，这个硬件单元是由大量的晶体管构成的。不同的颜色代表不同的硬件单元。需要注意的是，在实际的芯片中并没有颜色的区分，这里只是为了直观，我们才用不同的颜色代表不同的硬件单元。

图 2-13　CPU 核心电路图

2.1.5 CPU 的生产过程

要了解 CPU 的生产工艺，我们需要先知道 CPU 是怎么被制造出来的。

1. 硅提纯

生产 CPU 等芯片的材料是半导体，现阶段主要的材料是硅（Si），这是一种非金属元素，从化学的角度来看，由于它处于元素周期表中金属元素区与非金属元素区的交界处，所以具有半导体的性质，适合于制造各种微小的晶体管，是目前最适宜于制造现代大规模集成电路的材料之一。

在硅提纯的过程中，原材料硅将被熔化，并被放进一个巨大的石英熔炉。这时向熔炉里放入一颗晶种，以便硅晶体围着这颗晶种生长，直到形成一个几近完美的单晶硅。以往的硅锭的直径大都是 300 毫米，而 CPU 厂商正在增加 300 毫米晶圆的生产。

2. 切割晶圆

硅锭造出来了，并被整型成一个完美的圆柱体，接下来将被切割成片状，称为晶圆。晶圆才能被真正用于 CPU 的制造。所谓的“切割晶圆”也就是用机器从单晶硅棒上切割下一片事先确定规格的硅晶片，并将其划分成多个细小的区域，每个区域都将成为一个 CPU 的内核（Die）。一般来说，晶圆切得越薄，相同量的硅材料能够制造的 CPU 成品就越多。

3. 影印

影印（Photolithography）是在经过热处理得到的硅氧化物层上面涂敷一种光阻（Photoresist）物质，紫外线通过印制着 CPU 复杂电路结构图样的模板照射硅基片，被紫外线照射的地方光阻物质溶解。而为了避免让不需要被曝光的区域也受到光的干扰，必须制作遮罩来遮蔽这些区域。这是个相当复杂的过程，每一个遮罩的复杂程度得用 10GB 数据来描述。

4. 蚀刻

蚀刻（Etching）这是 CPU 生产过程中重要操作，也是 CPU 工业中的重头技术。蚀刻技术把对光的应用推向了极限。蚀刻使用的是波长很短的紫外光并配合很大的镜头。短波长的光将透过这些石英遮罩的孔照在光敏抗蚀膜上，使之曝光。接下来停止光照并移除遮罩，使用特定的化学溶液清洗掉被曝光的光敏抗蚀膜和在下面紧贴着抗蚀膜的一层硅。

然后，被曝光的硅将被原子轰击，使得暴露的硅基片局部掺杂，从而改变这些区域的导电状态，以制造出 N 井或 P 井，结合上面制造的基片，CPU 的门电路就完成了。

5. 重复、分层

为加工新的一层电路，再次生长硅氧化物，然后沉积一层多晶硅，涂敷光阻物质，重复影印、蚀刻过程，得到含多晶硅和硅氧化物的沟槽结构。重复多遍，形成一个 3D 的结构，这才是最终的 CPU 的核心。每几层中间都要填上金属作为导体。Intel 的 Pentium 4 处理器有 7 层，而 AMD 的 Athlon 64 则达到了 9 层。层数决定于设计时 CPU 的布局和通过的电流大小。

6. 封装

这时的 CPU 是一块块晶圆，它还不能直接被用户使用，必须将它封入一个陶瓷的或塑料的封壳中，这样它就可以很容易地装在一块电路板上了。封装结构各有不同，但越高级的 CPU 封装也越复杂，新的封装往往能给芯片电气性能和稳定性带来提升，并能间接地为主频的提升提供坚实可靠的基础。封装技术从早期到现在主要出现了 DIP 技术、QFP 技术、PFP 技术、PGA 技术和 BGA 技术等几种。

7. 多次测试

测试是一个 CPU 制造的重要环节，也是一块 CPU 出厂前必要的考验。这一步将测试晶圆的电气性能，以检查是否出了什么差错，以及这些差错出现在哪个步骤（如果可能的话）。接下来，晶圆上的每个 CPU 核心都将被分开测试。

由于 SRAM（静态随机存储器，CPU 中缓存的基本组成）结构复杂、密度高，所以缓存是 CPU 中容易出问题的部分，对缓存的测试也是 CPU 测试中的重要部分。

每块 CPU 都将被进行完全测试，以检验其全部功能。某些 CPU 能够在较高的频率下运行，所以被标上了较高的频率，而有些 CPU 因为种种原因运行频率较低，所以被标上了较低的频率。最后，个别 CPU 可能存在某些功能上的缺陷，如果问题出在缓存上，制造商仍然可以屏蔽掉它的部分缓存，这意味着这块 CPU 依然能够出售，只是它可能是 Celeron 等低端产品。

在 CPU 被放进包装盒之前，一般还要进行最后一次测试，以确保之前的工作准确无误。根据前面确定的最高运行频率和缓存的不同，它们被放进不同的包装，销往世界各地。

2.2　中央处理器的工作原理

2.2.1　中央处理器性能指标

1. 主频

主频也叫时钟频率，用来表示 CPU 的运算、处理数据的速度。主频表示在 CPU 内数字脉冲信号震荡的速度。

CPU 的主频 = 外频 × 倍频系数

一般来说，一个时钟周期完成的指令数是固定的，主频越高，CPU 的速度越快。由于各种 CPU 的内部结构不尽相同，CPU 的主频与 CPU 实际的运算能力是没有直接关系的，所以并不能完全用主频来概括 CPU 的性能，CPU 的运算速度还要看 CPU 的流水线、总线等各方面的性能指标。主频仅仅是 CPU 性能表现的一个方面，而不代表 CPU 的整体性能。但在选购时首先要考虑的指标应是主频。

2. 外频

外频是 CPU 的基准频率，它决定着整块主板的运行速度。在台式机中所说的超频都是超 CPU 的外频。

但对于服务器 CPU 来讲，超频是绝对不允许的。前面说到 CPU 决定着主板的运行速度，两者是同步运行的，如果把服务器 CPU 超频了，改变了外频，会产生异步运行（台式机很多主板都支持异步运行），这样会造成整个服务器系统的不稳定。目前的绝大部分计算机系统中外频也是内存与主板之间的同步运行的速度，在这种方式下，可以理解为 CPU 的外频直接与内存相连通，实现两者间的同步运行状态。外频与前端总线（FSB）频率很容易被混为一谈，下面的前端总线介绍我们谈谈两者的区别。

3. 前端总线频率

前端总线（FSB）频率（即总线频率）是直接影响 CPU 与内存直接数据交换速度的指标。

数据带宽 =（前端总线频率 × 数据位宽）/8

数据传输最大带宽取决于所有同时传输的数据的宽度和传输频率。外频与前端总线（FSB）频率的区别在于前端总线的速度指的是数据传输的速度，而外频是 CPU 与主板之间同步运行的速度。也就是说，100MHz 外频特指数字脉冲信号在每秒钟震荡一千万次，而 100MHz 前端总线指的是每秒钟 CPU 可接收的数据传输量是（100MHz × 64bit）/8 =800MB/s。

4. 倍频系数

倍频系数是指 CPU 主频与外频之间的相对比例关系。在相同的外频下，倍频越高 CPU 的频率也越高。但实际上，在相同外频的前提下，高倍频的 CPU 本身意义并不大。这是因为 CPU 与系统之间的数据传输速度是有限的，一味追求高倍频而得到高主频的 CPU 就会出现明显的“瓶颈”效应——CPU 从系统中得到数据的极限速度不能满足 CPU 的运算速度。一般除了工程样板的 Intel 的 CPU 都是锁定倍频的。

5. CPU 的位和字长

所谓位，是指在数字电路和计算机技术中都采用二进制，代码只有“0”和“1”，其中无论是“0”或是“1”在 CPU 中都是一“位”。

所谓字长，是指计算机技术中对 CPU 在单位时间内能一次处理的二进制数的位数。所以能处理字长为 32 位数据的 CPU 通常就叫 32 位的 CPU。同理 64 位的 CPU 就能在单位时间内处理字长为 64 位的二进制数据。

由于常用的英文字符用 8 位二进制就可以表示，所以通常就将 8 位称为一个字节。字长的长度是不固定的，对于不同的 CPU，字长的长度也不一样。8 位的 CPU 一次只能处理一个字节，而 32 位的 CPU 一次就能处理 4 个字节，同理字长为 64 位的 CPU 一次可以处理 8 个字节。

6. 缓存

缓存也是 CPU 的重要指标之一，而且缓存的结构和大小对 CPU 速度的影响非常大，CPU 内缓存的运行频率极高，一般是和处理器同频运作，工作效率远远大于系统内存和硬盘。实际工作时，CPU 往往需要重复读取同样的数据块，而缓存容量的增大，可以大幅度提升 CPU 内部读取数据的命中率，而不用再到内存或者硬盘上寻找，以此提高系统性能。本章的 2.2.3 小节将对 CPU 缓存做具体介绍。

7. 制造工艺

通常我们所说的 CPU 的制造工艺指的是在生产 CPU 过程中，要对各种电路和电子元件进行加工，精度越高，生产工艺越先进，用同样的材料中可以制造出更多的电子元件，连接线也越细，提高 CPU 的集成度，CPU 的功耗也越小。

制造工艺中提到的微米和纳米是指 CPU 内电路与电路之间的距离。制造工艺的趋势是向密集度越来越高的方向发展。密度越高的电路设计，意味着在同样大小面积上可以拥有密度更高、功能更复杂的电路设计。微电子技术的发展与进步，主要是靠工艺技术的不断改进，使得器件的特征尺寸不断缩小，从而集成度不断提高，功耗降低，器件性能得到提高。芯片制造工艺在 1995 年以后，从 0.5 微米、0.35 微米、0.25 微米、0.18 微米、0.15 微米、0.13 微米、90 纳米、65 纳米、45 纳米、32 纳米，一直发展到目前的最高的 20 纳米级别。

提高处理器的制造工艺具有重大的意义，因为更先进的制造工艺会在 CPU 内部集成更多的晶体管，使处理器实现更多的功能和更高的性能。更先进的制造工艺会使处理器的核心面积进一步减小，相同面积的原料可以制造出更多的 CPU 产品，直接降低了 CPU 的生产成本，从而最终会降低 CPU 的销售价格使广大消费者得利。更先进的制造工艺还会减少处理器的功耗，从而减少其发热量，解决处理器性能提升的障碍。先进的制造工艺使 CPU 的性能和功能一直增强，而价格则一直下降，也使得计算机从高端办公用品变成了现在人们日常工作和生活所使用的工具。

2.2.2　中央处理器的扩展指令集

对于 CPU 来说，在基本功能方面它们的差别并不太大，基本的指令集也都差不多，但是许多厂家为了提升某一方面的性能，又开发了扩展指令集，扩展指令集定义了新的数据和指令，能够大大提高某方面数据的处理能力，但必须有软件支持。

1. MMX 指令集

MMX（Multi Media eXtension，多媒体扩展）指令集是 Intel 公司于 1996 年推出的一项多媒体指令增强技术。MMX 指令集中包括 57 条多媒体指令，通过这些指令可以一次处理多个数据，在处理结果超过实际处理能力的时候也能进行正常处理，这样在软件的配合下，就可以得到更高的性能。MMX 的好处在于，当时存在的操作系统不必为此而做出任何修改便可以轻松地执行 MMX 程序。但是，问题也比较明显，就是 MMX 指令集与浮点运算指令不能够同时执行，必须做密集式的交错切换才可以正常执行，这种情况就势必造成整个系统运行质量的下降。

2. SSE 指令集

SSE（Streaming SIMD Extensions，单指令多数据流扩展）指令集是 Intel 在 Pentium III 处理器中率先推出的。其实，早在 PIII 正式推出之前，Intel 公司就曾经通过各种渠道公布过所谓的 KNI（Katmai New Instructions），这个指令集也就是 SSE 指令集的前身，并一度被很多传媒称为 MMX 指令集的下一个版本，即 MMX2 指令集。究其背景，原来“KNI”指令集是 Intel 公司最早为其下一代芯片命名的指令集名称，而所谓的“MMX2”则完全是硬件评论家们和媒体凭感觉和印象对“KNI”的评价，Intel 公司从未正式发布过关于 MMX2 的消息。

而最终推出的 SSE 指令集也就是所谓的“互联网 SSE”指令集。SSE 指令集包括了 70 条指令，其中包含提高 3D 图形运算效率的 50 条 SIMD（单指令多数据技术）浮点运算指令、12 条 MMX 整数运算增强指令、8 条优化内存中连续数据块传输指令。理论上这些指令对目前流行的图像处理、浮点运算、3D 运算、视频处理、音频处理等诸多多媒体应用起到全面强化的作用。SSE 指令与 3D Now! 指令彼此互不兼容，但 SSE 包含了 3D Now! 技术的绝大部分功能，只是实现的方法不同。SSE 兼容 MMX 指令，它可以通过 SIMD 和单时钟周期并行处理多个浮点数据来有效地提高浮点运算速度。

3. SSE2 指令集

SSE2（Streaming SIMD Extensions 2，Intel 官方称为 SIMD 流技术扩展 2 或数据流单指令多数据扩展指令集 2）指令集是 Intel 公司在 SSE 指令集的基础上发展起来的。相比于 SSE，SSE2 使用了 144 个新增指令，扩展了 MMX 技术和 SSE 技术，这些指令提高了广大应用程序的运行性能。随 MMX 技术引进的 SIMD 整数指令从 64 位扩展到了 128 位，使 SIMD 整数类型操作的有效执行率成倍提高。双倍精度浮点 SIMD 指令允许以 SIMD 格式同时执行两个浮点操作，提供双倍精度操作支持有助于加速内容创建、财务、工程和科学应用。

除 SSE2 指令之外，最初的 SSE 指令也得到增强，通过支持多种数据类型（例如双字和四字）的算术运算，支持灵活并且动态范围更广的计算功能。SSE2 指令可让软件开发员极其灵活地实施算法，并在运行诸如 MPEG-2、MP3、3D 图形等软件时增强性能。Intel 是从 Willamette 核心的 Pentium 4 开始支持 SSE2 指令集的，而 AMD 则是从 K8 架构的 SledgeHammer 核心的 Opteron 才开始支持 SSE2 指令集的。

4. SSE3 和 SSE4 指令集

SSE3（Streaming SIMD Extensions 3，Intel 官方称为 SIMD 流技术扩展 3 或数据流单指令多数据扩展指令集 3）指令集是 Intel 公司在 SSE2 指令集的基础上发展起来的。相比于 SSE2，SSE3 在 SSE2 的基础上又增加了 13 个额外的 SIMD 指令。SSE3 中 13 个新指令的主要目的是改进线程同步和特定应用程序领域，例如媒体和游戏。这些新增指令强化了处理器在浮点转换至整数、复杂算法、视频编码、SIMD 浮点寄存器操作以及线程同步等五个方面的表现，最终达到提升多媒体和游戏性能的目的。Intel 是从 Prescott 核心的 Pentium 4 开始支持 SSE3 指令集的，而 AMD 则是从 2005 年下半年 Troy 核心的 Opteron 才开始支持 SSE3 的。但是需要注意的是，AMD 所支持的 SSE3 与 Intel 的 SSE3 并不完全相同，主要是删除了针对 Intel 超线程技术优化的部分指令。

2005 年后，作为 SSE3 指令集的补充版本，SSSE3 出现在我们已经相对比较熟悉的酷睿微架构处理器中，新增了 16 条指令，进一步增强 CPU 在多媒体、图形图像和 Internet 等方面的处理能力。而英特尔方面本来是计划将该 16 条指令收录在后来的 SSE4 指令集中，但考虑到当时硬件升级速度的大幅提升，最终决定提早加入至酷睿微架构产品中。故早期的 SSE4 容易与 SSSE3 混淆，包括老一代 CPU-Z 均将 SSSE3 直接认定为 SSE4，但实际上真正的新 SSE4 指令集出现在 2008 年发布的新一代 45nmCore 2 处理器上，即第一版 SSE4.1。

5. 3D Now！指令集

由 AMD 公司提出的 3D Now！指令集应该说出现在 SSE 指令集之前，并被 AMD 广泛应用于其 K6-2、K6-3 以及 Athlon（K7）处理器上。3D Now！指令集技术其实就是 21 条机器码的扩展指令集。

与 Intel 公司的 MMX 技术侧重于整数运算有所不同，3D Now！指令集主要针对三维建模、坐标变换和效果渲染等三维应用场合，在软件的配合下，可以大幅度提高 3D 处理性能。后来在 Athlon 上开发了 Enhanced 3D Now！。这些 AMD 标准的 SIMD 指令和 Intel 的 SSE 具有相同效能。因为受到 Intel 在商业上以及 Pentium III 成功的影响，软件在支持 SSE 上比起 3D Now! 更为普遍。Enhanced 3D Now！AMD 公司继续增加至 52 个指令，包含了一些 SSE 码，因而在针对 SSE 做最佳化的软件中能获得更好的效能。目前最新的 Intel CPU 可以支持 SSE、SSE2、SSE3 指令集。早期的 AMD CPU 仅支持 3D Now！指令集，随着 Intel 的逐步授权，从 Venice 核心的 Athlon 64 开始，AMD 的 CPU 不仅进一步发展了 3D Now！指令集，并且可以支持 Intel 的 SSE、SSE2、SSE3

指令集。不过目前业界接受比较广泛的还是 Intel 的 SSE 系列指令集，AMD 的 3D Now! 指令集应用比较少。

2.2.3　中央处理器的缓存结构

L1 Cache（一级缓存）是 CPU 第一层高速缓存，分为数据缓存和指令缓存。L1 高速缓存与 CPU 同步运行，内置的 L1 高速缓存的容量和结构对 CPU 的性能影响较大，不过高速缓冲存储器均由静态 RAM 组成，结构较复杂，在 CPU 管芯面积不能太大的情况下，L1 高速缓存的容量不可能做得太大。

L2 Cache（二级缓存）是 CPU 的第二层高速缓存，它的作用就是为了协调 CPU 的运行速度与内存存取速度之间的差异。L2 高速缓存是 CPU 晶体管总数中占得最多的一个部分。L2 Cache 分内部和外部两种芯片，内部的芯片二级缓存运行速度与主频相同，而外部的二级缓存则只有主频的一半。L2 高速缓存容量也会影响 CPU 的性能，原则上是越大越好。由于 L2 高速缓存的成本很高，因此 L2 高速缓存的容量大小一般用来作为高端和低端 CPU 产品的分界标准。

L3 Cache（三级缓存）分为两种，早期的是外置，现在的都是内置的。而它的实际作用是进一步降低内存延迟，同时提升大数据量计算时处理器的性能。降低内存延迟和提升大数据量计算能力对游戏都很有帮助。而在服务器领域增加 L3 缓存在性能方面仍然有显著的提升。例如，具有较大 L3 缓存的配置利用物理内存会更有效，故它比较慢的磁盘 I/O 子系统可以处理更多的数据请求；具有较大 L3 缓存的处理器提供更有效的文件系统缓存行为及较短消息和处理器队列长度。其实最早的 L3 缓存被应用在 AMD 发布的 K6-III 处理器上，当时的 L3 缓存受限于制造工艺，并没有被集成进芯片内部，而是集成在主板上。在只能够和系统总线频率同步的 L3 缓存同主内存其实很接近，后来使用 L3 缓存的是英特尔为服务器市场所推出的 Itanium 处理器。

2.2.4　多核处理器技术

多核处理器是单枚芯片（也称为“硅核”），能够直接插入单一的处理器插槽中，但操作系统会利用所有相关的资源，将它的每个执行内核作为分立的逻辑处理器。通过在两个执行内核之间划分任务，多核处理器可在特定的时钟周期内执行更多任务。

多核架构能够使目前的软件更出色地运行，并创建一个促进未来的软件编写更趋完善的架构。尽管很多软件厂商还在探索全新的软件并发处理模式，但是，随着向多核处理器的移植，现有软件无需被修改就可支持多核平台。

操作系统专为充分利用多个处理器而设计，且无需修改就可运行。为了充分利用多核技术，应用开发人员需要在程序设计中融入更多思路，但设计流程与目前对称多处理（SMP）系统的设计流程相同，并且现有的单线程应用也将继续运行。

现在，得益于线程技术的应用在多核处理器上运行时将显示出卓越的性能可扩充性。此类软件包括多媒体应用（内容创建、编辑，以及本地和数据流回放）、工程和其他技术计算应用以及诸如应用服务器和数据库等中间层与后层服务器应用。

多核技术能够使服务器并行处理任务，而在以前，这可能需要使用多个处理器，多核系统更易于扩充，并且能够在更纤巧的外形中融入更强大的处理性能，这种外形所用的功耗更低，计算功耗产生的热量更少。

2.3　典型的中央处理器

通过前面 2.1 节的介绍我们了解到在 CPU 市场上最大的厂商是 Intel，另外能与 Intel 争夺一些市场份额的是 AMD，下面我们就分别介绍一下这两大厂商产品系列的特点和主流产品的性能指标。

2.3.1　Intel 中央处理器

Intel 是生产 CPU 的龙头，它占有 80%以上的市场份额，Intel 生产的 CPU 基本上可以看做是事实上的 x86 CPU 技术规范和标准。

1. Intel CPU 产品系列

目前，主流的 Intel CPU 系列有 P 系列、T 系列、Q 系列、E 系列和 I3/I5/I7 系列，以下是各系列的主要用途和特点。

P 系列——笔记本电脑的 CPU，性能强于 T 系列，是指笔记本的 45nm 酷睿双核 CPU（如 P8400）。

T 系列—笔记本电脑的 CPU，大体为后边数字越大性能越强，是指笔记本的 65nm 酷睿双核 CPU（如 T7500）、笔记本的 45nm 酷睿双核 CPU（如 T8100）、笔记本的 65nm 奔腾双核 CPU（如 T2300）和笔记本的 45nm 奔腾双核 CPU（如 T3200）。

Q 系列——Intel 桌面平台最早推出的 4 核产品，不是原生 4 核心，相当于只是将两个酷睿双核 CPU 封装在一起，是指台式电脑的 45nm 和 65nm 酷睿四核 CPU。

E 系列——桌面平台 CPU，从低端入门奔腾 E 系列至酷睿 E 系列中高端都有，是指台式电脑的 65nm 酷睿双核 CPU（如 E6300） 和台式电脑的 65nm 的奔腾双核 CPU（如 E2160）。

I3/I5/I7 系列——I3 在笔记本电脑和台式电脑都有相应的系列。其中 I3 为 Intel 推出的新系列 CPU，采用最新 32nm 工艺，双核的集成显示核心，是 I5 的精简版。I7 为 Intel 在 2008 年底推出的全新系列 CPU，也是目前最高端、性能最强系列（4 核 8 线程）。I5 为推出 I7 后 10 个月再推出的产品，性能仅次于 I7，定位中高端，同样是原生 4 核心，但不支持超线程，所以只有 4 线程，一定程度上是 I7 精简版。

从总体性能来看，我们可以将各系列性能做以下排序：

- 笔记本系列：I7 > I5/I3 > P > T
- 桌面平台系列：I7 > I5/I3 > Q > E

2. Intel 产品星级标识

随着 Intel 的产品线逐步完善，相应的产品也越来越多，面对众多产品型号（例如 E7400、E8400、Q8300、Q9300 等），对产品不熟悉的一般消费者难以区分产品的定位、等级，因此 Intel 在更换新 LOGO 后，也同时引入星级标识，共分为一星到五星五个等级。当然，桌面平台和笔记本平台 CPU 的星级比较只能在同平台下进行，跨平台比较是没有意义的。

（1）Intel 五星级顶级 CPU

Intel 的五星级 CPU，指的当然是当前顶级性能的 CPU，主要面向的是发烧级用户。在桌面 CPU 上，能获得这样资格的 CPU 只有最强的四核 CPU，分别是 Core i7 家族和 Core 2 Quad QX9000 系列。其中最强产品是 Core i7 965 Extreme Editon，接着是 Core i7 940/920，最后是 Core 2 QX9770/QX9650，如图 2-14 所示。

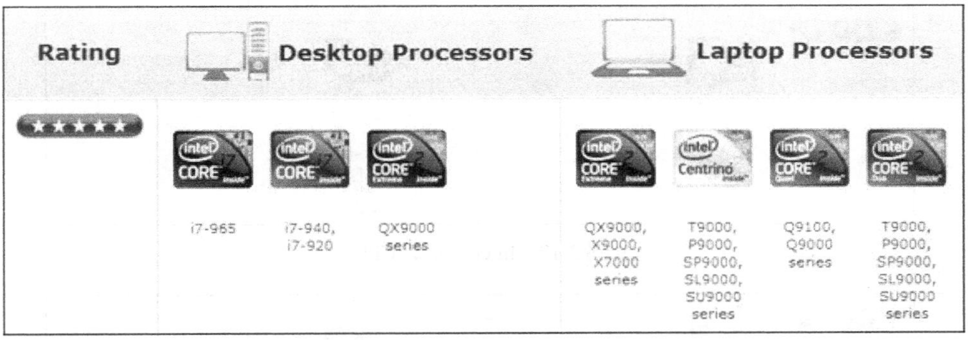

图 2-14 Intel 五星级 CPU

（2）Intel 四星级高端 CPU

四星级 CPU 主要面向高端用户，桌面级 CPU 是 Q9300 以上的四核、E8000 系列的双核。两个系列产品相比，Q9000 系列在核心数量上拥有优势，而 E8000 系列双核则拥有频率上的优势，但在综合性能上，四核 Q9 肯定比双核 E8 强，因此 E8 性能定位在 Q9 之后。这个级别的代表产品是 Q9400、E8400，如图 2-15 所示。

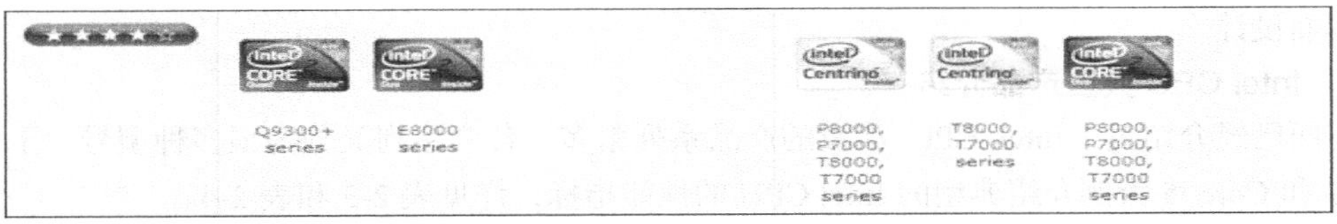

图 2-15 Intel 四星级 CPU

（3）Intel 三星级主流 CPU

三星级 CPU 是当前的主流级 CPU，一共有三个系列，分别是 E7、Q8 和 Q6 系列，其中 E7 系列是双核，Q6 和 Q8 系列是四核。首先 E7 排在 Q8、Q6 之后是没有异议的，但四核的 Q8、Q6 与双核 E8 的级别就存在较大的异议了。以价钱来说，三者相近，性能也是各有优势，Q8、Q6 低频四核在多核任务、多线程处理中领先，而高频双核则在游戏、单/双线程应用中有优势，但等级却是 E8 高一级别，对多数用户而言，高频双核更实用。这个级别的代表产品是 Q8200、E7400，如图 2-16 所示。

图 2-16 Intel 三星级 CPU

（4）Intel 二星级中低端 CPU

二星级 CPU，就是中低端 CPU，目前这个定位的产品只有 Pentium Dual Core 的 E5000 和 E2000 系列，这个级别的 CPU 在我国最受欢迎，其中 E5200 是当前销量比较高的产品，如图 2-17 所示。

（5）Intel 一星级入门 CPU

一星级产品，定位入门级市场 Celeron 单/双核是此价位的代表产品，价钱普遍比较低，例如 E1400、430，如图 2-18 所示。

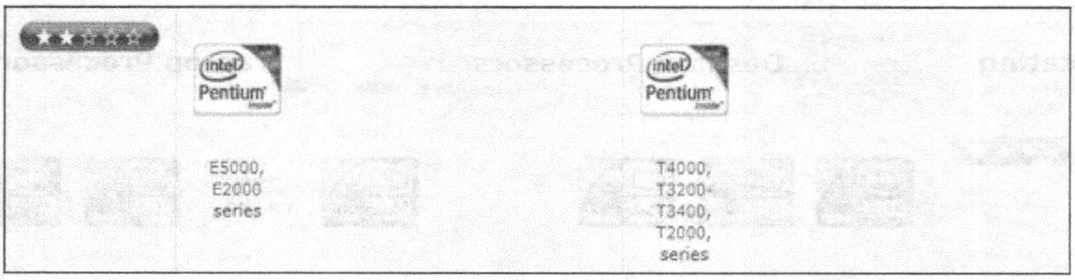

图 2-17　Intel 二星级 CPU

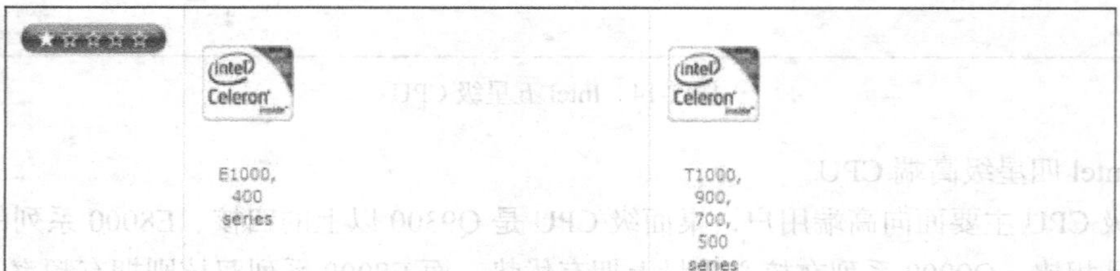

图 2-18　Intel 一星级 CPU

此外，Atom 处理器不在星级分类范围，这个系列 CPU 的性能连一星都达不到，主要是面向上网本而设计。

3. Intel CPU 典型产品介绍

前面已经介绍过，Intel CPU 涉及的产品系列繁多，各个系列又分为很多种型号。下面，以 Core i7 和 Core i5 为例介绍典型的 Intel CPU 的性能指标，详见表 2-3 和表 2-4。

表 2-3　　典型 Core i7 系列 CPU 性能指标对照表

	Core i7 系列		
型号	Core i7-2600K	Core i7-2600	Core i7-2600S
接口	LGA 1155	LGA 1155	LGA 1155
制造工艺	32nm	32nm	32nm
核心/线程	4/8	4/8	4/8
主频	3.4GHz	3.4GHz	2.8GHz
加速频率	3.8GHz	3.8GHz	3.8GHz
集成 GPU 型号	HD Graphics 3000	HD Graphics 2000	HD Graphics 2000
集成 GPU 频率（默认/加速）	850/1350MHz	850/1350MHz	850/1100MHz
总线类型	DMI2.0	DMI2.0	DMI2.0
总线频率	5000MHz	5000MHz	5000MHz
二级缓存	256KB*4	256KB*4	256KB*4
三级缓存	8MB	8MB	8MB
内存支持	DDR3-1333 双通道	DDR3-1333 双通道	DDR3-1333 双通道
CPU 支持	MMX, SSE, SSE2, SSE3, SSSE3, SSE4.1, SSE4.2, AVX, EIST, Intel 64, XD bit, TXT, Intel VT-x, Intel VT-d, Hyper-Threading, Turbo Boost, AES-NI, Smart Cache		

表 2-4　　典型 Core i5 系列 CPU 性能指标对照表

	Core i5 系列		
型号	Core i5-2500K	Core i5-2400	Core i5-2310
晶体管数量	9.55 亿	9.55 亿	9.55 亿
接口	LGA 1155	LGA 1155	LGA 1155
步进	D2	D2	D2
制造工艺	32nm	32nm	32nm
核心/线程	4/4	4/4	4/4
主频	3.3GHz	3.1GHz	2.9GHz
加速频率	3.7GHz	3.4GHz	3.2GHz
总线类型	DMI2.0	DMI2.0	DMI2.0
总线频率	5000MHz	5000MHz	5000MHz
集成 GPU 型号	HD Graphics 3000	HD Graphics 2000	HD Graphics 2000
集成 GPU 频率（默认/加速）	850/1100MHz	850/1100MHz	850/1100MHz
二级缓存	256KB*4	256KB*4	256KB*4
三级缓存	6MB	6MB	6MB
内存支持	DDR3-1333 双通道	DDR3-1333 双通道	DDR3-1333 双通道
CPU 支持	MMX, SSE, SSE2, SSE3, SSSE3, SSE4.1, SSE4.2, AVX, EIST, Intel 64, XD bit, TXT, Intel VT-x, Intel VT-d, Turbo Boost, AES-NI, Smart Cache,Hyper-Threading		

2.3.2　AMD 中央处理器

AMD 是一家专注于中央处理器设计和生产的跨国公司，总部位于美国加州硅谷内森尼韦尔。AMD 为计算机、通信及消费电子市场供应各种集成电路产品，其中包括中央处理器、图形处理器、闪存、芯片组以及其他半导体技术。

AMD 公司的处理器产品的中文名称都是音译，以下是 AMD 公司的主要产品系列及用途。

- Duron 毒龙——早期处理器
- Sempron 闪龙——低端台式处理器
- Athlon 速龙——中、高端台式处理器
- Turion 炫龙——笔记本电脑处理器
- Opteron 皓龙——服务器处理器
- Phenom 羿龙——新推出的四核处理器

下面，以 Phenom II X6 系列和 Athlon II X4 系列为例介绍典型的 AMD CPU 的性能指标，详见表 2-5 和表 2-6。

表 2-5　　典型 Phenom II X6 系列 CPU 性能指标对照表

	Phenom II X6 系列		
型号	Phenom II X6 1100T BE	Phenom II X6 1090T BE	Phenom II X6 1075T
接口	Socket AM3	Socket AM3	Socket AM3
制造工艺	45nm	45nm	45nm
核心/线程	6/6	6/6	6/6
主频	3.3GHz	3.2GHz	3GHz
加速频率	3.7GHz	3.6GHz	3.5GHz
总线速度	4000MHz	4000MHz	4000MHz
二级缓存	512KB*6	512KB*6	512KB*6
三级缓存	6MB	6MB	6MB
内存支持	DDR3-1333 双通道 DDR2-1066 双通道	DDR3-1333 双通道 DDR2-1066 双通道	DDR3-1333 双通道 DDR2-1066 双通道
CPU 支持	MMX, SSE, SSE2, SSE3, SSE4a, Enhanced 3DNow!, NX bit, AMD 64, Cool'n'Quiet, AMD-V		

表 2-6　　典型 Athlon II X4 系列 CPU 性能指标对照表

	Athlon II X4 系列		
型号	Athlon II X4 650	Athlon II X4 645	Athlon II X4 640
接口	Socket AM3	Socket AM3	Socket AM3
步进	C3	C3	C3
核心架构	K10.5	K10.5	K10.5
核心代号	Propus	Propus	Propus
制造工艺	45nm	45nm	45nm
核心/线程	4/4	4/4	4/4
主频	3.2GHz	3.1GHz	3GHz
总线速度	4000MHz	4000MHz	4000MHz
二级缓存	512KB*4	512KB*4	512KB*4
内存支持	DDR3-1333 双通道 DDR2-1066 双通道	DDR3-1333 双通道 DDR2-1066 双通道	DDR3-1333 双通道 DDR2-1066 双通道
CPU 支持	MMX，SSE，SSE2，SSE3，SSE4a，Enhanced 3D Now!，NX bit，AMD 64，Cool'n'Quiet，AMD-V		

习　题　2

一、填空题

1. CPU 的主频 = ________ × ________。

2. CPU 采用的扩展指令集有 Intel 公司的________、________和 AMD 公司的________等几种。

3. 按照 CPU 处理信息的字长，目前主流的有________和________位微处理器。

4. 3D Now！指令集是________公司提出的，并被广泛应用于________处理器上。

5. CPU 是 Central Processing Unit（中央处理器）的缩写，它是计算机中最重要的部件，主要由________和________组成，主要用来进行分析、判断、运算并控制计算机各个部件协调工作。

6. CPU 的性能指标主要有________、________、________、________、________等几项。

7. 缓存也称________，英文名称为 Cache。一般我们将高速缓存分为两类：________和________。

8. CPU 的内核工作电压越低，说明 CPU 的制造工艺越________，这样 CPU 电功率就越________。

二、选择题

1. 当前的 CPU 市场上，最知名的生产厂家是（　　）和（　　）。

A. Intel 公司　　B. IBM 公司　　C. AMD 公司　　D. VIA 公司

2. CPU 的主频由外频与倍频决定，在外频一定的情况下，通过（　　）提高 CPU 的运行速度，称为超频。

A. 外频　　B. 速度　　C. 主频　　D. 缓存

3. 以下关于 CPU 的数据带宽公式正确的是（　　）。

A. 数据带宽 =（前端总线频率 × 数据位宽）/8

B. 数据带宽 =（前端总线频率 × 数据位宽）*8

C. 数据带宽 =（CPU 外频 × 数据位宽）/8

D. 数据带宽 =（CPU 外频 × 数据位宽）*8

三、简答题

1. 用 Intel 和 AMD 的发展历史简述计算机中央处理器的发展过程。

2. 简述中央处理器的四个组成部分。

3. 简述 CPU 的生产过程。

4. 简述 Intel 产品各个系列的特点及适用的环境。

5. 简述 Intel 产品的星级标识。

6. 简述常用中央处理器的扩展指令集。

第3章 主板

3.1 主板概述

主板，又叫主机板（Mainboard）、系统板（Systemboard）或母板（Motherboard），它安装在机箱内，是计算机最基本的也是最重要的部件之一。主板一般为矩形电路板，上面安装了组成计算机的主要电路系统，一般有 BIOS 芯片、I/O 控制芯片、键盘和面板控制开关接口、指示灯插接件、扩充插槽、主板及插卡的直流电源供电接插件等元件。

3.1.1 主板的工作原理及特点

主板的平面是一块 PCB 印制电路板，分为四层板和六层板，四层板分别是主信号层、接地层、电源层、次信号层，而六层板增加了辅助电源层和中信号层。在电路板上面，是错落有致的电路布线，在 PCB 印制电路板上面为棱角分明的各个部件：插槽、芯片、电阻、电容等。

计算机主板是整个计算机系统中非常重要的部件之一，几乎所有的计算机部件都需要主板来承载和连接。主板上设置有多种接口、插槽、集成芯片等，这些外部连接主板所需的相关部件使主板能正常工作。主板还设置有多种外部接口，外部设备通过接口与主板连接，进而实现信息的交互。

计算机主板与其他电子产品相比集成度较高、内部结构较复杂。在实现人与计算机之间的信息交互之前，主板必须连接相应的部件才能进行数据的处理。从主板的整体结构可以看出，它的接口及插槽较多，这有助于主板与其他部件的连接，比如主板与电源、内存条、硬盘、CPU、显示器等部件的连接，主板所需的主要部件连接完成后，才能使计算机正常工作，实现人与计算机之间的信息交互。本章将详细介绍主板的各个组成部件和工作原理。

3.1.2 主板的类型

计算机发展历程中出现了很多类型的主板，下面介绍的是曾经使用比较广泛的几种，通过对这些主板类型的了解，我们也可以对计算机主板的发展历程有一个比较清晰的认识。

1. AT 板型主板

业界首个通用主板板型标准是 1984 年 IBM 公布的“PCAT”（AT），这种主板的尺寸为 13 英寸*12 英寸，集成了一些控制芯片，拥有 8 个 I/0 扩展槽，用当时的 PC 发展水平来衡量，它的扩展能力已经十分强大，如图 3-1 所示。

2. Baby AT 板型主板

PCAT 应用 6 年之后，电子元件的制造工艺和集成水平达到了新的高度，1990 年，Baby/Mini AT 主板板型标准（Baby AT）横空出世，成功继承了 PCAT 的市场，成为当时最主流的主板板型。这种主板可看作是 PCAT 的“改良型”（也有说它是 AT 主板的第二形态），它比 AT 主板略长一些，宽度则大大窄于后者，尺寸约为 13.5 英寸*8.5 英寸，如图 3-2 所示。

图 3-1 AT 板型主板

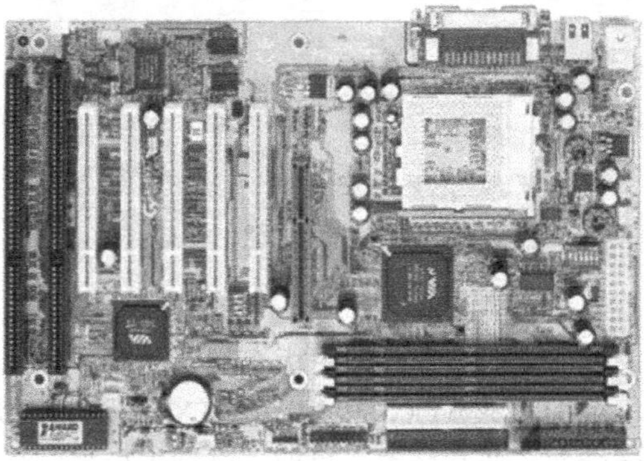

图 3-2 Baby AT 板型主板

3. ATX 板型主板

1995 年，扩展 AT 主板板型标准（AT Extended，ATX）应运而生，英特尔联合多家举足轻重的主板厂商将这一新的标准推上了主板市场。如今，时间已经充分证明，ATX 是迄今为止最成功、应用范围最广、最受用户欢迎、设计相对最完善的板型标准。如图 3-3 所示，它的布局是“横”板设计，就像把 Baby AT 板型放倒了过来，这样做增加了主板引出端口的空间，使主板可以集成更多的扩展功能。ATX 是目前市场上最常见的主板结构，扩展插槽较多，大多数主板都采用此结构，ATX 主板的尺寸为 12 英寸*9.6 英寸。

4. Micro ATX 板型主板

相比之下，Micro ATX（又名 Mini ATX）的应用情况远不如 ATX。“小”和“少”是 Micro ATX 的最大特征，Micro ATX 主板的最大尺寸是 9.6 英寸*9.6 英寸，但有些 Micro ATX 主板的尺寸可以小至 6.75 英寸*6.75 英寸。更小的主板尺寸、更小的电源供应器，减小主板与电源供应器的尺寸可以直接使计算机系统成本下降。虽然减小主板的尺寸可以降低成本，但是主板上可以使用的 I/O 扩充槽也相对减少了，Micro ATX 支持最多到四个扩充槽，这些扩充槽可以是 ISA、PCI 或 AGP 等各种规格的组合，视主板制造厂商而定，如图 3-4 所示。

5. BTX 板型主板

BTX（Balanced Technology Extended）方案同样由英特尔提出，是一个意在代替 ATX 的次时代板型标准。它相对于 ATX 最明显的改变在于能够在不缩减性能和功能的前提下显著缩小主板体积，并保持良好的向下兼容性，如图 3-6 所示。

综合来看，BTX 具有以下重要特点：

（1）支持 Low-profile（窄板设计），缩减体积，减少占用空间。

（2）改善散热问题，对主板布线进行了优化设计，简化安装过程，加强机械性能。

（3）超强的兼容性。不论是标准版 BTX、Micro BTX、Low-Profile Pico BTX，还是面向服务器市场的 Extended BTX，都可以完美支持目前流行的总线规范和接口规格（如 PCI Express、SATA），如图 3-5 所示。

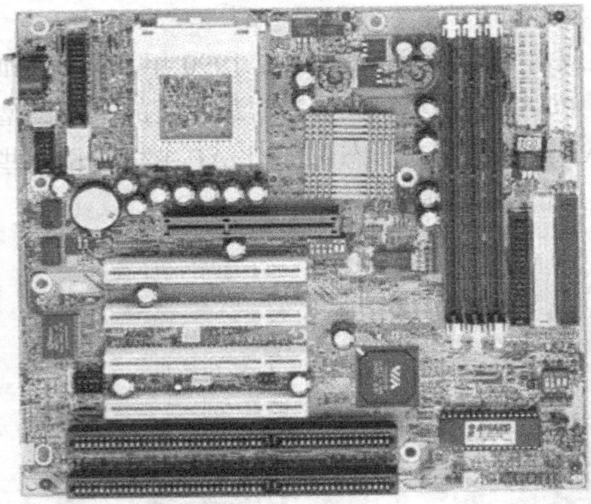

图 3-3　ATX 板型主板

图 3-4　Micro ATX 板型主板

6. Flex ATX 板型主板

至于 Flex ATX，和 Micro ATX 的设计相似，只不过它的面积比 Micro ATX 小 1/3 左右，功能同样全面，非常精致。目前，这种主板被广泛应用在 iMac 等高整合度、高质量的计算机中，它造价较高，且制造技术相对复杂，在组装计算机市场中很难见到，如图 3-6 所示。

图 3-5　BTX 板型主板

图 3-6　Flex ATX 板型主板

3.1.3　主板的性能指标

1. 支持 CPU 的类型与频率范围

CPU 插座类型的不同是区分主板类型的主要标志之一，尽管主板型号众多，但总的结构是很相似的，只是在诸如 CPU 插座等细节上有所不同。

CPU 只有在相应主板的支持下才能达到其额定频率，CPU 主频等于其外频乘以倍频，CPU 的外频由其自身决定，而由于技术的限制，主板支持的倍频是有限的，这样就使得其支持的 CPU 最高主频也受到限制。另外，现在的一些高端产品，出于对稳定性的考虑，也限制了其支持的 CPU 的主频。因此，在选择主板时，一定要使其能足够支持所选的 CPU，并且留有一定的升级空间。

CPU 插槽主要分为 Socket 和 Slot 两种，就是主板上用于安装 CPU 的插座。关于 Intel 和 AMD 两大厂商 CPU 支持的插槽类型已经在第二章做了相应介绍，在这里就不再详述。

2. 扩展性能与外围接口

除了 AGP 插槽和 DIMM 插槽外，主板上还有 PCI、AMR、CNR 等扩展槽，标志了主板的扩展性能。PCI 是目前用于设备扩展的主要接口标准，声卡、网卡、内置 MODEM 等设备主要接在 PCI 插槽上，主板上一般设有 2～5 条 PCI 插槽不等，且采用 Mirco ATX 板型的主板上的扩展槽一般少于标准 ATX 板上扩展的数量，一般普通用户可能需要一个 PCI 槽接声卡，另一个接内置 MODEM 或网卡，再考虑以后的升级需要，三个 PCI 插槽基本是最低的要求。

3. BIOS 技术

BIOS（基本输入输出系统）是集成在主板 BIOS 芯片中的软件，主板上的这块 CMOS 芯片保存有计算机系统最重要的基本输入输出程序、系统 CMOS 设置、开机上电自检程序和系统启动程序。现在市场上主要使用的主板是 Award、AMI、Phoenix 几种 BIOS。早期主板上的 BIOS 采用 EPROM 芯片，一般用户无法更新版本，后来采用了 Flash ROM，用户可以更改其中的内容以便随时升级，但是这使得 BIOS 容易受到病毒的攻击，而 BIOS 一旦受到攻击，主板将不能工作，于是各大主板厂商对 BIOS 采用了防毒的保护措施，在主板选购上应该考虑到 BIOS 能否方便地升级，以是否具有优良的防病毒功能。关于 BIOS 将在后续内容中详细介绍，本书的实验部分还会配有典型的 BIOS 配置实验。

3.2　主板的构成

主板的平面是一块 PCB（印制电路板），一般采用 4 层板或 6 层板。相对而言，为节省成本，低档主板多为 4 层板：主信号层、接地层、电源层、次信号层，而 6 层板则增加了辅助电源层和中信号层，因此 6 层 PCB 的主板抗电磁干扰能力更强，主板也更加稳定。

目前，市场上的主板除 CPU 接口不同外，其组成结构几乎相同。图 3-7 给出了典型主板的构成，主板一般由以下几个部分组成。

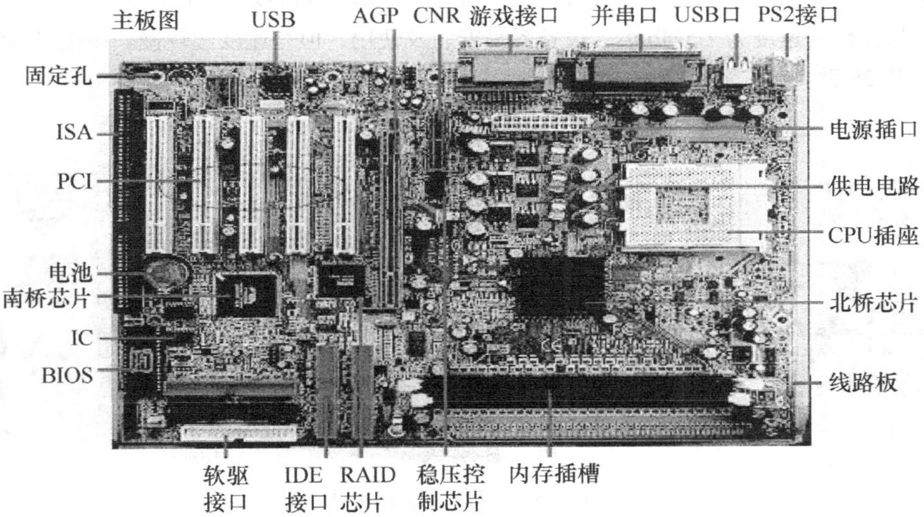

图 3-7　主板的构成

（1）插槽类——CPU 插槽、PCI 插槽、PCI-E 插槽、DIMM 插槽等。

（2）芯片类——芯片组、时钟芯片、I/O 芯片、BIOS 芯片、声卡芯片、网卡芯片等。

（3）接口类——PS/2 接口、USB 接口、串行接口、并行接口、S-ATA 接口、IDE 接口等。

（4）插针类——外接面板插针、外接音频插针、散热器风扇插针等。

（5）供电部分——电源插座、CPU 供电电路、内存供电电路等。

（6）其他元器件。

接下来，我们将分别介绍主板的常见部件和芯片。

3.2.1 主板上常见的部件

1. 常用接口

如图 3-8 所示，主板上的常用接口如下。

（1）USB2.0 接口（黑色）

接口外形呈扁平状，是家用计算机外部接口中唯一支持热拔插的接口，可连接所有采用 USB 接口的外设，比如 U 盘、移动硬盘，具有防呆设计，反向将不能插入。

USB 是一个外部总线标准，用于规范计算机与外部设备的连接和通信。USB 接口支持设备的即插即用和热插拔功能。USB 接口可用于连接多达 127 种外设，如鼠标、调制解调器和键盘等。USB 是在 1994 年底由 Intel、康柏、IBM、Microsoft 等多家公司联合提出的，自 1996 年推出后，已成功替代串口和并口，并成为当今个人计算机和大量智能设备的必配接口之一。自从 1994 年 11 月 11 日发表了 USB V0.7 版本以后，USB 版本经历了多年的发展，到如今已经发展为 3.0 版本。其中，USB 1.0 是在 1996 年出现的，速度只有 1.5Mbit/s（位每秒），1998 年升级为 USB 1.1，速度也大大提升到 12Mbit/s，在部分旧设备上还能看到这种标准的接口。USB2.0 规范是由 USB1.1 规范演变而来的。它的传输速率达到了 480Mbit/s。USB 3.0 的理论速度为 5.0Gbit/s，其实只能达到理论值的 5 成，那也是接近于 USB 2.0 的 10 倍了。

（2）LPT 接口（朱红色）

LPT 并口是一种增强了的双向并行传输接口，在 USB 接口出现以前是扫描仪、打印机最常用的接口。最高传输速度为 1.5Mbit/s，设备容易安装及使用，但是速度比较慢。该接口为针角最多的接口，共 25 针。

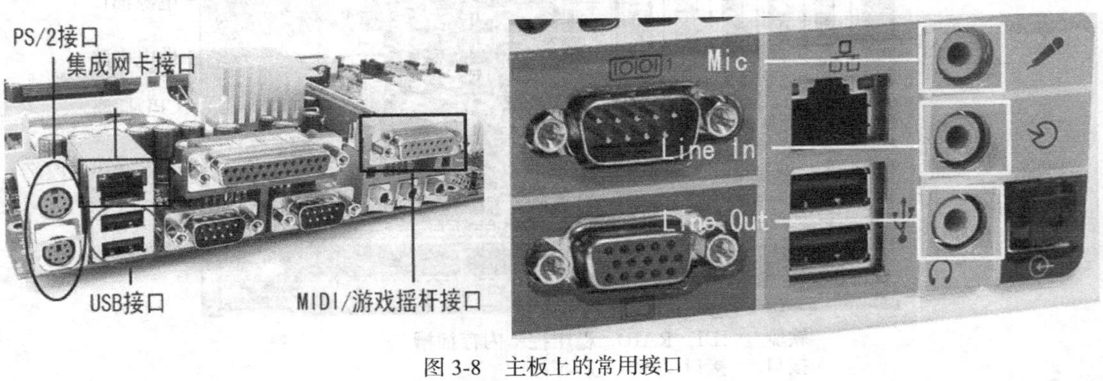

图 3-8 主板上的常用接口

（3）COM 接口（深蓝色）

平均分布于并行接口下方，该接口有 9 个针脚，也称之为串口 1 和串口 2，可连接游戏手柄或手写板等配件。

（4）Line Out 接口（淡绿色）

靠近 COM 接口，是通过音频线来连接音箱的 Line 接口，输出经过计算机处理的各种音频信号。

（5）Line in 接口（淡蓝色）

位于 Line Out 和 MIC 中间的那个接口，为音频输入接口，需要和其他音频专业设备（如功放）相连，家庭用户一般闲置无用。

（6）MIC 接口（粉红色）

MIC 接口与麦克风连接，用于聊天或者录音。

（7）显卡接口（蓝色）

蓝色的 15 针 D-Sub 接口是一种模拟信号输出接口，用来双向传输视频信号到显示器。该接口用来连接显示器上的 15 针视频线，需插稳并拧好两端的固定螺丝，以让插针与接口保持良好接触。

（8）MIDI/游戏接口（黄色）

该接口和显卡接口一样有 15 个针脚，可连接游戏摇杆、方向盘、二合一的双人游戏手柄以及专业的 MIDI 键盘和电子琴。

（9）网卡接口

该接口一般位于网卡的挡板上（目前很多主板都集成了网卡，网卡接口常位于 USB 接口上端）。将网线的水晶头插入，正常情况下网卡上红色的链路灯会亮起，传输数据时则亮起绿色的数据灯。

2. 电源接口

电源连接如图 3-9 所示。

（1）20 芯电源连线

主板就是靠它供电的。先用力捏住电源接头上的塑料卡子，然后将电源接口平直地插入主板 CPU 插座旁边的 20 芯电源插座。注意卡子与卡座在同一方向上。

（2）显卡风扇连线

显卡散热风扇的接头多为三针（主板提供）或二针（显卡提供）。因此，倘若我们购买的是需要三针电源接口的散热风扇，就要在主板 CPU 插座附近找到这样的深红色插座（SYS FAN），然后按两边的凸起找准方向插入。而二芯风扇都直接插在了显卡的供电接口上。

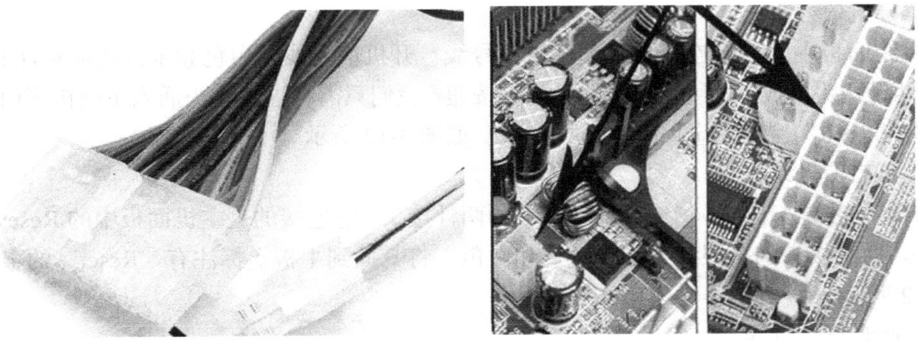

图 3-9 电源连接示意图

3. 设备连线接口

（1）IDE 设备连线

IDE 设备包括光驱、硬盘等。在主板上一般都标有 IDE1、IDE2，可以通过主板连接两组 IDE 设备，通常情况下我们将硬盘连接在 IDE1 上，将光驱连接在 IED2 上。该类型设备正常工作都需要两类连线：一类为 80 针的数据线（光驱可为 40 针），二类为 4 芯电源线。连接时，先将数据线蓝色插头一端插入主板上的 IDE 接口，再将另一端插入硬盘或光驱接口，然后把电源线接头插在 IDE 设备的电源接口上。由于数据线及电源线都具有防插反设计，插接时不要强行插入，如不能插入就换一个方向试试，如图 3-10 所示。

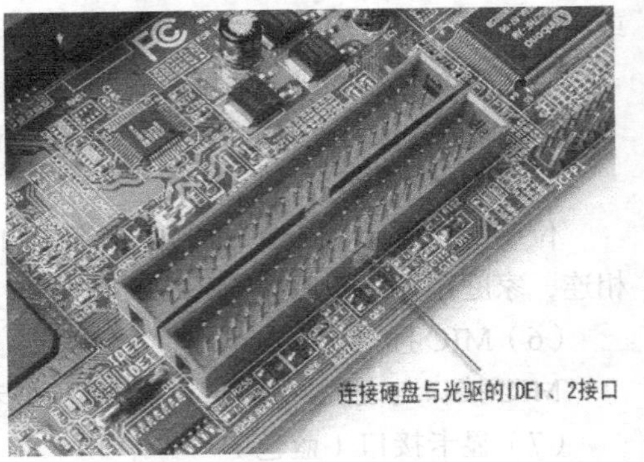

图 3-10　IDE 接口

（2）SATA 接口连线

目前 SATA 硬盘已经大量使用，支持 SATA 硬盘的主板上标有 SATA1、SATA2 等的就是 SATA 硬盘的数据线接口，通过扁平的 SATA 数据线（一般为红色或蓝色）就可与 SATA 硬盘连接，如图 3-11 所示。

图 3-11　SATA 接口

4. **机箱面板及其他连线接口**

（1）前置 USB 连线

机箱面板上大都提供了两个前置的 USB 接口，USB 连线负责连接前置 USB 接口到主板上。每组 USB 连线大多合并在一个插头内，再找到主板上标注 USB1、2、3、4 的接口，依照主板说明书上要求的顺序插入。

（2）开机信号线

从机箱面板中的一组连线中找到开机信号线。开机信号线由白色和朱红色的标注有“Power SW”的两针接头组成，这组线连接的是开机按钮。我们只需将这个接头插入主板机箱面板插线区中标注有“PWR”字符的金属针上即可开机，如图 3-12 所示。

（3）重启信号线

重启信号线是标注有一个“Reset SW”的两针接头，它连接的是主机面板中的 Reset 按钮（重启按钮）。这组接头的两根线分别为蓝色和白色，将其插到主板上标注有“Reset”的金属针上，如图 3-12 所示。

（4）硬盘指示灯线

在我们读写硬盘时，硬盘灯会发出红色的光，以表示硬盘正在工作。而机箱面板连线中标注“HDDLED”的两针接头即为它的连线，将这两根红色和白色线绞在一起的接头与主板上标注“HDDLED”的金属针连接，如图 3-12 所示。

（5）机箱喇叭连线

机箱喇叭连线（作用是开机声音报警）最好辨认，因为标注“Speaker”的接头是几组线中最大最宽的。该接头为黑色和红色两根交叉线。将这个接头插入主板上标有“Speaker”或“SPK”的金属针上（注意红色的线接正极，即“+”插针），如图 3-12 所示。

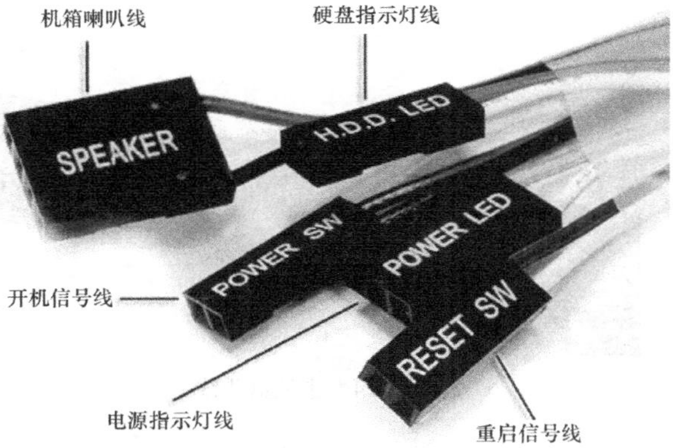

图 3-12　主板跳线

5. 主机内跳线接口

跳线，很小的一个蓝色“小帽”，连通的是两根金属针。跳线虽小，但它的作用很大。

（1）三针跳线

三针跳线即为三个相邻的针脚，我们可以把这三个针脚按照位置分别命名为 1、2、3。一般说来，当我们用跳线帽连接 1 和 2 两个针脚的时候表示开启或接通，当我们连接 2 和 3 两个针脚时则表示清零或者屏蔽。

我们最常用到的跳线功能是 BIOS 跳线和声卡跳线，操作原理同上。当 BIOS 受损或超频过度导致机器不能启动时，我们就把 BIOS 跳线（在圆形的 CMOS 电池附近）从 1、2 针脚上拔下来，插在 2、3 针脚（Clear）上，一会儿再插回 1、2 针脚，这样 BIOS 就被清零了，相关设置恢复到出厂时的状态，如图 3-13 所示。

图 3-13　三针跳线

对于集成声卡（AC'97）或集成显卡来说，我们用跳线帽将 1、2 针脚接通表示启用该功能，而当我们添置了硬声卡或独立显卡时，则可以用跳线帽接通 2、3 针脚来屏蔽集成声卡或集成显卡（现在很多主板都是在 BIOS 设置中实现的）。

（2）主从盘跳线

如果一条数据线上只存在一台 IDE 设备是不需要设置主从盘的，因为厂家在产品出厂时已把跳线设置到了主盘（Master）位置上。但随着对双硬盘和刻录机、DVD 的添加，一条数据线上得安装两个 IDE 设备，这就需要我们重新设置主盘和从盘。

一般来说，在硬盘和光存储设备表面都会有相关的跳线设置图，并根据 Master 为主盘（接在数据线最远端)、Slave 为从盘(接在数据线中间)的原理，按照厂家提供的图示去设置。当我们设置跳线的时候，手指常常抓握不住跳线帽，建议用钳子或镊子夹着插拔跳线帽，如图 3-14 所示。

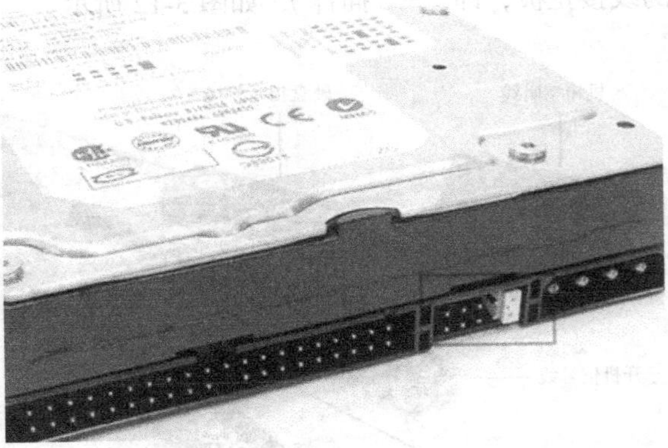

图 3-14　主从盘跳线

(3)超频跳线

关于超频跳线，各厂商没有统一的做法，因此，超频的时候需要参考各主板厂商的技术规格和相关参数，笔者建议仔细阅读主板说明书或咨询厂商的客服部寻求相关技术支持。同时，如果真的喜欢超频，强劲的散热风扇和耐超的 CPU 是不可缺少的。

3.2.2　主板芯片组

芯片组(Chipset)是主板的核心组成部分，按照在主板上的排列位置的不同，通常分为北桥芯片和南桥芯片。也有将北桥芯片和南桥芯片组成一块单芯片结构的主板，如图 3-15 所示。目前主要的主板芯片组厂商有 Intel、SIS、VIA、ATI 和 NVIDIA 等几家。

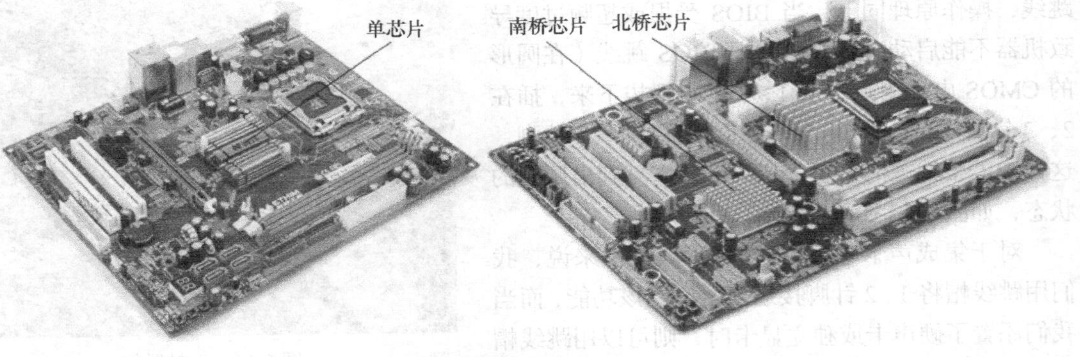

图 3-15　主板芯片组

1. 北桥芯片

北桥芯片(North Bridge)是主板芯片组中起主导作用的最重要的组成部分，也称为主桥(Host Bridge)。一般来说，芯片组的名称就是以北桥芯片的名称来命名的，例如 Intel GM45 芯片组的北桥芯片是 G45，最新的则是支持酷睿 i7 处理器的 X58 系列的北桥芯片。主流的有 P45、P43、X48、790GX、790FX、780G 等，NVIDIA 还有 780i、790 i 等。图 3-16 所示为一款北桥芯片。

北桥芯片一般提供对 CPU 的类型和主频、内存的类型和最大容量、PCI/AGP 插槽、ECC 纠错等支持，通常在主板上靠近 CPU 插槽的位置，由于这类芯片的发热量一般较高，所以会在北桥芯片上安装散热片和散热风扇。

图 3-16　北桥芯片

北桥芯片就是主板上离 CPU 最近的芯片，这主要是考虑到北桥芯片与处理器之间的通信最密切，为了提高通信性能而缩短传输距离。因为北桥芯片的数据处理量非常大，发热量也越来越大，所以现在的北桥芯片都覆盖着散热片用来加强北桥芯片的散热，有些主板的北桥芯片还会配有风扇进行散热。因为北桥芯片的主要功能是控制内存，而内存标准与处理器一样变化比较频繁，所以不同芯片组中北桥芯片是肯定不同的，当然这并不是说所采用的内存技术就完全不一样，而是不同的芯片组北桥芯片间肯定在一些地方有差别。

2. 南桥芯片

南桥芯片（South Bridge）也是主板芯片组的重要组成部分，一般位于主板上离 CPU 插槽较远的下方、PCI 插槽的附近，这种布局是考虑到它所连接的 I/O 总线较多，离处理器近一点有利于布线。

相对于北桥芯片来说，其数据处理量并不算大，所以南桥芯片一般都没有覆盖散热片。南桥芯片不和处理器直接相连，而是通过一定的方式与北桥芯片相连。

南桥芯片负责 I/O 总线之间的通信，如 PCI 总线、USB、LAN、ATA、SATA、音频控制器、键盘控制器、实时时钟控制器、高级电源管理等，这些技术一般相对来说比较稳定，所以不同芯片组中可能南桥芯片是一样的，不同的只是北桥芯片。所以现在主板芯片组中北桥芯片的数量要多于南桥芯片。南桥芯片的发展方向主要是集成更多的功能，例如网卡、RAID、IEEE 1394，甚至 WI-FI 无线网络等。图 3-17 所示为一款南桥芯片。

图 3-17　南桥芯片

3. 其他芯片

（1）AC'97 声卡芯片

AC'97 的全称是 Audio CODEC'97，这是一个由 Intel、Yamaha 等多家厂商联合研发并制定的一个音频电路系统标准。

主板上集成的 AC'97 声卡芯片主要可分为软声卡和硬声卡芯片两种。所谓的 AC'97 软声卡，只是在主板上集成了数字/模拟信号转换芯片（如 ALC201、ALC650、AD1885 等），而真正的声卡被集成到北桥芯片中，这样会加重 CPU 少许的工作负担。所谓的 AC′97 硬声卡，是在主板上集成了一个声卡芯片（如创新 CT5880 和支持 6 声道的 CMI8738 等），这个声卡芯片提供了独立的声音处理，最终输出模拟的声音信号。这种硬件声卡芯片相对比软声卡在成本上贵了

图 3-18　声卡芯片

一些，但对 CPU 的占用很小，如图 3-18 所示。

（2）网卡芯片

由于制作工艺和成本等方面的原因，目前绝大多数 PC 主板上都集成了网卡芯片，如图 3-19 所示。

（3）I/O 控制芯片

I/O 控制芯片（输入/输出控制芯片）提供了对并串口、PS2 口、USB 口，以及 CPU 风扇等的管理与支持，如图 3-20 所示。

图 3-19　网卡芯片

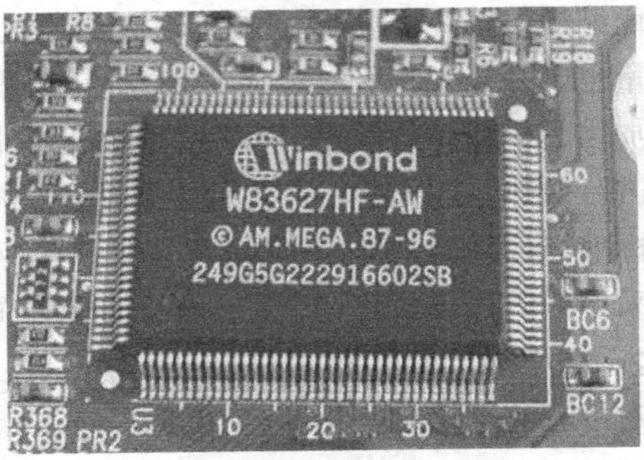

图 3-20　I/O 控制芯片

3.2.3　主板 BIOS 芯片

1. BIOS 简介

系统开机启动 BIOS，即计算机的基本输入输出系统（Basic Input-Output System），是集成在主板上的一个 ROM 芯片，其中保存有计算机系统最重要的基本输入/输出程序、系统信息设置、开机上电自检程序和系统启动自举程序。在主板上可以看到 BIOS ROM 芯片，如图 3-21 所示。一块主板性能优越与否，很大程度上取决于板上的 BIOS 管理功能是否先进，图 3-22 给出了几种 BIOS 芯片。

图 3-21　主板 BIOS 芯片

BIOS 是主板上存放计算机基本输入输出程序的只读存储器，其功能是计算机的上电自检、开机引导、基本外设 I/O 和系统 CMOS 设置。

CMOS（本意是指互补金属氧化物半导体，一种大规模应用于集成电路芯片制造的原料）是计算机主板上的一块可读写的 RAM 芯片，用来保存当前系统的硬件配置和用户对某些参数的设定。CMOS 可由主板的电池供电，即使系统掉电信息也不会丢失。CMOS RAM 本身只是一块存储器，只有数据保存功能，而对 CMOS 中各项参数的设定要通过专门的程序。

早期的 CMOS 设置程序是驻留在软盘上的（如 IBM 的 PC/AT 机型），使用起来很不方便。现在厂家将 CMOS 设置程序做到了 BIOS 芯片中，在开机时通过特定的按键就可进入 CMOS 设置程序方便地对系统进行设置，因此 CMOS 设置又被叫做 BIOS 设置。

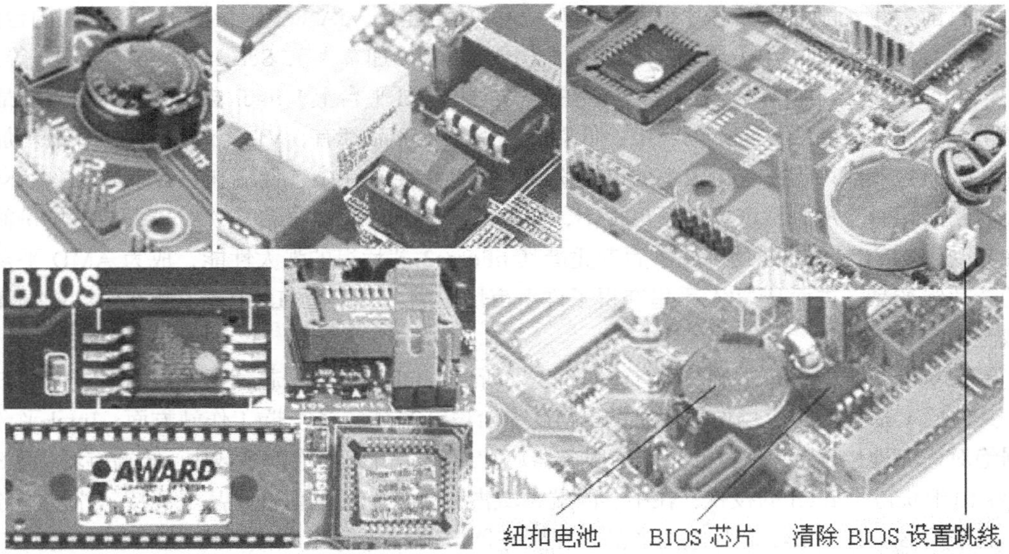

图 3-22　各种 BIOS 芯片

2. BIOS 的作用

BIOS 的主要作用有以下三点。

（1）自检及初始化

开机后 BIOS 最先被启动，然后它会对计算机的硬件设备进行完全彻底的检验和测试。如果发现问题，分两种情况处理：严重故障停机，不给出任何提示或信号；非严重故障则给出屏幕提示或声音报警信号，等待用户处理。如果未发现问题，则将硬件设置为备用状态，然后启动操作系统，把对计算机的控制权交给用户。

（2）程序服务

BIOS 直接与计算机的 I/O（Input/Output，即输入/输出）设备打交道，通过特定的数据端口发出命令，传送或接收各种外部设备的数据，实现软件程序对硬件的直接操作。

（3）设定中断

开机时，BIOS 会告诉 CPU 各硬件设备的中断号，当用户发出使用某个设备的指令后，CPU 就根据中断号使用相应的硬件完成工作，再根据中断号跳回原来的工作状态。

关于 BIOS 的操作将在本书的实验部分进行介绍。

3.3　主板产品介绍

1. 主板芯片组厂商

主板芯片组几乎决定着主板的全部功能，其中 CPU 的类型、主板的系统总线频率，内存类型、容量和性能，显卡插槽规格是由芯片组中的北桥芯片决定的；而扩展槽的种类与数量、扩展接口的类型和数量（如 USB2.0/1.1、IEEE1394、串口、并口、笔记本的 VGA 输出接口）等，是由芯片组中的南桥芯片决定的。还有些芯片组由于纳入了 3D 加速显示（集成显示芯片）、AC′ 97 声音解码等功能，还决定着计算机系统的显示性能和音频播放性能等。

到目前为止，能够生产芯片组的厂家有 Intel（美国）、VIA（中国台湾）、SiS（中国台湾）、ALi（中国台湾）、AMD（美国）、NVIDIA（美国）、ATI（加拿大）、Server Works（美国）等几家，其中以 Intel 和 VIA 的芯片组最为常见。在台式机的 Intel 平台上，Intel 自家的芯片组占有最大的市场份额，而且产品线齐全，高、中、低端以及整合型产品都有，VIA、SIS、ALI 和最新加入的 ATI 几家加起来都只能占有比较小的市场份额，而且主要是在中、低端和整合领域。在 AMD 平台上，产品相对来说少，市场份额也很小，而 VIA 却占有 AMD 平台芯片组最大的市场份额，但现在却受到 NVIDIA 的强劲挑战，后者凭借其 nForce2 芯片组的强大性能，成为 AMD 平台最优秀的芯片组产品，进而从 VIA 手里夺得了许多市场份额。SIS 与 ALi 主要也是在中、低端和整合领域。

笔记本电脑方面，Intel 平台具有绝对优势，所以 Intel 的笔记本芯片组也占据了最大的市场分额，其他厂家都主要为市场份额极小的 AMD 平台设计产品。服务器/工作站方面，Intel 平台更是占据绝对优势地位，英特尔自己品牌的服务器芯片组产品占据着绝大多数中、低端市场，而 Server Works 由于获得了 Intel 的授权，在中、高端领域占有最大的市场份额，甚至英特尔原厂服务器主板也有采用 Server Works 芯片组的产品，在服务器/工作站芯片组领域，Server Works 芯片组就意味着高性能产品，而 AMD 服务器/工作站平台由于市场份额较小，主要都是采用 AMD 自家的芯片组产品。

芯片组技术在向着高整合性方向发展，例如 AMD Athlon 64 CPU 内部已经整合了内存控制器，这大大降低了芯片组厂家设计产品的难度，而且现在的芯片组产品已经整合了音频、网络、SATA、RAID 等功能，大大降低了用户的成本。

2. 主板的生产商

图 3-23 所示为目前主流主板厂商的 LOGO，其中华硕主板大约占有我国 25%的市场份额，技嘉主板大约占有 19%的市场份额，微星主板大约占有 15%的市场份额。

图 3-23　主流主板厂商

主板主要特点就是研发能力强，推出新品速度快，产品线齐全，高端产品非常过硬，目前认可度比较高的是以上市场占有率最高的三个品牌，也代表了主板的一线产品。

（1）华硕（ASUS）

全球第一大主板制造商，也是公认的主板第一品牌，做工追求实而不华，高端主板尤其出色，超频能力很强，同时它的价格也是最高的，另外中、低端的某些型号也有相对较差的产品。

（2）微星（MSI）

一年一度的校园行令微星在大学生中颇受欢迎。其主要特点是附件齐全且豪华，但超频能力不算出色，另外中、低端某些型号缩水比较严重，使得造假者经常找到可乘之机。

（3）技嘉（GIGABYTE）

技嘉主板出货量与微星不相上下，一贯以华丽的做工而闻名，但绝非华而不实，超频方面同样一般，中、低端型号与微星一样缩水，因此也经常受到假货的困扰。

习 题 3

一、填空题

1. 主板上安装的CPU的插座可分为________和________两类。
2. 目前市场上的BIOS芯片主要用________和________两种。
3. 主板上集成的声卡一般都符合________规范。
4. 主板的扩展插槽主要有________、________、________和________。
5. 北桥芯片是主板芯片组中起主导作用的最重要的组成部分，也称为________，一般来说，________的名称就是以北桥芯片的名称来命名的。

二、选择题

1. 主板按CPU的架构可分为（　　）几种类型。

   A. Socket7 主板　　B. Super7 主板

   C. Socket370 主板　　D. Socket A 主板

   E. Slot1 主板　　F. SlotA 主板
2. 芯片组的主要生产厂家有（　　）。

   A. Intel 公司　　B. VIA 公司　　C. SiS 公司　　D. Ali 公司
3. 主板的核心和灵魂是（　　）。

   A. CPU 插座　　B. 扩展槽　　C. 芯片组　　D. BIOS 和 CMOS 芯片

三、简答题

1. 简述主板上的主要插槽及作用。
2. 简述主板上的芯片组及作用。
3. 列举主板上的主要内部和外部接口。
4. 简述ATX主板的特点。
5. 简述主板的主要厂商和产品特点。

第4章 内部存储器

4.1 内部存储器概述

4.1.1 内部存储器简介

内部存储器（Memory），简称内存，也称为主存储器，是计算机中重要的部件之一。计算机中所有程序的运行都是在内存中进行的，因此内存的性能对计算机的影响非常大。内存的作用是暂时存放 CPU 中的运算数据以及与硬盘等外部存储器交换的数据。只要计算机在运行中，CPU 就会把所需的数据调到内存中进行运算，当运算完成后 CPU 再将结果传送出来。内存在计算机中起着举足轻重的作用，一般采用半导体存储单元，包括随机存储器（RAM）、只读存储器（ROM）、以及高速缓存（Cache）。

我们常说的内存在狭义上是指系统主存，通常使用 DRAM 芯片。它是计算机处理器的工作空间，是处理器运行的程序和数据必须驻留于其中的一个临时存储区域。内存存储是暂时的，因为数据和程序只有在计算机通电或没有被重启动时才保留在这里。在关机或重启动之前，所有修改过的数据应该保存到某种永久性的存储设备上（如硬盘），以便将来它可以重新加载到内存里。

内存可以被称为 RAM，这是因为用户可以随机地（并且迅速地）读取内存中的任何位置上的数据，并能将数据写入到希望的位置上。但这个名称有些误导，经常被错误地理解。例如，只读存储器（ROM）也是可以随机访问的，但它与系统的 RAM 不同，因为存在其中的数据不会因为断电而丢失，也不会被随意地向其中写入数据；磁盘存储器也是可以随机访问的，但我们也不把它看作 RAM，这是因为，磁盘存储器虽然可以随时读取和写入，但在断电时磁盘存储器仍可靠其磁性将数据保存住而不丢失。

内存的容量常以字节、千字节和兆字节来表示。实际上磁盘存储器的容量也是用这些术语来表示。内存和磁盘存储器之间的区别，可以用放着桌子和文件柜的一个小办公室来比喻。

在这个通俗的比喻里，文件柜代表系统的磁盘存储器（如硬盘），程序和数据存储在这里以便长期保存。桌子代表系统的内存，它允许在桌边工作的人（处理器）直接访问桌上的任何文件。文件代表可以加载到内存里的程序和文档。要操作一个特定的文件，首先必须从柜子里取出它并放到桌子上。如果桌子足够大，可以一次在上面打开多个文件。同样，如果系统有更多的内存，就可以运行更多更大的程序，操作更多更大的文档。

在系统里添加硬盘空间就像将一个更大的文件柜摆到办公室里，可以永久存储更多的文件。

将更多的内存加到系统里就像换一张更大的桌子，用户可以同时工作于更多的程序和数据。

这个比喻和计算机里实际工作方式的不同在于当一个文件加载到内存时，它是实际被加载文件的一个副本，原始的文件仍驻留在硬盘上。注意，由于内存的临时性特征，在加载到内存之后发生变化的所有文件必须在系统关闭前存回硬盘。如果改变了的文件没有被保存，则硬盘上文件的原始副本仍然是未改动的。这就像是对桌面上的文件所作的任何修改当办公室关门时都被丢弃，尽管原来文件本身仍在文件柜里。

4.1.2　内部存储器的分类

事实上，内存的种类是非常多的，从能否写入的角度来分，就可以分为 RAM（随机存取存储器）和 ROM（只读存储器）这两大类，每一类又可分为许多小类。以下对各种常见内存类型进行简单的描述。常见内存类型如图 4-1 所示。

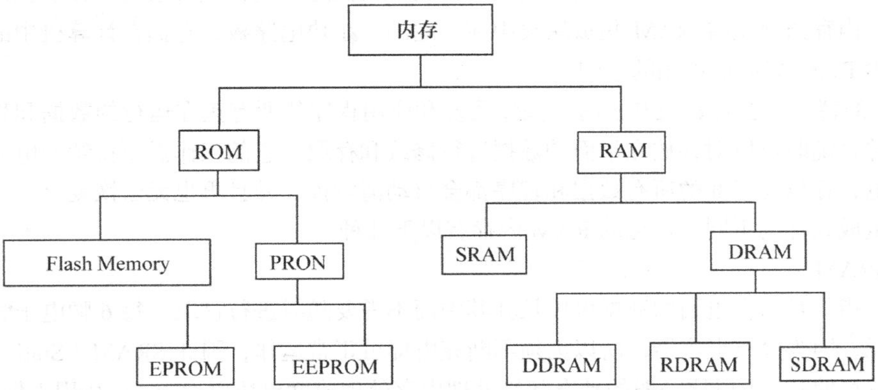

图 4-1　常见内存类型

1. ROM

ROM（Read Only Memory，只读存储器）是线路最简单半导体电路，通过研磨工艺一次性制造，在元件正常工作的情况下，其中的代码与数据将永久保存，并且不能够进行修改。一般应用于 PC 系统的程序码、主机板上的 BIOS 等，其物理外形一般是双列直插式（DIP）的集成块。它的读取速度比 RAM 慢很多。

根据组成元件的不同，ROM 内存又分为以下 4 种类型。

（1）PROM

PROM（Programmable ROM，可编程只读存储器）是一种可以用刻录机将资料写入的 ROM 内存，但只能写入一次，所以也被称为“一次可编程只读存储器”（One Time Progarmming ROM，OTP-ROM）。PROM 在出厂时，存储的内容全为 1，用户可以根据需要将其中的某些单元写入数据 0（部分的 PROM 在出厂时数据全为 0，则用户可以将其中的部分单元写入 1），以实现对其“编程”的目的。

（2）EPROM

EPROM（Erasable Programmable，可擦可编程只读存储器）是一种具有可擦除功能、擦除后即可进行再编程的 ROM 内存，写入前必须先把里面的内容用紫外线照射它的 IC 卡上的透明视窗的方式来清除掉。这一类芯片比较容易识别，其封装中包含有“石英玻璃窗”，一个编程后的

EPROM 芯片的“石英玻璃窗”一般使用黑色不干胶纸盖住，以防止遭到阳光直射。

（3）EEPROM

EEPROM（Electrically Erasable Programmable，电可擦可编程只读存储器）的功能与使用方式和 EPROM 一样，不同之处是清除数据的方式，它是以约 20V 的电压来进行清除的。另外，它还可以用电信号进行数据写入。这类 ROM 内存多应用于即插即用（PnP）接口中。

（4）Flash Memory

Flash Memory（快闪存储器）是一种可以直接在主机板上修改内容而不需要将 IC 拔下的内存，当电源关掉后储存在里面的资料并不会流失掉，在写入资料时必须先将原本的资料清除掉，然后才能再写入新的资料，缺点为写入资料的速度太慢。

2. RAM

RAM（Random Access Memory，随机存取存储器）表示既可以从中读取数据，也可以写入数据。当机器电源关闭时，存于其中的数据就会丢失。我们通常购买或升级的内存条就是用作计算机的内存，内存条就是将 RAM 集成块集中在一起的一小块电路板，它插在计算机中的内存插槽上，以减少 RAM 集成块占用的空间。

RAM 的特点是在计算机开机时，操作系统和应用程序的所有正在运行的数据和程序都会存放其中，并且随时可以对存放在里面的数据进行修改和存取。它的工作需要持续的电力提供，一旦系统断电，存放在里面的所有数据和程序都会自动清空掉，并且再也无法恢复。

根据组成元件的不同，常见的 RAM 内存有以下几种。

（1）SRAM

静态，指的是内存里面的数据可以长驻其中而不需要随时进行存取。每 6 颗电子管组成一个位存储单元，因为没有电容器，所以无须不断充电即可正常运作，因此 SRAM（Static RAM，静态随机存取存储器）可以比一般的动态随机处理内存处理速度更快更稳定，往往用来做高速缓存。

（2）DRAM

DRAM（Dynamic RAM，动态随机存取存储器）是最普通的 RAM，一个电子管与一个电容器组成一个位存储单元，DRAM 将每个内存位作为一个电荷保存在位存储单元中，用电容的充放电来做储存动作，但因电容本身有漏电问题，因此必须每几微秒就要刷新一次，否则数据会丢失。存取时间和放电时间一致，约为 2～4ms。因为成本比较低，通常都用作计算机内的主存储器。

（3）FPM DRAM

FPM DRAM（Fast Page Mode DRAM，快速页切换模式动态随机存取存储器）是改良版的 DRAM，大多数为 72Pin 或 30Pin 的模块。传统的 DRAM 在存取一个 bit 的数据时，必须送出行地址和列地址各一次才能读写数据。而 FRM DRAM 在触发了行地址后，如果 CPU 需要的地址在同一行内，则可以连续输出列地址而不必再输出行地址了。由于一般的程序和数据在内存中排列的地址是连续的，这种情况下输出行地址后连续输出列地址就可以得到所需要的数据。FPM 将记忆体内部隔成许多页数 Pages，从 512B 到数 KB 不等，在读取连续区域内的数据时，就可以通过快速页切换模式来直接读取各页内的资料，从而大大提高了读取速度。

（4）EDO DRAM

EDO DRAM（Extended Data Out DRAM，延伸数据输出动态随机存取存储器）是继 FPM 之后出现的一种存储器，一般为 72Pin、168Pin 的模块。它不需要像 FPM DRAM 那样在存取每一 bit 数据时必须输出行地址和列地址并使其稳定一段时间，然后才能读写有效的数据，而下一个 bit 的地址必须等待这次读写操作完成才能输出。因此它可以大大缩短等待输出地址的时间，其存取速度一般比 FPM 模式快 15%左右。

（5）RDRAM

RDRAM（Rambus DRAM，高频动态随机存取存储器）是 Rambus 公司独立设计完成的一种内存模式，速度一般可以达到 500～530MB/s，是 DRAM 的 10 倍以上。但使用该内存后内存控制器需要作相当大的改变，因此它们一般应用于专业的图形加速适配卡或者电视游戏机的视频内存中。

（6）SDRAM

SDRAM（Synchronous DRAM，同步动态随机存取存储器）是一种与 CPU 实现外频 Clock 同步的内存模式，一般都采用 168Pin 的内存模组，工作电压为 3.3V。所谓 Clock 同步是指内存能够与 CPU 同步存取资料，这样可以取消等待周期，减少数据传输的延迟，因此可提升计算机的性能和效率。

（7）DDR SDRAM

DDR SDRAM（Double Data Rate，二倍速率同步动态随机存取存储器）作为 SDRAM 的换代产品，具有两大特点：其一，速度比 SDRAM 提高一倍；其二，采用了 DLL（Delay Locked Loop，延时锁定回路）提供一个数据滤波信号。随后又出现了 DDR2 和 DDR3 技术，DDR3 是目前内存市场上的主流模式。

以上介绍的内存分类中，ROM 最主要的应用是 BIOS 芯片，RAM 最主要的应用是物理内存条。

4.2　内存的插槽和内存条技术

4.2.1　内存的插槽类型

随着计算机数据总线宽度的增加，计算机对内存数据线的宽度要求也不断提高。内存接插形式也经历了 DIP 内存、SIMM 内存和 DIMM 内存时代。内存插槽是指主板上用来插硬件内存条的插槽。主板所支持的内存种类和容量都是由内存插槽来决定的。

1. SIMM

SIMM（Single Inline Memory Module），即单内联内存模块。内存条通过金手指与主板连接，内存条正反两面都带有金手指，SIMM 是一种两侧金手指都提供相同信号的内存结构，它多用于早期的 FPM 和 EDD DRAM，最初一次只能传输 8bit 数据，后来逐渐发展出 16bit、32bit 的 SIMM，其中 8bit 和 16bit 的 SIMM 使用 30Pin 接口，32bit 的则使用 72Pin 接口。在内存发展进入 SDRAM 时代后，SIMM 逐渐被 DIMM 技术取代。SIMM 内存插槽如图 4-2 所示。

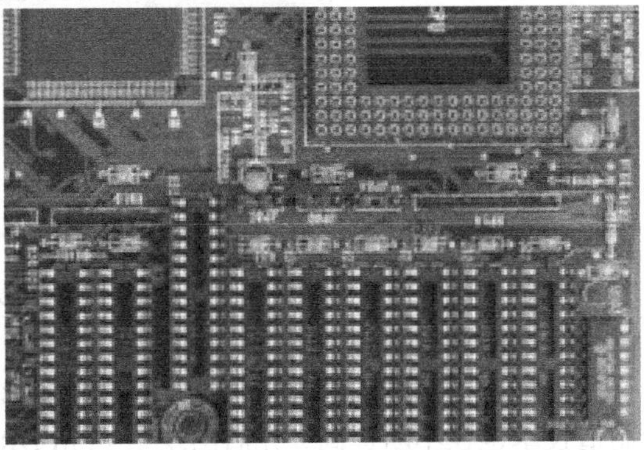

图 4-2　SIMM 内存

2. DIMM

DIMM（Dual Inline Memory Modules），即双列直插式存储模块。DIMM 与 SIMM 相当类似，不同的只是DIMM的金手指两端不像SIMM那样是互通的，它们各自独立传输信号，因此可以满足更多数据信号的传送需要。同样采用 DIMM，SDRAM 的接口与 DDR 内存的接口也略有不同，SDRAM DIMM 为 168Pin DIMM 结构，金手指每面为 84Pin，金手指上有两个卡口，用来避免插入插槽时，错误地将内存反向插入而导致烧毁，DDR DIMM 则采用 184Pin DIMM 结构，金手指每面有 92Pin，金手指上只有一个卡口。卡口数量的不同，是二者最明显的区别。

DDR2 DIMM 为 240Pin DIMM 结构，金手指每面有 120Pin，与 DDR DIMM 一样金手指上也只有一个卡口，但是卡口的位置与 DDR DIMM 稍微有一些不同，因此 DDR 内存是插不进 DDR2 DIMM 的，同理 DDR2 内存也是插不进 DDR DIMM 的，因此在一些同时具有 DDR DIMM 和 DDR2 DIMM 的主板上，不会出现将内存插错插槽的问题。DIMM 内存插槽如图 4-3 所示。

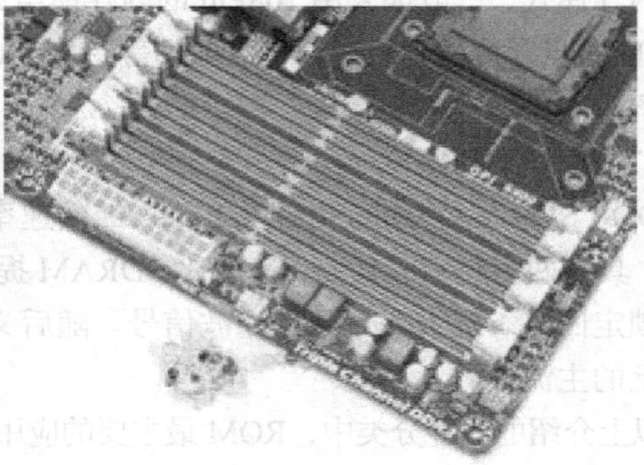

图 4-3　DIMM 内存

3. RIMM

RIMM（Rambus Inline Memory Module）是 Rambus 公司生产的 RDRAM 内存所采用的接口类型，RIMM 内存与 DIMM 的外型尺寸差不多，金手指同样也是双面的。RIMM 也有 184 Pin 的针脚，在金手指的中间部分有两个靠得很近的卡口。RIMM 非 ECC 版有 16 位数据宽度，ECC 版则都是 18 位宽。RIMM 非 ECC 版 16 位内存每面 92 Pin，双面 184 Pin。DIMM 内存插槽如图 4-4 所示。

图 4-4　RIMM 内存

4.2.2　内存条技术

为了便于内存安装和升级，从 386 计算机开始，计算机系统采用了内存条技术，就是将若干个内存芯片安装在一块较小的条形印制电路板上制成标准插件。计算机配备的内存条类型是反映微机性能的又一重要因素。

内存条采用的内存类型为 DRAM，作为计算机主存储器的 DRAM 存储器问世以来，存储器制造技术也在不断提高，先后出现了 FPM DRAM、EDO DRAM、BEDO DRAM、SDRAM、DDR

DRAM 等多种存储器，主要技术向高集成度、高速度、高性能方向发展。

1. SDRAM

SDRAM（Synchronous DRAM，同步动态随机存储器）采用管道流水操作方式，当指定一个地址时，可读出多个数据，实现突发传输。SDRAM 与系统时钟同步，每个时钟周期进行一次读写操作，读写周期最小为 10～12ns，工作频率可以达到 133MHz，工作电压为 3.3V。这种内存条从 Pentium II 开始用于系统内存，一直延续使用到低档 Pentium 4，同时也被用作显示内存。SDRAM 内存条为 168 线双面接触，64 位数据线，主板采用 168 线 DIMM 插槽。

2. DDR SDRAM

DDR SDRAM（Double Data Rate SDRAM，双倍数据速率同步动态随机存储器）是 SDRAM 的升级版本。SDRAM 中使用了更为先进的同步电路，在时钟脉冲的上升沿和下降沿都能进行数据传输操作，所以速度是 SDRAM 的两倍。从 2001 年开始取代 SDRAM 作为 Pentium 4 级别微机的系统内存，最初其工作频率只有 100MHz，后来经过不断改进，其工作频率逐步提高。它的工作电压为 2.5V，读写周期小于 5ns。DDR SDRAM 内存条为 184 线双面接触，64 位数据线，主板采用 184 线 DDIMM 插槽。

3. DDR2 SDRAM

第二代 DDR SDRAM 内存技术，在相同的工作频率下，数据传输带宽是 DDR SDRAM 的两倍，工作电压为 1.8V。用于更高档的 Pentium 4、Core 2 Duo 系统及服务器系统内存。DDR2 SDRAM 内存条为 240 线双面接触，64 位数据线，主板采用 240 线的 DDIMM 插槽。

4. DDR3 SDRAM

2005 年 2 月，韩国 Samsung 公司成功开发出世界上第一款 DDR3 SDRAM 内存芯片，芯片容量达到 512MB，采用 80nm 工艺制造，封装和 DDR2 一样，仍然采用 FBGA。这款芯片每秒处理数据达到 1.6GB，而能耗则比 DDR2 芯片减少 40%。与 DDR2 相比，在相同频率下，DDR3 的数据传输率是 DDR2 的两倍。随后威刚科技公司率先展示了新一代的 DDR3 内存条，即 Vitesta 品牌的无缓冲 DIMM DDR3，包括 DDR3 1066 和 DDR3 1333 两种规格，单条容量均为 1GB，引线数 240 线（和 DDR2 不兼容），核心电压 1.5/－0.1V。

5. RDRAM

RDRAM（Rambus DRAM）也称为 DRDRAM（Direct Rambus DRAM），是美国 Rambus 公司推出的存储器总线式 DRAM。它通过高速 Rambus 总线传输数据，并且在时钟脉冲的上升沿和下降沿都能实现数据传输。RDRAM 的工作频率可达 1200MHz 以上，读写周期小于 3ns，是专门为 Pentium 4 系统设计的内存。RDRAM 内存条为 184 线双面接触，主板采用 184 线 RIMM 插槽，尽管和 DDR SDRAM 内存条引线相同，但它和 DDR SDRAM 内存标准并不兼容。

RDRAM 内存的数据线宽经历了 8 位、16 位到 32 位的发展过程，184 线 RDRAM 内存为 16 位线宽，属于第二代产品，它的工作电压为 2.5V。RDRAM 内存条在使用时要求 RIMM 槽中必须全部插满，空余的 RIMM 槽要用专用的 Rambus 终结器插满。

4.3　内存的组成

物理上讲，内存是由 PCB、SPD 芯片、贴片电容、金手指和一组内存芯片所组成的模块，它被安装在主板的相应内存插槽上。图 4-5 所示为内存的组成示意图。

图 4-5 内存的组成

1. PCB 板

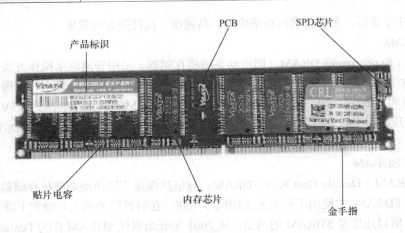

内存条的 PCB 板多数都是绿色的。如今的电路板设计都很精密，所以都采用了多层设计，例如 4 层或 6 层等，所以 PCB 板实际上是分层的，其内部也有金属的布线。理论上 6 层 PCB 板比 4 层 PCB 板的电气性能要好，性能也较稳定，所以名牌内存多采用 6 层 PCB 板制造。因为 PCB 板制造精密，所以从肉眼上较难分辨 PCB 板是 4 层还是 6 层，只能借助一些印在 PCB 板上的符号或标识来判定。

2. 金手指

金手指（Connecting Finger）是内存模块与内存插槽之间的连接部件，所有的信号都是通过金手指进行传送的。金手指由众多金黄色的导电触片组成，因其表面镀金而且导电触片排列如手指状，所以称为“金手指”。金手指实际上是在覆铜板上通过特殊工艺再覆上一层金，因为金的抗氧化性极强，而且传导性也很强。不过因为金的价格昂贵，很多内存也会采用镀锡来代替。

金手指直接影响内存在长期运行过程中的稳定性。如果金手指的制作工艺有问题，安装时容易受到磨损，工作一段时间以后就会出现金手指表面氧化的情况，经常导致系统不稳定，频繁死机。另外，如果 PC 系统周围的使用环境比较潮湿、多尘，那么也容易出现上述的症状。为了保证金手指与接触部位的良好导通性，这时就需要对内存模块的金手指进行擦拭清洁。

3. 内存芯片

内存芯片也叫内存颗粒。内存的芯片就是内存的灵魂所在，内存的性能、速度、容量都是由内存芯片决定的。内存颗粒的性能会在后面内存的性能指标中介绍。

4. 电容

PCB 板上必不可少的电子元件就是电容和电阻了，这是为了提高电气性能的需要。电容采用贴片式电容，因为内存条的体积较小，不可能使用直立式电容，这种贴片式电容性能不比立式电容差，它为提高内存条的稳定性起了很大作用。

5. 电阻

电阻也是采用贴片式设计，一般好的内存条电阻的分布也很整齐合理。

6. 内存固定卡缺口

内存插到主板上后，主板上的内存插槽会有两个夹子牢固地扣住内存，这个缺口便是用于固定内存用的。

7. 内存脚缺口

内存脚上的缺口一是用来防止内存插反的（只有一侧有），二是用来区分不同的内存，以前的SDRAM 内存条是有两个缺口的，而 DDR 则只有一个缺口，不能混插。

8. SPD

从 PC100 标准开始内存模块上带有 SPD（Serial Presence Detect，串行存在检测）芯片。SPD 芯片一般位于内存模块正面右侧，是一块 8 针脚小芯片，容量为 256 字节,里面保存着内存的速度、时钟频率、容量、工作电压、CAS、tRCD、tRP、tAC、SPD 版本等信息。SPD 信息一般都是在出厂前由内存模块制造商根据内存芯片的实际性能写入到芯片中。

当开机时，支持 SPD 功能的主板 BIOS 就会读取 SPD 中的信息，按照读取的值来设置内存的相关参数，从而可以充分发挥内存条的性能。上述情况实现的前提条件是在 BIOS 设置界面中，将内存设置选项设为"By SPD"。当主板 BIOS 从内存模块中不能检测到 SPD 信息时，它就只能提供一个较为保守的配置。我们可以借助 SPDinfo 这类工具软件来查看 SPD 芯片中的信息。

4.4　内存颗粒的封装

内存封装是将内存芯片包裹起来，以避免芯片与外界接触，防止外界对芯片的损害。空气中的杂质和不良气体，乃至水蒸气都会腐蚀芯片上的精密电路，进而造成电学性能下降。不同的封装技术在制造工序和工艺方面差异很大，封装后对内存芯片自身性能的发挥也起到至关重要的作用。

随着光电、微电制造工艺技术的飞速发展，电子产品始终在朝着更小、更轻、更便宜的方向发展,因此芯片元件的封装形式也不断得到改进。芯片的封装技术多种多样,有 DIP、POFP、TSOP、BGA、QFP、CSP 等，种类不下三十种，经历了从 DIP、TSOP 到 BGA 的发展历程。芯片的封装技术已经历了几代的变革，性能日益先进，芯片面积与封装面积之比越来越接近，适用频率越来越高，耐温性能越来越好，并且引脚数增多，引脚间距减小，重量减小，可靠性提高，使用更加方便。

1. DIP 封装

20 世纪 70 年代，芯片封装基本都采用 DIP 封装（Dual Inline Package，双列直插式封装），此封装形式在当时具有适合 PCB 穿孔安装，布线和操作较为方便等特点。DIP 封装的结构形式多种多样，包括多层陶瓷双列直插式 DIP、单层陶瓷双列直插式 DIP、引线框架式 DIP 等。但 DIP 封装形式封装效率是很低的，其芯片面积和封装面积之比为 1：1.86，这样封装产品的面积较大，内存条 PCB 板的面积是固定的，封装面积越大在内存上安装芯片的数量就越少，内存条容量也就越小。同时较大的封装面积对内存频率、传输速率、电器性能的提升都有影响。理想状态下芯片面积和封装面积之比为 1：1 将是最好的,但这是无法实现的，除非不进行封装，但随着封装技术的发展，这个比值日益接近，现在已经有了 1：1.14 的内存封装技术。图 4-6 所示为 DIP 封装示意图。

图 4-6　DIP 封装

2. TSOP 封装

20 世纪 80 年代，内存第二代的封装技术 TSOP 出现了，并得到了业界广泛的认可，时至今日仍旧是内存封装的主流技术。TSOP（Thin Small Outline Package）意思是薄型小尺寸封装。TSOP 内存是在芯片的周围做出引脚，采用 SMT 技术（表面安装技术）直接附着在 PCB 板的表面。TSOP 封装外形尺寸时，寄生参数（电流大幅度变化时，引起输出电压扰动） 减小，适合高频应用，操作比较方便，可靠性也比较高。同时 TSOP 封装具有成品率高、价格便宜等优点，因此得到了极为广泛的应用。

在 TSOP 封装方式中，内存芯片是通过芯片引脚焊接在 PCB 板上的，焊点和 PCB 板的接触面积较小，使得芯片向 PCB 板传热就相对困难。图 4-7 所示为 TSOP 封装示意图。

图 4-7　TSOP 封装

3. BGA 封装

20 世纪 90 年代，随着技术的进步，芯片集成度不断提高，I/O 引脚数急剧增加，功耗也随之增大，对集成电路封装的要求也更加严格。为了满足发展的需要，BGA 封装开始被应用于生产。BGA（Ball Grid Array Package），即球栅阵列封装。

采用 BGA 技术封装的内存，可以使内存在体积不变的情况下容量提高 2～3 倍，BGA 与 TSOP 相比，具有更小的体积、更好的散热性能和电性能。BGA 封装技术使每平方英寸的存储容量有了很大提升，采用 BGA 封装技术的内存产品在相同容量下，体积只有 TSOP 封装的三分之一。另外，与传统 TSOP 封装方式相比，BGA 封装方式有更加快速和有效的散热途径。

BGA 封装的 I/O 端子以圆形或柱状焊点按阵列形式分布在封装下面，BGA 技术的优点是 I/O 引脚数虽然增加了，但引脚间距并没有减小反而增加了，从而提高了组装成品率。虽然它的功耗增加，但 BGA 能用可控塌陷芯片法焊接，从而可以改善它的电热性能。厚度和重量都较以前的封装技术有所减少，寄生参数减小，信号传输延迟小，使用频率大大提高，可靠性高。

说到 BGA 封装就不能不提 Kingmax 公司的专利 TinyBGA 技术，TinyBGA（Tiny Ball Grid Array，小型球栅阵列封装），属于是 BGA 封装技术的一个分支，是 Kingmax 公司于 1998 年 8 月开发成功的，其芯片面积与封装面积之比不小于 1:1.14，可以使内存在体积不变的情况下容量提高 2～3 倍，与 TSOP 封装产品相比，其具有更小的体积、更好的散热性能和电性能。

采用 TinyBGA 封装技术的内存产品在相同容量情况下体积只有 TSOP 封装的 1/3。TSOP 封装内存的引脚是由芯片四周引出的，而 TinyBGA 则是由芯片中心方向引出。这种方式有效地缩短了信号的传导距离，信号传输线的长度仅是传统的 TSOP 技术的 1/4，因此信号的衰减也随之减少。这样不仅大幅提升了芯片的抗干扰、抗噪性能，而且提高了电性能。

TinyBGA 封装的内存其厚度也更薄（封装高度小于 0.8mm），从金属基板到散热体的有效散热路径仅有 0.36mm。因此，TinyBGA 内存拥有更高的热传导效率，非常适用于长时间运行的系统，稳定性极佳。图 4-8 所示为 BGA 封装示意图。

图 4-8　BGA 封装

4. CSP 封装

CSP（Chip Scale Package）是芯片级封装的意思。CSP 封装最新一代的内存芯片封装技术，其技术性能又有了新的提升。CSP 封装可以让芯片面积与封装面积之比超过 1:1.14，已经相当接近 1:1 的理想情况，绝对尺寸也仅有 32 平方毫米，约为普通 BGA 的 1/3，仅仅相当于 TSOP 内存芯片面积的 1/6。与 BGA 封装相比，同等空间下 CSP 封装可以将存储容量提高三倍。

CSP 封装内存不但体积小，同时也更薄，其金属基板到散热体的最有效散热路径仅有 0.2 毫米，大大提高了内存芯片在长时间运行后的可靠性，线路阻抗显著减小，芯片速度也随之得到大幅度提高。

CSP 封装内存芯片的中心引脚形式有效地缩短了信号的传导距离，其衰减随之减少，芯片的抗干扰、抗噪性能也能得到大幅提升，这也使得 CSP 的存取时间比 BGA 减少 15%～20%。在 CSP 的封装方式中，内存颗粒是通过一个个锡球焊接在 PCB 板上的，由于焊点和 PCB 板的接触面积较大，所以内存芯片在运行中所产生的热量可以很容易地传导到 PCB 板上并散发出去。CSP 封装可以从背面散热，并且热效率良好，CSP 的热阻为 35℃/W，而 TSOP 热阻 40℃/W。图 4-9 所示为 CSP 封装示意图。

图 4-9　CSP 封装

5. WLCSP 封装

WLCSP（Wafer Level Chip Scale Package，晶圆级芯片封装），这种技术不同于传统的先切割晶圆，再封装测试的做法，而是先在整片晶圆上进行封装和测试，然后再切割。WLCSP 有着更明显的优势。首先是工艺工序大大优化，晶圆直接进入封装工序，而传统工艺在封装之前还要对晶圆进行切割、分类。所有集成电路一次封装，刻印工作直接在晶圆上进行，设备测试一次完成，这在传统工艺中都是不可想象的。其次，生产周期和成本大幅下降，WLCSP 的生产周期已经缩短到 1 天半。而且，新工艺带来优异的性能，采用 WLCSP 封装技术使芯片所需针脚数减少，提高了集成度。WLCSP 带来的另一优点是电气性能的提升，引脚产生的电磁干扰几乎被消除。图 4-10 所示为 WLCSP 封装示意图。

图 4-10 WLCSP 封装

4.5 内存的工作原理

4.5.1 内存的性能指标

1. 容量

内存的容量是用户最先考虑的因素之一，因为它代表了内存存储数据的多少，通常以 MB 和 GB 为单位。一般来讲，内存的容量越大越好，目前主流内存的容量为 2GB、4GB 和 8GB 等。同时，还要考虑不同类型的计算机操作系统对内存容量最大值的支持。

2. 工作电压

不同类型的内存正常工作所需要的电压值也不同，但各有自己的规格。如果工作电压超出其规格，则容易造成内存损坏。SDRAM 内存一般工作电压都在 3.3V 左右，上下浮动额度不超过 0.3V；DDR SDRAM 内存一般工作电压都在 2.5V 左右，上下浮动额度不超过 0.2V，DDR2 SDRAM 内存的工作电压一般在 1.8V 左右。具体到每种品牌、型号的内存，则要看厂家的设计了，但都会遵循 SDRAM 内存 3.3V、DDR SDRAM 内存 2.5V、DDR2 SDRAM 内存 1.8V 的基本要求，在允许的范围内浮动。略微提高内存电压，有利于内存超频，但同时其发热量大大增加，因此有损坏硬件的风险。

3. TCK 时钟周期

TCK 代表内存所能运行的最大频率，其值越小说明内存芯片所能运行的频率越高。对于普通 PC-100 的 SDRAM 内存条来说，其芯片上的标识 10 代表了它的运行时钟周期为 10ns，即可在 100MHz 的外频下正常工作。大多数内存标号的尾数表示 TCK 周期，如 PC-133 标准要求 TCK 的数值不大于 7.5ns。

4. CAS 延迟

CL（CAS Latency）为 CAS（Column Address Strobe，列地址控制器）的延迟时间，它是纵向地址脉冲的反应时间，也是在一定频率下衡量支持不同规范内存的重要标志之一。如现在大多数的 SDRAM（在外频为 100MHz 时）都能在 CL = 2 或 CL = 3 的模式下运行，也就是说，它们读取数据的延迟时间可以是两个时钟周期或 3 个时钟周期。在 SDRAM 的制造过程中，可以将这个特性写入 SDRAM 的 EEPROM（即 SPB）中，在开机时主板的 BIOS 就会检查此项内容，并以 CL = 2 这一默认的模式运行。

5. SPD 芯片

SPD（Serial Presence Detect，串行存在探测）是一种内存侦测技术，在目前的主流内存中已被广泛采用，它将内存的参数记录在一块 EEPROM 芯片上。在开机时由主板 BIOS 程序从 SPD 芯片中读取内存的参数并自动进行设置。

6. 内存线数

内存的线数是内存与主板上内存插槽接触时接触点的个数，也就是金手指接触点的个数。内存条发展至今，有 72 线、168 线、184 线、192 线和 240 线等多种类型，对应的内存数据位宽度分别为 8 位、32 位和 64 位。

7. ECC 校验

ECC（Error Checking and Correcting，错误检查和纠正）内存同样也是在数据位上额外的位存储一个用数据加密的代码。当数据被写入内存时，相应的 ECC 代码也被保存下来；当重新读回刚才存储的数据时，保存下来的 ECC 代码就会和读数据时产生的 ECC 代码做比较。如果两个代码不相同，则它们会被解码，以确定数据中的哪一位是不正确的。然后这一错误位会被抛弃，内存控制器则会释放出正确的数据。被纠正的数据很少会被放回内存。假如相同的错误数据再次被读出，则纠正过程再次被执行。重写数据会增加处理过程的开销，这样会导致系统性能的明显降低。如果是随机事件而非内存的缺点产生的错误，则这一内存地址的错误数据会被再次写入的其他数据所取代。

4.5.2 内存规范

内存是一种极为精密的半导体产品，工作频率越高，对设计和制造的要求就越严格。为了保证产品能稳定、可靠地工作，内存生产厂商推出了内存兼容性规范，即对内存的标识方法和性能指标的描述。几种常见的内存条如图 4-11、图 4-12、图 4-13 所示。

1. SDRAM

（1）PC100

标准的 PC100 内存条是指在 CL（CAS Latency，列地址选通信号延时）= 2 时，能稳定地工作在 100MHz 的系统频率下，数据传输速度为 800MB/s。

（2）PC133

指在 CL = 2 的情况下，能稳定工作在 133MHz 的系统频率下，数据传输速率达 1.06GB/s。在

DDR、DRDRAM 内存普及之前，PC133 内存条曾经是低档微机的首选内存，2002 年以后被淘汰。

2. DDR SDRAM

DDR SDRAM 内存条采用工作频率标称，如“DDR 200”表示该内存的频率为 200MHz（实际频率只有 100MHz，采用两倍频技术，相当于 200MHz 的频率）。除此之外，DDR 内存有时也用带宽来标识，即使用数据传输速率值，如 PC1600 等。

（1）PC1600（DDR 200）：实际系统频率为 100MHz 时，带宽为 1.6GB/s。

（2）PC2100（DDR 266）：实际系统频率为 133MHz 时，带宽为 2.1GB/s。

（3）PC2700（DDR 333）：实际系统频率为 166MHz 时，带宽为 2.7GB/s。

（4）PC3200（DDR 400）：实际系统频率为 200MHz 时，带宽为 3.2GB/s。

（5）PC4200（DDR 533）：实际系统频率为 266MHz 时，带宽为 4.2GB/s。

3. DDR2 SDRAM

（1）PC2-3200（DDR2 400）：实际系统频率为 100MHz 时，带宽为 3.2GB/s。

（2）PC2-4200（DDR2 533）：实际系统频率为 133MHz 时，带宽为 4.2GB/s。

（3）PC2-5300（DDR2 667）：实际系统频率为 166MHz 时，带宽为 5.3GB/s。

（4）PC2-6400（DDR2 800）：实际系统频率为 200MHz 时，带宽为 6.4GB/s。

（5）PC2-8400（DDR2 1066）：实际系统频率为 266MHz 时，带宽为 8.4GB/s。

（6）PC2-9600（DDR2 1200）：实际系统频率为 300MHz 时，带宽为 9.6GB/s。

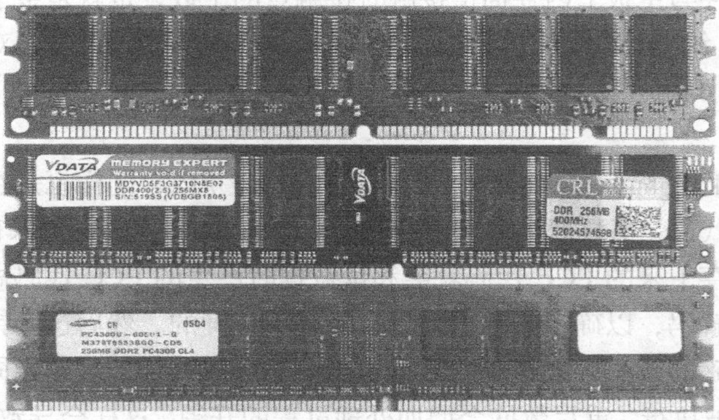

图 4-11　SDRAM（上）、DDR（中）、DDR2（下）内存条

4. DDR3 SDRAM

（1）DDR3 800：实际系统频率为 100MHz 时，带宽为 6.4GB/s。

（2）DDR3 1066：实际系统频率为 133MHz 时，带宽为 8.4GB/s。

（3）DDR3 1333：实际系统频率为 166MHz 时，带宽为 10.6GB/s。

（4）DDR3 1600：实际系统频率为 200MHz 时，带宽为 12.8GB/s。

（5）DDR3 2000：实际系统频率为 266MHz 时，带宽为 16GB/s。

图 4-12　DDR3 1066 内存条

5. RDRAM

RDRAM 内存标识使用工作频率，分别为 PC600、PC700、PC800、PC1000、PC1200 等。

（1）PC600：系统频率为 600MHz 时，带宽为 2.4GB/s。

（2）PC700：系统频率为 700MHz 时，带宽为 2.8GB/s。

（3）PC800：系统频率为 800MHz 时，带宽为 3.2GB/s。

（4）PC1000：系统频率为 1000MHz 时，带宽为 4.0GB/s。

（5）PC1200：系统频率为 1200MHz 时，带宽为 4.8GB/s。

图 4-13　RamBUS 内存条

4.5.3　内存新技术

1. 内存双通道

双通道，就是在北桥（又称为 MCH）芯片里设计两个内存控制器，这两个内存控制器可相互独立工作，每个控制器控制一个内存通道。在这两个内存通道中 CPU 可分别寻址、读取数据，从而使内存的带宽理论上增加一倍，数据存取速度也相应增加一倍。

内存双通道一般要求按主板上内存插槽的颜色成对使用，此外有些主板还要在 BIOS 做一下设置，一般主板说明书会有说明。当系统已经实现双通道后，有些主板在开机自检时会有提示，可以仔细看看。由于自检速度比较快，所以可能看不到。因此可以用一些软件查看，很多软件都可以检查，比如 cpu-z，比较小巧。在“memory”这一项中有“channels”项目，如果这里显示“Dual”这样的字，就表示已经实现了双通道。两条 2GB 的内存构成双通道效果会比一条 4GB 的内存效果好，因为一条内存无法构成双通道。

2. 虚拟内存

虚拟内存是计算机系统内存管理的一种技术。它使得应用程序认为它拥有连续的可用的内存（一个连续完整的地址空间），而实际上，它通常是被分隔成多个物理内存碎片，还有部分暂时存储在外部磁盘存储器上，在需要时进行数据交换。

虚拟内存称虚拟存储器（Virtual Memory）。计算机中所运行的程序均需经由内存执行，若执行的程序占用内存很大或很多，则会导致内存消耗殆尽。为解决该问题，Windows 中运用了虚拟内存技术，即匀出一部分硬盘空间来充当内存使用。当内存耗尽时，计算机就会自动调用硬盘来充当内存，以缓解内存的紧张局面。在计算机运行程序或操作所需的随机存储器（RAM）不足时，Windows 会用虚拟存储器进行补偿。它将计算机的 RAM 和硬盘上的临时空间组合。当 RAM 运行速率缓慢时，它便将数据从 RAM 移动到称为“分页文件”的空间中。将数据移入分页文件可释放 RAM，以便完成工作。一般而言，计算机的 RAM 容量越大，程序就运行得越快。若计算机的速率由于 RAM 可用空间匮乏而减缓，则可尝试通过增加虚拟内存来进行补偿。但是，计算机从 RAM 读取数据的速率要比从硬盘读取数据的速率快，因而扩增 RAM 容量（可加内存条）是最佳选择。

4.6 内存标识的识别

在系统自检过程中，或使用检测软件在 Windows 操作系统中可以查看到内存的容量、类型、速度等参数信息，通常在内存模块上也能够找到相关参数的标识。当然，也可以从内存芯片的型号中得到所需的参数。但是，因为还没有工业标准来对这些芯片编号，如果想理解这些数字的话就需要查阅各生产厂商的相关资料。下面我们就以现代（Hynix）内存为例介绍内存的相关标识，如图 4-14 所示。

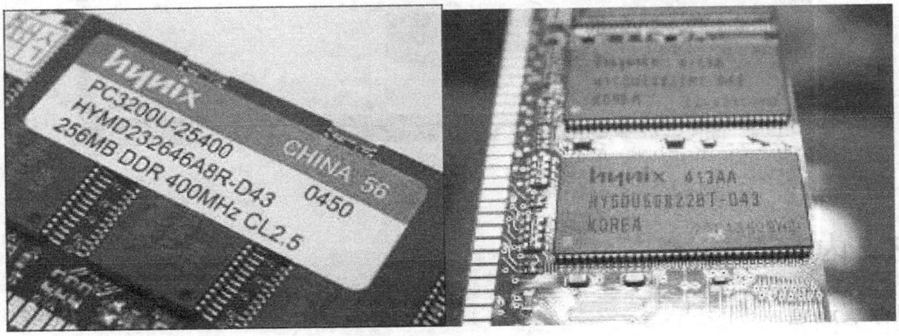

图 4-14　内存上的相关标识

1. SDRAM 内存芯片的编号

SDRAM 内存芯片及编号分别如图 4-15 和图 4-16 所示。

图 4-15　SDRAM 内存芯片

HY	××	×	××	××	×	×	××	×	×	×	–	××	×
第 1 字段	第 2 字段	第 3 字段	第 4 字段	第 5 字段	第 6 字段	第 7 字段	第 8 字段	第 9 字段	第 10 字段	第 11 字段		第 12 字段	第 13 字段

图 4-16　SDRAM 内存芯片的编号

第 1 字段由 HY 组成，代表现代（Hynix）内存芯片的前缀。

第 2 字段表示产品类型。57 代表 SDRAM 内存。

第 3 字段表示工作电压。V 代表 VDD 电压为 3.3V、VDDQ 电压为 3.3V；Y 代表 VDD 电压为 3.0V、VDDQ 电压为 3.0V；U 代表 VDD 电压为 2.5V、VDDQ 电压为 2.5V；W 代表 VDD 电压为 2.5V、VDDQ 电压为 1.8V；S 代表 VDD 电压为 1.8V、VDDQ 电压为 1.8V。

第 4 字段表示内存颗粒密度与刷新速度。16 代表内存颗粒密度为 16Mbit、刷新速度为 2kbit/s；32 代表内存颗粒密度为 32Mbit、刷新速度为 4kbit/s；64 代表内存颗粒密度为 64Mbit、刷新速度为 4kbit/s；28 代表内存颗粒密度为 128Mbit、刷新速度为 4kbit/s；2A 代表内存颗粒密度

（TCSR）为 128Mbit、刷新速度为 4kbit/s；56 代表内存颗粒密度为 256 Mbit、刷新速度为 8kbit/s]/s；12 代表内存颗粒密度为 512Mbit、刷新速度为 8kbit/s。

第 5 字段表示内存结构。4 代表 4 位宽；8 代表 8 位宽；16 代表 16 位宽；32 代表 32 位宽。

第 6 字段表示内存芯片内部由几个 Bank 组成。1 代表 2Bank；2 代表 4Bank。

第 7 字段表示电气接口。0 代表 LVTTL；1 代表 SSTL_3。

第 8 字段表示内存芯片的修正版本。空白或 H 代表第 1 版；A 或 HA 代表第 2 版；B 或 HB 代表第 3 版；C 或 HC 代表第 4 版。也有一些特殊的编号规则，例如：编号为 HY57V64420HFT 是第 7 版；编号为 HY57V64420HGT 和 HY57V64820HGT 是第 8 版；编号为 HY57V28420AT 是第 3 版；编号为 HY57V56420HDT 是第 5 版。

第 9 字段表示功率消耗能力。空白代表正常功耗；L 代表低功耗；S 代表超低功耗。

第 10 字段表示内存芯片的封装方式。T 代表 TSOP 封装；K 代表 Stack 封装（Type1）；J 代表 Stack 封装（Type2）。

第 11 字段表示内存芯片的封装材料。空白代表正常；P 代表 Pb free；H 代表 Halogen free；R 代表 Pb & Halogen free。

第 12 字段表示内存芯片的速度标识。5 代表 200MHz；55 代表 183MHz；6 代表 166MHz；7 代表 143MHz；K 代表 PC133（CL＝2）；H 代表 PC133（CL＝3）；8 代表 125MHz；P 代表 PC100（CL＝2）；S 代表 PC100（CL＝3）；10 代表 100MHz。

第 13 字段表示工作温度类型（此字段也可空白）。I 代表工业温度；E 代表扩大温度。

图 4-17　DDR-SDRAM 内存芯片

2. DDR-SDRAM 内存芯片的编号

DDR-SDRAM 内存芯片及编号分别如图 4-17 和图 4-18 所示。

HY	××	×	××	××	×	×	×	×	×	×	–	××	×
第 1 字段	第 2 字段	第 3 字段	第 4 字段	第 5 字段	第 6 字段	第 7 字段	第 8 字段	第 9 字段	第 10 字段	第 11 字段		第 12 字段	第 13 字段

图 4-18　DDR-SDRAM 内存芯片的编号

第 1 字段由 HY 组成，代表现代（Hynix）内存芯片的前缀。

第 2 字段表示产品类型。5D 代表 DDR-SDRAM 内存；5P 代表 DDR-II 内存。

第 3 字段表示工作电压。V 代表 VDD 电压为 3.3V、VDDQ 电压为 2.5V；U 代表 VDD 电压为 2.5V、VDDQ 电压为 2.5V；W 代表 VDD 电压为 2.5V、VDDQ 电压为 1.8V；S 代表 VDD 电压为 1.8V、VDDQ 电压为 1.8V。

第 4 字段表示密度与刷新速度。64 代表内存颗粒密度为 64Mbit、刷新速度为 4kbit/s；66 代表内存颗粒密度为 64Mbit、刷新速度为 2kbit/s；28 代表内存颗粒密度为 128Mbit、刷新速度为 4kbit/s；56 代表内存颗粒密度为 256Mbit、刷新速度为 8kbit/s；12 代表内存颗粒密度为 512 Mbit、刷新速度为 8 kbit/s；1G 代表内存颗粒密度为 1Gbit、刷新速度为 8kbit/s。

第 5 字段表示内存结构。4 代表 4 位宽；8 代表 8 位宽；16 代表 16 位宽；32 代表 32 位宽。

第 6 字段表示内存芯片内部由几个 Bank 组成。1 代表 2Bank；2 代表 4Bank；3 代表 8Bank。

第 7 字段表示电气接口。1 代表 SSTL_3；2 代表 SSTL_2；3 代表 SSTL_18。

第 8 字段表示内存芯片的修正版本。空白代表第 1 版；A 代表第 2 版；B 代表第 3 版；C 代表第 4 版。

第 9 字段表示功率消耗能力。空白代表正常功耗；L 代表低功耗。

第 10 字段表示内存芯片的封装方式。T 代表 TSOP 封装；Q 代表 LQFP 封装；F 代表 FBGA 封装；S 代表 Stack 封装（Hynix）；K 代表 Stack 封装（M&T）；J 代表 Stack 封装（其他）。

第 11 字段表示内存芯片的封装材料。空白代表正常；P 代表 Pb free；H 代表 Halogen free；R 代表 Pb & Halogen free。

第 12 字段表示内存芯片的速度标识。26 代表 375MHz；28 代表 350MHz；3 代表 333MHz；33 代表 300MHz；36 代表 275MHz；4 代表 250MHz；43 代表 233MHz；45 代表 222MHz；5 代表 200MHz；55 代表 183MHz；6 代表 166MHz；D4 代表 DDR400；D5 代表 DDR533；J 代表 DDR333；M 代表 DDR266 2-2-2；K 代表 DDR266；AH 代表 DDR266；BL 代表 DDR200。

第 13 字段表示工作温度类型（此字段也可空白）。I 代表工业温度；E 代表扩大温度。

3. RDRAM 内存芯片的编号

RDRAM 内存芯片的编号如图 4-19 所示。

HY	××	×	×××	××	×	×	××
第 1 字段	第 2 字段	第 3 字段	第 4 字段	第 5 字段	第 6 字段	第 7 字段	第 8 字段

图 4-19 RDRAM 内存芯片的编号

第 1 字段由 HY 组成，代表现代（Hynix）内存芯片的前缀。

第 2 字段表示产品类型。5R 代表 DRDRAM 内存。

第 3 字段表示工作电压。空白代表 CMOS、1.5V 电压；W 代表 CMOS、1.8V 电压。

第 4 字段表示密度与刷新速度。64 代表内存颗粒密度为 64Mbit、刷新速度为 8kbit/s；72 代表内存颗粒密度为 72Mbit、刷新速度为 8kbit/s；128 代表内存颗粒密度为 128Mbit、刷新速度为 8kbit/s；144 代表内存颗粒密度为 144Mbit、刷新速度为 8kbit/s；256 代表内存颗粒密度为 256Mbit、刷新速度为 16 kbit/s；288 代表内存颗粒密度为 288Mbit、刷新速度为 16kbit/s。

第 5 字段表示内存芯片的修正版本。空白或 H 代表第 1 版；A 或 HA 代表第 2 版；B 或 HB 代表第 3 版；C 或 HC 代表第 4 版；D 或 HD 代表第 5 版。

第 6 字段表示内存芯片的封装方式。E 代表 Edge Bonding 封装；C 代表 Center Bonding 封装；M 代表 Mirror 封装。

第 7 字段表示工作频率。6 代表 600MHz；7 代表 700MHz；8 代表 800MHz。

第 8 字段表示内存芯片的速度标识，此速度是指 tRAC（Row Access Time）。40 代表 40ns；45 代表 45ns；50 代表 50ns；53 代表 53ns。

习 题 4

一、填空题

1. 内存又称为________、________。

2. 内存条上标有-6、-7、-8 等字样，表示的是存取速度，单位用 ns（纳秒），该数值越小，说明内存速度________。

3. ________是计算机系统的记忆部件，是构成计算机硬件系统的必不可少的一个部件。通常，根据存储器的位置和所起的作用不同，可以将存储器分为两大类：________和________。

4. 台式机主板上对应的插槽主要有三种类型接口：________（早期的 30 线、72 线的内存使用）、________（168 线、184 线的内存使用）、________（RDRAM 内存条使用）。

5. 内存在广义上的概念泛指计算机系统中存放数据与指令的半导体存储单元，它主要表现为三种形式：________、________和________。

6. RAM 一般又可分为两大类型：________和________。

7. 只读存储器（Read Only Memory）的重要特点是只能________，不能________。

8. 内存容量是指一根内存条可以容纳的二进制信息量，用“________”作为计量单位。

二、选择题

1. 内存按工作原理可分为（　　）这几种类型。

A. RAM　　B. DRAM　　C. SRAM　　D. ROM

2. 将主存储器分为主存储器、高速缓冲存储器和 BIOS 存储器，这是按（　　）标准来划分。

A. 工作原理　　B. 封装形式　　C. 功能　　D. 结构

3. 主板上内存插槽可以分为两种，它们分别是（　　）。

A. RDRAM 插槽　　B. SIMM 插槽　　C. SDRAM 插槽　　D. DIMM 插槽

4. 计算机的内存包括随机存储器和（　　），内存条通常指的是（　　）。

A. 只读存储器　　B. ROM　　C. DRAM　　D. SRAM

三、简答题

1. 简述内部存储器的类型及各种类型的特点。
2. 列举内存的封装形式和特点。
3. 列举内存的主要性能指标。
4. 简述内存条的基本组成部分及功能。
5. 介绍主流的内存厂商和产品的特点。

第5章 外部存储器

外存储器是CPU不能直接访问的存储器，它需要经过内存储器与CPU及I/O设备交换信息，用于长久地存放大量的程序和数据。外存储器有三种基本的存储类型：磁存储器、光存储器和闪存。

磁存储器的代表是计算机系统中使用的硬盘，它将数据记录在磁性介质上，是计算机系统中最重要的外存储器，和其他外存储器相比，硬盘具有容量大、速度快的特点。

光存储器的读和写是通过光能（光学）实现的。绝大多数磁存储器都可以多次地重复读写，而大多数光存储器只能写入一次但可多次读取。光存储器的代表是CD和DVD。

通常使用Disk来表示磁存储器，而用Disc来表示光存储器。不管是磁存储器还是光存储器，都需要通过相应的驱动器才能读出存储在上面的数据，如DVD需要使用DVD驱动器。但硬盘有点例外，它被直接密封在硬盘驱动器中。

闪存是一种长寿命的非易失性存储器。由于其断电时仍能保存数据，闪存通常被用来保存设置信息，如在PDA（个人数字助理）、数码相机中保存资料等。

外存储器通过各种不同的接口和计算机系统相连，通常磁存储器和光存储器使用IDE、SATA和SCSI等接口，也可以使用适配器设备来提供USB、PCMCIA、eSATA等接口。例如，SATA盘可以使用外置硬盘盒和系统的USB接口相连，闪存盘通常采用USB接口。各种闪存卡一般都采用专用接口，需要通过适配器才能在计算机上使用。

5.1 硬　　盘

5.1.1 硬盘概述

硬盘是计算机上最常用、最重要的存储设备之一，具有存储容量大、存储成本低等特点。其作用是存储计算机运行时需要的数据和大量信息，是计算机中容量最大、使用最频繁的存储设备。硬盘不仅是计算机上数据、资料的存放场所，同时其性能也决定了计算机整机的性能。图5-1所示为一款硬盘。

图5-1　硬盘

硬盘按内部盘片尺寸可分为3.5英寸、2.5英寸和1.8英寸硬盘。现在市场上个人计算机的硬盘大多都采用3.5英寸盘片，而更小的2.5英寸和1.8英寸硬盘专门用于笔记本计算机。硬盘按与计算机之间的数据接口标准又可分为IDE、SATA和SCSI接口硬盘。目前传统个人计算机和笔记本计算机采用标准 SATA 接口，而工作站和服务器则较多采用 SCSI 接口，IDE 接口使用较少。

5.1.2　硬盘的结构

硬盘由一个或多个铝制或者玻璃制的碟片组成，这些碟片外覆盖有铁磁性材料。绝大多数硬盘都是固定硬盘，被永久性地密封固定在硬盘驱动器中。从外观上看，硬盘的正面具有金属外壳，贴着硬盘的标签，上面标有硬盘的生产厂家、转速、容量、工作电压等信息，其背面裸露着控制芯片、电阻等电子元件。如图 5-2 所示，左为硬盘的正面，右为硬盘的背面。

图 5-2　硬盘正面和背面

硬盘内部结构由固定基板、控制电路板、盘头组件、接口及附件等几大部分组成，而盘头组件是构成硬盘的核心，封装在硬盘的净化腔体内，包括浮动磁头组件、磁头驱动机构、盘片及主轴驱动机构、前置读写控制电路等。图 5-3 所示为硬盘的内部结构。

图 5-3　硬盘的内部结构

1. 控制电路板

控制电路板是硬盘的控制电路，一般采用裸露设计，但其将芯片、缓存等元器件设计在内部，这样一方面外露式电路板可以保证整体的散热，同时又具有封闭式设计的保护功能。图 5-4 所示为硬盘的控制电路板。

2. 固定基板

固定基板是硬盘的面板，标注产品的型号、产地、设置数据等，和底板结合成一个密封的整体，保证硬盘盘片和机构的稳定运行。

3. 浮动磁头组件

浮动磁头组件由读写磁头、传动手臂、传动轴三部分组成。磁头是硬盘技术最重要和关键的一环，实际上是集成工艺制成的多个磁头的组合，它采用了非接触式磁头、盘结构，加电后在高速旋转的磁盘表面飞行，间隙只有 0.1 微米到 0.3 微米，这样可以获得极高的数据传输率。图 5-5 所示为硬盘的浮动磁头组件。

图 5-4　硬盘的控制电路板

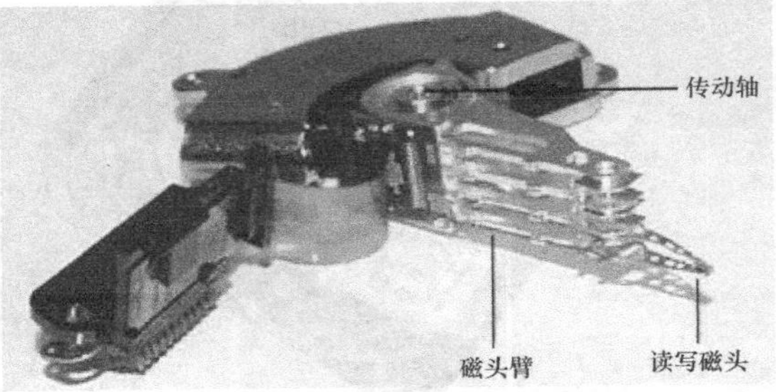

图 5-5　浮动磁头组件

4. 磁头驱动机构

高精度的轻型磁头驱动机构能够对磁头进行正确的驱动和定位，并在很短的时间内精确定位系统指令到指定的磁道，保证数据读写的可靠性。新型大容量硬盘还具有高效的防震机构。

5. 盘片

盘片是硬盘中承载数据存储的介质，硬盘由多个盘片叠加在一起，互相之间由垫圈隔开。硬盘盘片是以坚固耐用的材料为盘基，其上再涂以磁性材料，表面被加工得相当平滑。因为盘片在硬盘内部高速旋转，因此对制作盘片的材料硬度和耐磨性要求很高，所以一般采用合金材料或玻璃材料。硬盘的每一个盘片都有两个盘面（即上、下盘面），都可以存储数据。图 5-6 所示为硬盘的盘片。

6. 主轴电机

主轴电机是驱动盘片高速旋转的设备，它决定硬盘的转速。转速是衡量硬盘性能的重要标准，转速越快硬盘的读写能力也就越强。图 5-7 所示为硬盘的主轴电机。

图 5-6　硬盘的盘片

图 5-7　主轴电机

7. 接口

硬盘的接口包括电源插口和数据接口两部分，其中电源插口与主机电源相连，为硬盘工作提供电力保证。数据接口则是硬盘数据和主板控制器之间进行传输交换的纽带，根据连接方式的差异，分为 IDE 接口、SATA 接口和 SCSI 接口。

5.1.3　硬盘的接口

硬盘驱动器接口是指连接硬盘驱动器和计算机的专用部件，它对计算机的性能以及在扩展系统中计算机连接其他设备的能力都有很大影响。不同类型的接口往往制约着硬盘的容量。目前硬盘接口主要有 IDE、SATA 和 SCSI 三种。

1. IDE 接口

IDE（Integrated Drive Electronics）的本意实际上是指把控制器与盘体集成在一起的硬盘驱动器，我们常说的 IDE 接口，也叫并行 ATA（Advanced Technology Attachment）接口，在此之前计算机使用的硬盘大多数都是 IDE 接口，只需用一根电缆将它们与主板或接口卡连起来就可以了。图 5-8 所示为硬盘的 IDE 接口。

图 5-8　硬盘的 IDE 接口

2. SATA 接口

SATA（Serial ATA），即串行 ATA。这是一种完全不同于并行 ATA 的新型硬盘接口类型，由于采用串行方式传输数据而得名。SATA 总线使用嵌入式时钟信号，具备了更强的纠错能力，这在很大程度上提高了数据传输的可靠性。串行接口还具有结构简单、支持热插拔的优点。SATA 接口是目前台式计算机主流的硬盘接口。图 5-9 所示为硬盘的 SATA 接口。

与并行 ATA 相比，SATA 具有比较大的优势。首先，SATA 以连续串行的方式传送数据，可以在较少的位宽下使用较高的工作频率来提高数据传输的带宽。SATA 一次只会传送 1 位数据，这样能减少 SATA 接口的针脚数目，使连接电缆数目变少，效率也更高。实际上，SATA 仅用四支针脚就能完成所有的工作，分别用于连接电缆、连接地线、发送数据和接收数据，同时这样的架构还能降低系统能耗和减小系统复杂性。其次，SATA 的起点更高，发展潜力更大，SATA 1.0 定义的数据传输率可达 150MB/s，这比并行 ATA 所能达到 133MB/s 的最高数据传输率还高，而目前 SATA 2.0 的数据传输率已经高达 300MB/s。

3. SCSI 接口

SCSI（Small Computer System Interface）是一种与 ATA 完全不同的接口，它不是专门为硬盘设计的，而是一种总线型的系统接口，每个 SCSI 总线上都可以连接包括 SCSI 控制卡在内的 8 个 SCSI 设备。由于早期计算机的 BIOS 不支持 SCSI，各个厂商都按照自己对 SCSI 的理解来制造产品，使一个厂商生产的 SCSI 设备很难与其他厂商生产的 SCSI 控制卡共同工作，加上 SCSI 的生产成本比较高，因此没有像 ATA 接口那样迅速得到普及。但 SCSI 接口的优势在于它支持多种设备，传输速率比 ATA 接口高，独立的总线使得 SCSI 设备的 CPU 占用率很低，所以 SCSI 更多地被用于服务器等高端应用场合。图 5-10 所示为硬盘的 SCSI 接口。

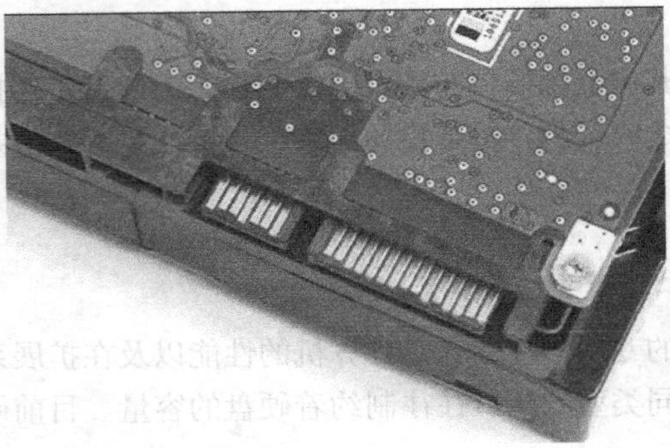

图 5-9　硬盘的 SATA 接口

图 5-10　硬盘的 SCSI 接口

5.1.4　硬盘的技术指标

1. 单碟容量

单碟容量指包括正、反两面在内的每个盘片的总容量。一块硬盘是由多个存储碟片组合而成的，单碟容量的提高是增加硬盘容量的主要方法之一。另外一种方法是增加存储碟片的数量，由于硬盘整体体积和生产成本的限制，碟片数量一般都只能在 5 片以内。

通常一块硬盘的总容量可以由盘面数、柱面数和扇区数三个参数计算得到，如图 5-11 所示，公式如下：

$$硬盘的容量 = 盘面数 \times 柱面数 \times 扇区数 \times 512B$$

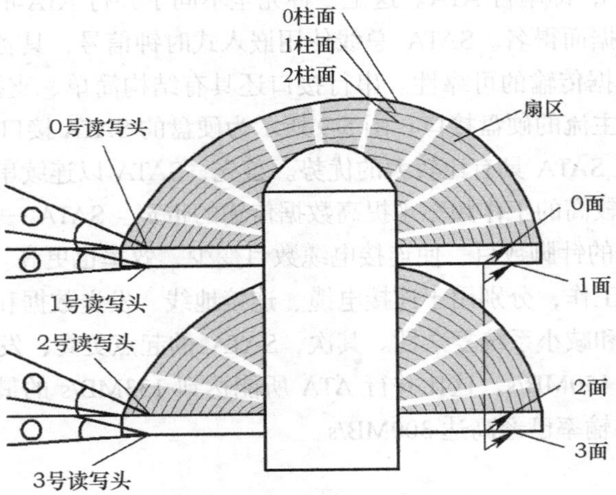

图 5-11　盘片各参数

（1）磁道

磁盘在格式化时被划分成许多同心圆，这些同心圆轨迹称为磁道。磁道由外向内从 0 开始顺序编号，硬盘数据的存放就是从“0”磁道开始的。磁道只是盘面上以特殊形式磁化的区域，在磁盘格式化时已规划完毕。

（2）扇区

磁盘上的每个磁道被等分为若干个弧度，这些弧度称为磁盘的扇区。操作系统以扇区形式将信息存储在硬盘上，每个扇区包括 512 字节的数据和一些其他信息。

（3）柱面

一块硬盘所有盘面上的同一磁道构成一个圆柱，通常称做柱面，每个圆柱上的磁头由上而下从“0”开始编号。数据的读/写按柱面进行，即磁头读/写数据时首先在同一柱面内从“0”磁头开始进行操作，依次向下在同一柱面的不同盘面（即磁头）上进行操作，只在同一柱面所有的磁头全部读/写完毕后磁头才转移到下一柱面。

2. 转速

硬盘的转速是指硬盘盘片每分钟转过的圈数，即硬盘内主轴的转动速度，单位为 r/min。目前台式计算机硬盘的主流转速为 7200 r/min，有些 SCSI 硬盘的转速可达 10000～15000 r/min。

硬盘的转速对硬盘的数据传输率有直接的影响，从理论上说，转速越快越好，因为较高的转速可缩短硬盘的平均寻道时间和实际读写时间，从而提高在硬盘上的读写速度。可任何事物都有两面性，在转速提高的同时，硬盘的发热量也会增加，它的稳定性就会有一定程度的降低。

3. 平均寻道时间

硬盘的平均寻道时间是指硬盘的磁头从初始位置移动到盘面指定的磁道所需的时间，单位为 ms（毫秒），这个时间是影响硬盘内部数据传输速率的重要参数。

当单碟容量增大时，磁头的寻道动作和移动距离减少，从而使平均寻道时间减少，加快了硬盘的速度。目前主流硬盘的平均寻道时间一般在 9ms 以下。

4. 平均潜伏时间

平均潜伏时间是指当磁头移动到数据所在的磁道后，等待指定的数据扇区转动到磁头下方的时间，单位为 ms。平均潜伏时间越小越好，潜伏时间短表示硬盘在读取数据时的等待时间短。一般来说，5400 r/min 硬盘的平均潜伏时间为 5.6ms，而 7200 r/min 硬盘的平均潜伏时间为 4.2ms。

5. 平均访问时间

平均访问时间是指磁头从起始位置到达目标磁道位置，并且从目标磁道上找到指定的数据扇区所需的时间，单位为 ms。平均访问时间越短，表示该硬盘的性能越好。平均访问时间体现了硬盘的读写速度，它包括了硬盘的平均寻道时间和平均潜伏时间，即：平均访问时间 = 平均寻道时间 + 平均潜伏时间。

6. 缓存

缓存是硬盘控制器上的一块内存芯片，它具有极快的存取速度，是硬盘内部存储和外界接口之间的缓冲器。由于硬盘的内部数据传输速度和外界介质传输速度不同，缓存在其中起到一个缓冲的作用。缓存的大小与速度是直接关系到硬盘的传输速度的重要因素，能够大幅度地提高硬盘的整体性能。当硬盘存取零碎数据时，需要不断地在硬盘与内存之间交换数据，如果硬盘有较大的缓存，则可以将那些零碎数据暂存在缓存中，减小外部系统的负荷，也提高了数据的传输速度。

7. 数据传输率

硬盘的数据传输率（Data Transfer Rate）是指硬盘读写数据的速度，单位为兆字节每秒（MB/s）。硬盘数据传输率又包括了内部数据传输率和外部数据传输率。

外部数据传输率也称为突发数据传输率或接口传输率，它标称的是系统总线与硬盘缓冲区之间的数据传输率，外部数据传输率与硬盘接口类型和硬盘缓存的大小有关。

内部数据传输率也称为持续数据传输率，它是指磁头至硬盘缓存间的最大数据传输率，一般取决于硬盘的盘片转速和盘片线密度（指同一磁道上的数据容量）。内部数据传输率是评价一个硬盘整体性能的决定性因素，它是衡量硬盘性能的真正标准。有效地提高硬盘的内部数据传输率才能对硬盘的性能有直接、明显的提升。目前各硬盘生产厂家都在努力提高硬盘的内部数据传输率，除了改进信号处理技术和提高转速以外，最主要的方法就是不断地提高单碟容量以提高线性密度。

8. 连续无故障时间

连续无故障时间是指硬盘从开始运行到出现故障的最长时间，单位为小时。一般硬盘的连续无故障时间都在三万到五万小时之间，也就是说如果一个硬盘每天工作 10 小时，一年工作 365 天，那硬盘的寿命至少也有 8 年，所以用户大可不必为硬盘的寿命而担心。不过出于对数据安全方面的考虑，最好将硬盘的使用寿命控制在 5 年以内。

9. S.M.A.R.T

S.M.A.R.T（Self-Monitoring，Analysis and Reporting Technology），即“自我监测、分析及报告技术”。支持 S.M.A.R.T 技术的硬盘可以通过硬盘上的监测指令和主机上的监测软件对磁头、盘片、马达、电路的运行情况、历史记录及预设的安全值进行分析、比较。当出现安全值范围以外的情况时，就会自动向用户发出警告。目前，几乎所有的硬盘产品都已支持这种技术。

5.1.5 硬盘的选购指南

我们在选购硬盘的时候，考虑的基本因素无非是以下几点：接口、容量、速度、稳定性、缓存、售后服务，下面我们逐一进行分析。

1. 硬盘接口类型

对于接口的选择，我们通常使用的都是 SATA 接口的硬盘。除了 SATA 接口外，另一种规格就是 SCSI 硬盘，尽管 SCSI 硬盘有很多 SATA 硬盘无法相比的优势，但是它的生产成本导致 SCSI 硬盘的价格一直很昂贵，所以根本无法适合普通用户的使用。

2. 硬盘容量

现在市场中硬盘的最大容量已经达到了 4TB，尽管容量提升了很多，但是价格还是能让人接受的。从购买的角度来看，我们应该在能够接受的范围内，尽量选择大容量的硬盘。不过我们要注意的一点是尽量购买单碟容量大的硬盘，单碟容量大的硬盘性能比单碟容量小的硬盘高。

3. 硬盘转速和缓存

对于大部分用户 7200r/min 的硬盘是首选，因为在 CPU、显卡等配件“极速狂飙”的今天，全球硬盘革命的更新却显得稍有些缓慢，这使得硬盘在整个主流计算机系统中的瓶颈效应越来越明显。因此，5400r/min 的硬盘难免会拖整个系统性的后腿，所以 7200r/min 的硬盘更适合电脑发烧友、3D 游戏爱好者、专业作图和进行音频视频处理工作的用户使用，而 5400r/min 的硬盘则比较适合于笔记本电脑。缓存的容量与转速一样，与硬盘的性能有着密切的关系，大容量缓存可以很明显地提升硬盘的性能。目前大部分 SATA 硬盘采用了 32MB 缓存，有的硬盘缓存甚至达到了 64MB。

4. 稳定性

硬盘的容量变大了，转速加快了，稳定性的问题越来越明显，所以在选购硬盘之前要多参考一些权威机构的测试数据，对那些不太稳定的硬盘还是不要选购。

5. 售后服务

在国内，对于硬盘的售后服务和质量保障这方面各个厂商做得还都不错，尤其是各品牌的盒装产品还为消费者提供三年或五年的质量保证。

5.2　光盘驱动器

光盘驱动器简称光驱，是一个结合光学、机械及电子等科技的新型存储装置，它具有记录密度高、存储容量大、存储数据保存时间长及工作稳定可靠等特点。目前光驱为计算机的基本配置，成为深受用户欢迎的新一代软件载体。图 5-12 所示为光盘驱动器。

图 5-12　光盘驱动器

5.2.1　光盘

光盘存储技术是 20 世纪 70 年代的重大科技发明，并在 20 世纪 90 年代得到了广泛的应用。现在，光盘已经发展成为一系列产品。光盘存储器由光盘驱动器和光盘组成。

1. 光盘的分类

光盘可从不同角度进行分类，其中最常用的有按照物理格式划分、按照读写限制划分等。

（1）按照物理格式分类

所谓物理格式，是指记录数据的格式。按照物理格式划分，光盘大致可分为 CD 系列、DVD 系列和 BD 系列三类。CD 系列：CD-ROM 是该系列中最基本的保持数据的格式，包括可记录的多种变种类型（如 CD-R、CD-MO 等）。DVD 系列：DVD-ROM 是该系列中最基本的保持数据的格式，包括可记录的多种变种类型（如 DVD-R、DRD-RAM、DVD-RW 等）。BD 系列：BD-ROM 是该系列中最基本的保持数据的格式，包括可记录的多种变种类型（如 BD-R、BD-RE 等）。如图 5-13 所示，从左到右依次为 CD-R 光盘、DVD-R 光盘和 BD-R 光盘。

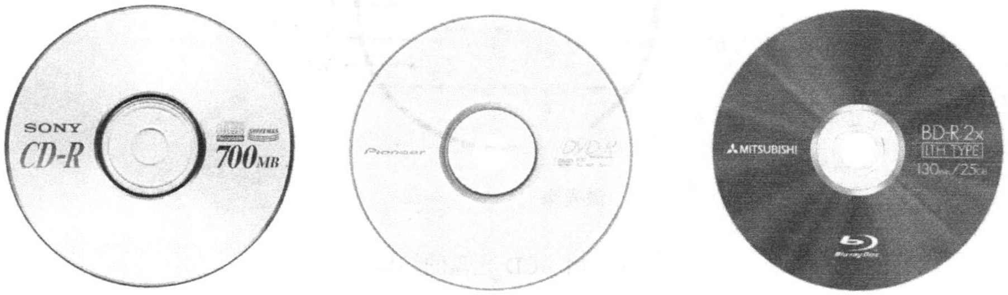

图 5-13　CD-R 光盘、DVD-R 光盘和 BD-R 光盘

（2）按照读写限制分类

① 只读式。只读式光盘以 DVD-ROM 为代表，CD-ROM、BD-ROM 等也都是只读式光盘。对于只读式光盘，用户只能读取光盘上已经记录的各种信息，但不能修改或写入新的信息。只读式光盘由专业化工厂规模生产，特别适合于廉价、大批量地发布信息。

② 一次性写入，多次读出式。目前这种光盘以 DVD-R 为主。与 CD-R 不同的是 DVD-R 目前有两种类型，分别为作家型和通用型。这两者在物理上的主要差异就在于刻录激光的波长，所以需要各自专用的刻录机才可以对其写入。不过只要刻录完成，均可以在传统的 DVD 播放机上播放。

③ 可读写式。市场上出现的可读写光盘主要有 CD-RW、DVD-RW 和 BD-RE 三种。由于光盘比较廉价，所以可读写式光盘很少使用。

（3）按光盘的容量分类

光盘容量的分类如表 5-1 所示。

表 5-1　　光盘容量分类

格式	数据容量	盘大小	面数	层数	视频容量
CD	650MB	120mm	单面	单层	74 分钟音频
DVD-5	4.7GB	120mm	单面	单层	2.2 小时
DVD-9	8.5GB	120mm	单面	双层	4 小时
BD	25GB	120mm	单面	单层	8 小时

2. 光盘的结构

根据光盘的结构，光盘主要分为 CD、DVD、蓝光光盘（BD）等几种类型。这几种类型的光盘在结构上有所区别，但主要结构原理是一致的。以 CD 光盘为例讲解，CD 光盘主要分为五层，其中包括基板、记录层、反射层、保护层、印刷层等。图 5-14 所示为 CD 光盘的结构。

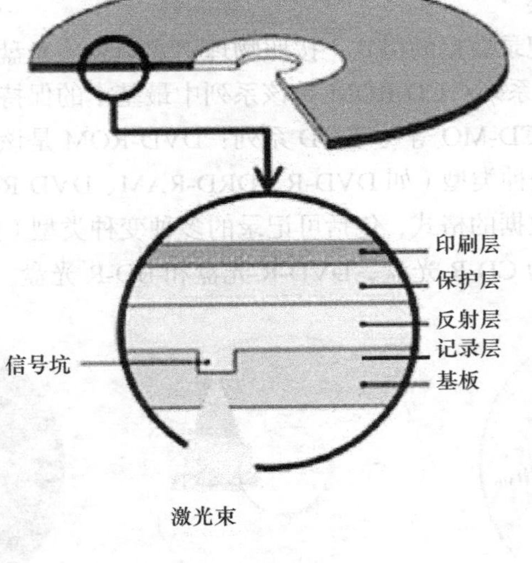

图 5-14　CD 光盘的结构

（1）基板

基板是各功能性结构的载体，使用的材料是聚碳酸酯（PC），具有冲击韧性极好、使用温度范围大、无毒性等特点。一般来说，基板是无色透明的聚碳酸酯板，它不仅是数据的载体，更是整个光盘的物理外壳。CD 光盘的基板厚度为 1.2mm、直径为 120mm，中间有孔，呈圆形。光盘比较光滑的一面（激光头面向的一面）就是基板。

（2）记录层

一次性记录的 CD-R 光盘主要采用有机染料，当光盘在烧录时，激光就会把在基板上涂抹的有机染料直接烧录成一个接一个的"坑"，这样有"坑"和没有"坑"的状态就形成了"0"和"1"的信号，"坑"是不能恢复的，将永久性地保持现状，意味着此光盘不能重复擦写。一连串的"0"、"1"信息，就组成了二进制代码，表示特定的数据。CD-ROM 光盘的最短信息坑的长度为 0.843 微米，DVD 光盘最短信息坑的长度为 0.293 微米。所以 DVD 在相同面积的情况下，可以存储更加大量的文件。

可重复擦写的 CD-RW，所涂抹的是碳性物质，当激光在烧录光盘时，通过改变碳性物质的极性，来形成特定的"0"、"1"代码序列。这种碳性物质的极性是可以重复改变的，表示此光盘可重复擦写。

（3）反射层

这是光盘的第三层，它是反射光驱激光光束的区域，借反射的激光光束来读取光盘中的资料。其材料为纯度 99.99%的纯银金属。

反射层就如同我们使用的镜子一样，此层就代表镜子的银反射层，光线到达此层后，就会被反射回去。一般来说，我们的光盘可以当作镜子用，就是因为有这一层的缘故。

（4）保护层及印刷层

保护层用来保护光盘中的反射层及记录层，防止数据被破坏。材料为光固化丙烯酸类物质。

印刷层是印刷盘片的客户标识、容量等相关资讯的地方。它不仅可以标明信息，还可以对光盘起到一定的保护作用。

3. DVD 光盘

从表面上看，DVD 光盘与 CD 光盘很相似，但实质上两者之间有本质的差别。DVD 光盘的激光波长为 650nm，物镜的数值孔径 NA 为 0.6，而激光束汇聚到一点的距离只需要 0.6mm，这决定 DVD 光盘基板的厚度为 0.6mm。不过，0.6mm 的厚度太薄，制造出来的光盘也会因太薄而容易折断。因此，在 DVD 的实际制造过程中，会把两片 0.6mm 厚度的基板黏合在一起。

DVD 光盘的盘片都是由上下两片基板组成，每片基板上最多可以容纳两层数据，DVD 光驱的激光头能够通过调整焦距来读取这两层数据。按单面/双面与单层/双层结构的各种组合，DVD 可以分为单面单层、单面双层、双面单层和双面双层四种基本物理结构。

（1）单面单层光盘 DVD-5（简称 D5）

这是指常见的单面单层 DVD 光盘，总容量达 4.7GB，可以存储大约 2.2 小时的视频数据。单面单层 DVD 光盘是由一片空白基板和一片包含有一层数据记录层的基板黏合而成。图 5-15 所示为 DVD-5 单面单层结构。

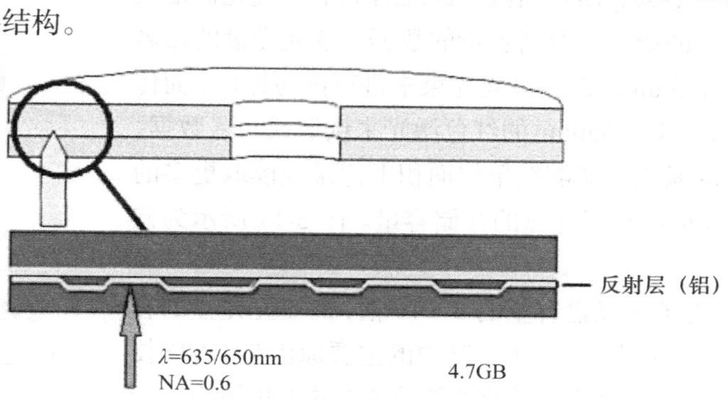

图 5-15　DVD-5 单面单层结构

（2）单面双层光盘 DVD-9（简称 D9）

这是指单面双层的 DVD 光盘，总容量达 8.54GB，可以存储大约 4 小时的视频数据。

双层光盘有两种方案，一种方案是将两层记录层都放在一片片基上，而另一片是空白片基，然后黏合。这种方案在实际生产时因工艺要求高、良品率低而不被采用。另一种方案是将两层记录层分别放在上下两片片基上，将下面的记录层制成半透明层，上面的记录层制成反射层，然后将两片片基黏合。这是目前 DVD-9 普遍采用的方案。

激光头在读取双层光盘时，激光束先到达的记录层（下层）称为 0 层，可以读取数据，因此它是反射层。但激光束又可以透过它读取上层（1 层）的数据。因此，0 层是半透明层，又称半反射层，1 层称为反射层。读 0 层时总是从内圈开始，并从里往外读取，读完 0 层后再读 1 层。图 5-16 所示为 DVD-9 单面双层结构。

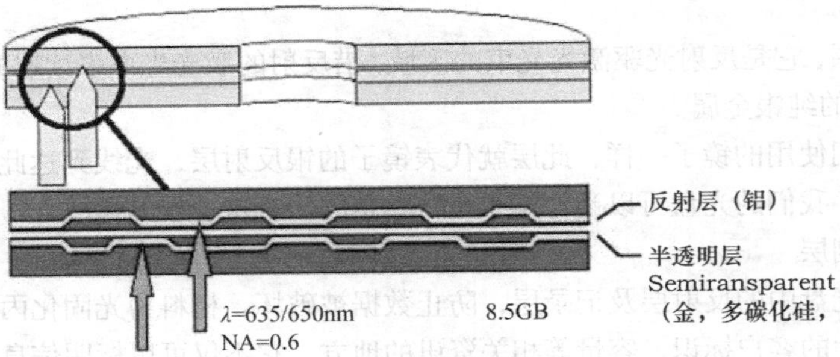

图 5-16　DVD-9 单面双层结构

（3）双面单层光盘 DVD-10（简称 D10）

这是指双面单层的 DVD 光盘，总容量达 9.4GB，可以储存大约 4.4 小时的视频数据。

（4）双面双层光盘 DVD-18（简称 D18）

这是指双面双层的 DVD 光盘，总容量达 17GB，可以储存大约 8 小时的视频数据。

双面双层盘片是由两片分别含有两层记录层的基板黏合而成。生产这种盘片对生产工艺要求很高，这意味着生产成本较高。因此，除非有特殊需要，一般厂商不采用 DVD-18 格式。事实上，DVD-18 光盘在市场上也并不多见。

一般市面上出售的 DVD 光盘，包装上都注明了 DVD 的格式，目前常见的有 DVD-5 和 DVD-9 两种。

4. 蓝光光盘

蓝光光盘（Blu-ray Disc，BD）是 DVD 之后的下一代光盘格式之一，用来存储高品质的影音以及高容量的数据。蓝光光盘的命名是由于其采用波长为 405nm 的蓝色激光光束来进行读写操作，而传统 DVD 需要光头发出波长为 650nm 的红色激光来读取或写入数据。通常来说，波长越短的激光，能够在单位面积上记录或读取更多的信息。因此，蓝光极大地提高了光盘的存储容量。图 5-17 所示为蓝光光盘及其 logo。

图 5-17　蓝光光盘及 logo

DVD 光盘的容量是 CD 光盘容量的 5～10 倍，而蓝光光盘的容量正好又是 DVD 光盘容量的 5～10 倍。其中的主要原因是 DVD 技术采用波长为 650nm 的红色激光和数字光圈为 0.6 的聚焦镜头，两个基板厚度分别为 0.6mm。而蓝光 DVD 技术采用波长为 405nm 的蓝紫色激光，通过广角镜头上比率为 0.85 的数字光圈，成功地将聚焦的光点尺寸缩减到极小程度，从而可以在光盘上烧制或读取尺寸更小、密度更高的凹槽。

从图 5-18 可以看到蓝光光盘上的数据层要比 DVD 光盘更靠近激光头，所以，在激光头与光盘之间因距离而产生的扭曲也会更小，因此录制数据的偏差也就更小，从而实现了更高的存储精度和存储密度。同时蓝光盘片的轨道间距减小至 0.32μm，仅仅是当前红光 DVD 盘片 0.74μm 的一半，而其记录单元凹槽的最小直径是 0.15μm，也远比红光 DVD 盘片的 0.4μm 凹槽小得多。

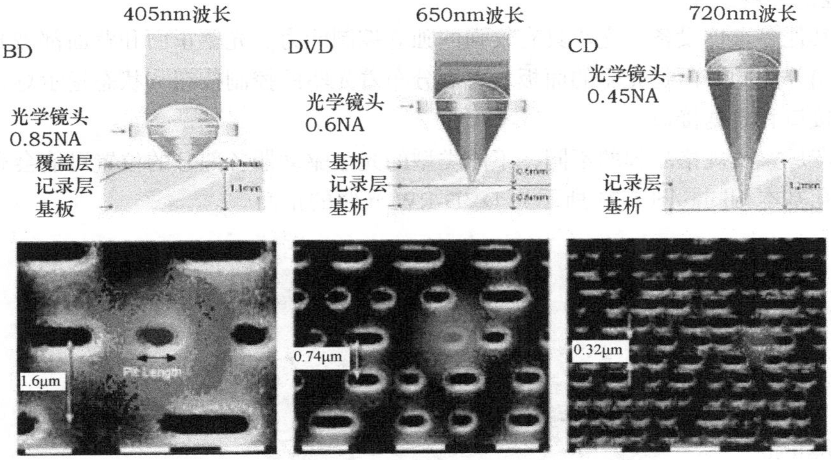

图 5-18　各种格式光盘技术对比

5. 光盘的使用

光盘虽然很结实但并非不会损坏，如果光盘被划伤，很有可能引起不可纠正的数据错误。此外，还要防止光盘受强光照射，避免将光盘存放在过热、过冷或潮湿的地方。

为了保持光盘清洁且避免擦伤，应将光盘放入它们自己的盒中，这样可延续使用多年。一般使用光盘时是不会造成损伤的，因为除了激光束以外没有任何东西接触光盘。因此，光盘的寿命与用户的维护有直接关系。

5.2.2　光盘驱动器

光盘驱动器简称光驱，主要作用是读取光盘中的数据，而光盘是目前计算机之间相互传递程序、歌曲、游戏、电影和资料文件的主要载体。使用刻录光驱还可以将数据刻录至光盘中保存。它具有存储容量大、携带方便和长期有效保存数据等优点。

1. 光驱的分类

（1）按光盘的存储技术分类

光盘驱动器可分为 CD-ROM 驱动器、CD-R 驱动器、CD-RW 驱动器、DVD-ROM 驱动器、Combo 光盘驱动器、DVD 刻录机（DVD-R/RW、DVD + R/RW、DVD-RAM）、BD-ROM、蓝光刻录机、蓝光 Combo 等。如图 5-19 所示，左为 DVD 刻录机，右为蓝光刻录机。

（2）按光驱的放置方式分类

根据光盘驱动器是否放在机箱内部分为内置式光盘驱动器和外置式光盘驱动器。图 5-20 所示为外置 BD 光驱。

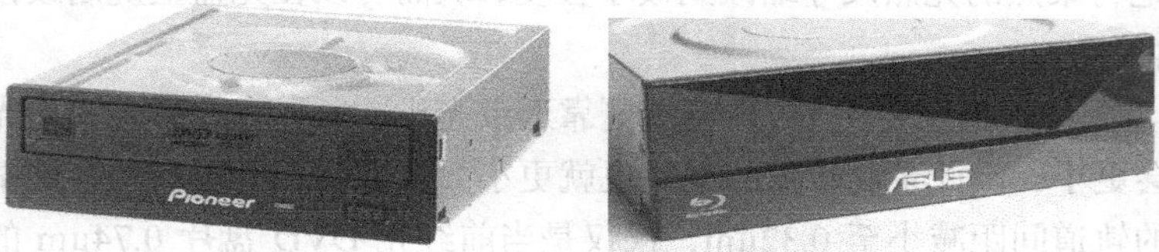

图 5-19 DVD 刻录机、蓝光刻录机

图 5-20 外置 BD 光驱

2. 光驱的外观组成

相对于其他多媒体设备，光驱具有较强的独立控制能力。光驱正面和背面都被光驱的外壳包裹，面对机箱外侧的一面是光驱的面板，上面分布着光驱的控制按钮和状态指示灯，光驱的背面分布着电源接口和数据接口。

由于生产厂家及规格品牌的不同，不同类型的光盘驱动器各部分的位置可能会有差异，但常用按钮和插孔基本相同。图 5-21 所示为 DVD-RW 光驱的正面。

图 5-21 DVD-RW 光驱的正面

（1）弹出键和工作指示灯

最右侧标有三角形的按钮为弹出键，它控制托盘的进出。当光驱工作时，工作指示灯会发亮。

（2）紧急弹出孔

如果想在没有连接电源的情况下退出托盘，可用面板上的强制退出孔。把一根细金属丝插入孔中并用力按下，托盘就被拉出来了。

（3）托盘

托盘用于放置光盘，它由最右侧的退出按钮控制。在放置光盘时，应把录制数据的一面朝下。图 5-22 所示为光驱托盘。

图 5-22 光驱托盘

（4）电源线接口和数据线接口

电源线接口用来连接电源的 15 线 SATA 电源线，提供 DVD-RW 驱动器的电能。数据线接口用来连接 SATA 数据线，它的另一端连接 DVD-RW 控制器接口。如图 5-23 所示，左为 SATA 电源线接口，右为 SATA 数据线接口。

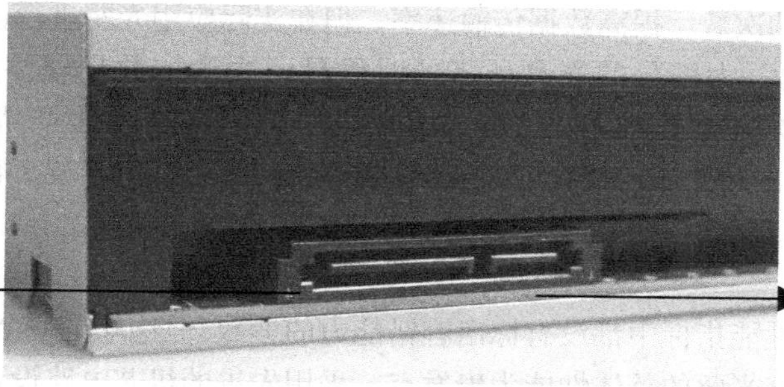

图 5-23 光驱背面接口

3. 光驱的主要性能指标

光驱的各项指标是判断光驱性能的标准，这些指标有光驱的数据传输率、平均寻道时间、缓存容量、接口类型等。下面将逐一介绍这些指标的作用。

（1）数据传输速率

数据传输速率即通常所说的倍速，是光驱最基本的性能指标，是指在单位时间内光驱可以从光盘读取的最大数据量。早期的 CD-ROM 驱动器标注的常见形式是“x”倍速，定义为一个特殊的标准基准速率的倍数。根据最初的标准，CD-ROM 驱动器的数据传输速率为 153.6KB/s，数据传输速率为该值 2 倍的驱动器就标注为 2x，数据传输速率为该值 40 倍的标注为 40x。

DVD-ROM 驱动器的数据传输速率也是采用“x”倍速的方式来标注，但与 CD-ROM 驱动器不同的是，DVD-ROM 驱动器的基准速率为 1385KB/s，大概是前者基准速率的 9 倍，也就是说 4 倍速 DVD-ROM 驱动器的数据传输速率相当于 36 倍速 CD-ROM 驱动器的水平。目前，主流 DVD-ROM 驱动器读取 DVD-ROM 的速度是 16x，读取 CD-ROM 的速度和主流的 CD-ROM 驱动器相当，达到了 52x。而 BD-ROM 光驱的单倍速传输速率为 4.5MB/s，相当于 DVD-ROM 光驱的 5 倍。

刻录机也有倍速，并且分为三种，即刻录速度、擦写速度和读取速度。一般而言，读取速度最快，刻录速度稍慢。刻录倍速并不是越高越好，因为刻录过程中有一个对光盘记录层的激光烧录操作，刻录速度过高会造成记录层烧录不完全，影响读取时的激光反射，造成数据难以读出甚至使盘片作废，所以需要选择与刻录机速度相当的光盘来进行刻录。此外，刻录机对于不同的光盘，其读取和刻录速度也不同。例如，BD 刻录机对于 CD、DVD 和 BD 光盘的读写和刻录速度都是不一样的。另外，对于可以擦写的刻录光盘而言还有一个擦写速度，通常比刻录速度稍低。目前市场中的 DVD 刻录机能达到最高刻录速度 16 倍，如果采用 16 倍速刻录一张 4.7GB 的 DVD，只需要 3～4min。

（2）寻道时间

平均寻道时间又称为平均访问时间，它是指光驱中激光头从开始寻找到找到所需数据所花费的时间。寻道时间越短越好。如果寻道时间比较长，那么在频繁读取小文件时必然把时间浪费在寻道操作上，即使这时数据传输率比较快，也只能说明寻找到数据以后的传输率比较快，整体性能的提升不会很高。

（3）缓存

缓存主要用于存放读出的数据。光驱缓存的工作原理和作用于主板上的 Cache 相似，它可以有效地减少读取盘片的次数，提高数据传输速率。但在实际应用光驱进行读取操作时，读取重复信息的机会是很少的，大部分的光盘更多的时候是一次读取数量较多的文件内容，因此在CD-ROM光驱和DVD-ROM光驱上，缓存的重要性得不到体现，大多产品采用较小的缓存容量，一般有256KB、512KB和2MB几种，只有个别的外置式光驱采用了较大容量的缓存。而BD光驱由于读取速度快，每次读取的数据量较大，因此缓存一般在1MB以上。

（4）容错能力

虽然任何光驱的性能指标中都没有标出容错能力的参数,但这却是一个实在的光驱评判标准。名牌大厂商通常以提高光驱的整体性能为出发点，采用先进的机芯电路设计，改善数据读取过程中的准确性和稳定性，或者根据光盘数据类型自动调整读取速度，以达到容错纠错的目的。因此在选择光驱时，除了要有较好的容错能力外，还要注意其整体性能是否优良。

（5）接口类型

从接口类型来看，内置光驱的数据接口有IDE和SATA接口，外置光驱的接口为USB接口。随着SATA接口的光驱价格逐渐下降，以及SATA接口的逐渐普及，目前市场上IDE接口的光驱数量已经很少了，很多产品都已停产。SATA接口的光驱是目前市场的主流，其价格便宜，且传输速度比IDE接口光驱快许多，刻录质量也很好。外置刻录机一般使用USB接口，一般采用USB 2.0标准，高档产品会支持USB 3.0标准。外置刻录机的价格比相同性能的内置刻录机要贵一些。

5.2.3 光驱的选购指南

随着数字影音多媒体时代的来临，DVD光驱以其高存储量和无可挑剔的影音画质，受到了众多消费者的青睐和追捧，再加上厂商方面的大力推广，DVD已经日益大众化。在选购DVD光驱时，有以下几点需要特别注意。

1. 品牌

选购前可以先看一下牌子，品牌信誉是否良好是选购一款好 DVD 光驱的关键之一。如今市场上常见的 DVD 生产厂家多以中国台湾、韩国、日本和一些欧洲厂商为主，而其中由中国台湾和日本生产的DVD光驱又占据了绝大部分市场份额。但这其中也不难找出一些OEM小厂家，用户在选购的时候需要留意。选择好品牌的光驱还能享受到更好的售后服务。

2. 速度

光驱的速度即数据的传输率，这也是用户需要留意的参数之一。光驱的数据传输率越高越好。

3. 兼容性

由于产地不同，各种光驱的兼容性差别很大，有些光驱在读取一些质量不太好的光盘时很容易出错，这会给用户带来很大的麻烦，所以，一定要选择兼容性好的光驱。

4. 缓存

大容量缓存既有利于刻录机的稳定工作，同时也有利于降低CPU的占用率。DVD光驱缓存通常为198KB、256KB或512KB，而BD-ROM驱动器和BD刻录机一般需要较大的缓存，建议缓存不少于1MB。

5. 接口

目前SATA接口光驱已成为市场上的主流产品，若用户主板有足够的SATA插槽，应尽量购买SATA接口的光驱。

5.3 闪 存

闪存（Flash Memory，Flash）与常见的 DDR 2、DDR 3 等内存有根本性的差异，后者只要停止电流供应，芯片中的数据便无法保持，闪存在没有电流供应的条件下也能够长久地保存数据。常见的使用闪存的外存储器设备有闪存盘和闪存卡。

闪存的容量从早年的 8MB、32MB、64MB 发展至如今的 64GB、128GB，而且还在朝着更大容量的方向飞速发展，小容量的闪存几乎已经停产。

闪存盘的接口通常采用 USB 2.0 或 USB 3.0 接口标准，USB 3.0 接口标准理论上数据传输速率能达到 4.8GB/s，比现在 480MB/s 的 USB 2.0 接口标准快了 10 倍。不过需要注意的是，这些速度只是代表闪存性能的一个参考，闪存实际的读写速度往往达不到厂家的标称值，并且写入速度要低于读取速度，对于闪存设备而言，写入速度更能反映其性能优劣。

5.3.1 闪存盘

闪存盘通常又称为 U 盘或优盘，如图 5-24 所示，是目前计算机最主要的移动存储设备，一般采用 USB 接口与计算机连接。它的特点如下。

（1）由 USB 接口直接供电，无需驱动。

（2）存储容量大，最高已达 256GB。主要存储容量为 4GB、8GB 和 16GB。

（3）体积小，重量轻。

（4）即插即用，可热拔插，使用非常方便。

（5）读写速度快，多数采用 USB 2.0 或 3.0 接口标准。

（6）可靠性好，可重复擦写 100 万次以上，保存时间可达 10 年之久。

（7）带写保护功能，防止文件被意外抹掉或受病毒感染。

U 盘的组成非常简单，包括闪存芯片、控制芯片和 USB 接口三大部分。另外，根据应用方面的特性可以分为很多种类，常见的类型如下。

（1）无驱动型（在 Windows XP/Vista/7 下无需驱动程序）。

（2）启动型（从闪存盘启动系统，需要使用专用软件在闪存盘上制作启动信息，并在 BIOS 中正确设置启动设备的类型）。

（3）加密型（控制访问闪存盘的权限和对数据加密）。

图 5-24 闪存盘

5.3.2 闪存卡

闪存卡是利用闪存技术存储电子信息的存储器，一般应用在数码相机、智能手机和 MP3 等小型数码产品中，样子小巧，犹如一张卡片，所以称为闪存卡。目前由于应用领域范围广泛，使得闪存卡迅猛发展，主流产品容量从 1GB 到 64GB 不等。根据不同的厂家、不同的设备、不同的用途，闪存卡可以分为如下几种类型。

1. CF 卡

CF 卡（Compact Flash）最初是一种用于便携式电子设备的数据存储设备。作为一种存储设备，它革命性地使用了闪存，于 1994 年首次由 SanDisk 公司生产并制定了相关规范。当前，它的物理格式已经被多种设备所采用。图 5-25 所示为 CF 卡。

CF 卡可以通过适配器直接用于 PCMCIA 卡插槽，也可以通过读卡器连接到多种常用的接口，如 USB 等。另外，由于 CF 卡具有较大的尺寸（相对于较晚出现的小型存储卡而言），大多数其他格式的存储卡可以通过适配器在 CF 卡插槽上使用，其中包括 SD 卡、MMC 卡、Memory Stick Duo、XD 卡以及 SmartMedia 卡等。

2. MMC 卡

MMC 卡（Multi Media Card）也称为多媒体卡，是一种快闪存储器卡标准。由西门子和 SanDisk 在 1997 年推出，MMC 卡大小与一张邮票差不多，约为 32mm × 24mm × 1.4mm。近年来 MMC 卡技术几乎被 SD 卡所代替，但由于 MMC 卡仍可被兼容 SD 卡的设备所读取，因此仍有其价值。图 5-26 所示为 MMC 卡。

图 5-25 CF 卡

图 5-26 MMC 卡

3. SD

SD 卡（Secure Digital Memory Card）也称为安全数码卡，是一种基于半导体快闪记忆器的新一代记忆设备，它被广泛地在便携式装置上使用，例如数码相机、个人数码助理（PDA）和多媒体播放器等。SD 卡由日本松下、东芝及美国 SanDisk 公司于 1999 年 8 月共同开发研制，是从 MMC 发展而来的。大小犹如一张邮票的 SD 记忆卡，重量只有 2 克，但却拥有高记忆容量、快速数据传输率、极大的移动灵活性以及很好的安全性。SD 卡是目前市场上使用最广泛的闪存卡，按照规格和使用特点可以分为 SD 卡、Micro SD 卡、SDHC 卡和 SDXC 卡。

Micro SD 卡也称为 TF（Trans Flash）卡，只有指甲般大小，但是却拥有与 SD 卡一样的读/写效能与大容量，并与 SD 卡兼容，通过相应的适配器就可以将 Micro SD 卡当作一般 SD 卡使用，现在很多手机上就是用了这种存储卡。Micro SD 卡是目前全球最小的存储卡。图 5-27 所示为 Micro SD 卡和适配器。

SDHC（SD High Capacity）也称为高容量 SD 存储卡。作为 SD 卡的继任者，SDHC 卡的主要特征在于文件格式从以前的 FAT16 提升到了 FAT32，这是因为之前在 SD 卡中使用的 FAT16 文件系统所支持的最大容量为 2GB，并不能满足 SDHC 的要求。SDHC 卡的最大容量为 32GB，外形尺寸与目前的 SD 卡一样。图 5-28 所示为 SDHC 卡。

SDXC（SD Extended Capacity）也称为容量扩大化的 SD 存储卡，是 SD 联盟推出的新一代 SD 存储卡标准，旨在大幅提高闪存卡传输速度及存储容量。SDXC 存储卡的目前最大容量可达 128GB，理论上最高容量可达到 2TB。其数据传输速率可达到 300MB/s，利于更快的影像抓取和快速传递。图 5-29 所示为 SDXC 卡。

图 5-27　Micro SD 卡和适配器

图 5-28　SDHC 卡

图 5-29　SDXC 卡

4．记忆棒

记忆棒（Memory Stick）是由日本索尼（SONY）公司最先研发出来的移动存储媒体，主要用于 SONY 的 PMP 系列游戏机、数码相机、数码摄像机和笔记本。

Memory Stick Duo 在记忆棒家族中体积比较小巧，尺寸为 31mm × 20mm × 1.6mm，拥有和记忆棒完全兼容的电气特性，通过适配器可以用作普通记忆棒。

Memory Stick Pro、Memory Stick Pro Duo 是记忆棒的增强版本，外形尺寸分别与普通记忆棒以及 Memory Stick Duo 相同，但性能和容量提高到了原来的数倍。增强记忆棒没有提供向下兼容。也就是说，支持增强记忆棒的设备可以使用增强记忆棒和普通记忆棒，但是支持普通记忆棒的设备却不能使用增强记忆棒。

Memory Stick Micro（M2）是一款体积只有 Memory Stick Pro Duo 四分之一的产品，尺寸为 15mm × 12mm × 1.2mm。它设有弹出式控键，可有效避免记忆棒弹出时丢失。如图 5-30 所示，左为 Memory Stick Pro Duo，右为 Memory Stick Micro。

图 5-30　Memory Stick Pro Duo 和 Memory Stick Micro

5.3.3　适配器设备

适配器设备主要用于将各种专有接口的闪存卡连接到计算机的相应接口上。适配器设备有很多种，它们提供的接口丰富多样，目前市场上适配器设备的接口主要采用 USB 接口。图 5-31 所示为一款 USB 接口的 23 合 1 读卡器以及它所支持的闪存卡类型。

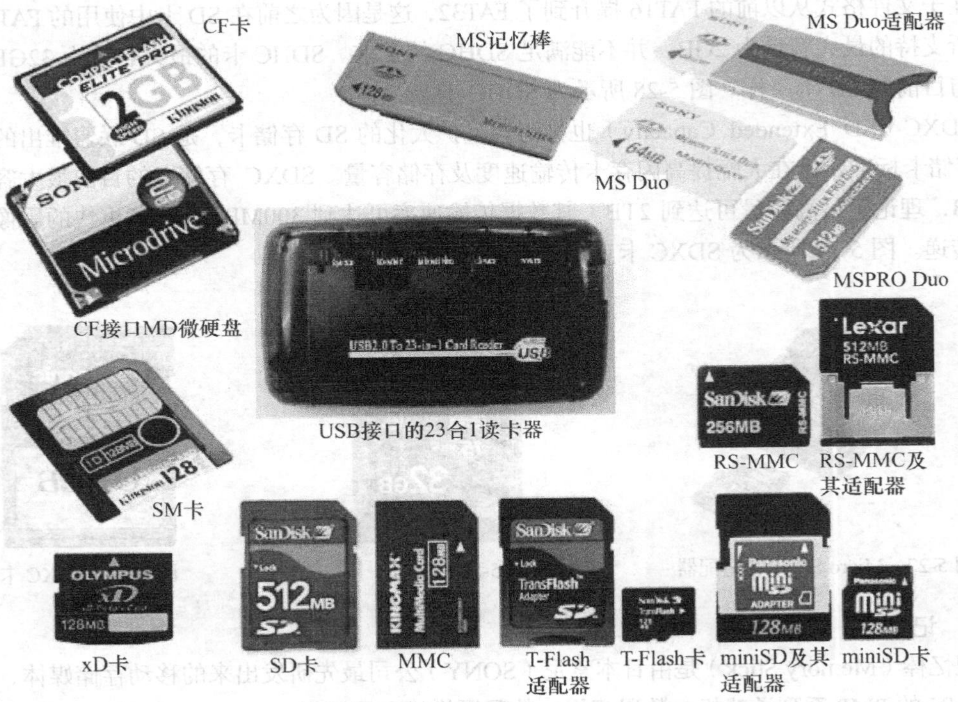

图 5-31　USB 接口的 23 合 1 读卡器以及它所支持的闪存卡类型

习　题　5

一、选择题

1. 目前台式计算机中经常使用的硬盘多是（　　）英寸的。

   A. 5.25 英寸　B. 3.5 英寸　C. 2.5 英寸　D. 1.8 英寸

2. 硬盘的主要参数有（　　）。

   A. 磁头数　B. 柱面数　C. 扇区数

   D. 交错因子　E.容量

3. 硬盘的性能指标包括（　　）。

   A. 平均寻址空间　B. 数据传输率　C. 转速

   D. 单碟容量　E.数据缓存

4. 硬盘标称容量为 40GB，实际存储容量是（　　）。

   A. 39.06GB　B. 40GB　C. 29GB　D. 15GB

5. 当磁盘旋转时，磁头若保持在一个位置上，则每个磁头都会在磁盘表面画出一个圆形轨迹，这些圆形轨迹叫做（　　）。

   A. 磁道　B. 扇区　C. 柱面　D. 交错因子

6. 目前市场上出售的 DVD 刻录机的刻录速度通常为（　　）。

   A. 8x　B. 40x　C. 4x　D. 16x

7. 单面单层的 DVD 光盘简称（　）。

A. D5　　B. D9　　C. D10　　D. D18

二、填空题

1. 硬盘上采用的磁头类型，主要包括________和________两种。

2. 硬盘目前的接口规范有________和________两种，而目前最流行的也就是________接口硬盘了，________硬盘则主要应用在高端计算机市场。

3. 根据光盘驱动器是否放在机箱内部可将其分为________光盘驱动器和________光盘驱动器。

4. ________卡是目前市场上使用最广泛的闪存卡，按照规格和使用特点可以分为________、________、________和________。

三、简答题

1. 简述外部数据率和内部数据率的区别。

2. 简述优盘的特点。

四、计算题

假设一个硬盘有 2 个碟片，拥有 4 个读写磁头，每个面有 10000 个磁道，每个磁道有 1000 个扇区，每个扇区的容量为 512 字节，试求该硬盘的容量。

第6章 扩展卡

6.1 显　　卡

显示适配器简称为显示卡或显卡，它是显示器与主机通信的控制电路和接口。显卡的主要作用是在程序运行时，根据 CPU 提供的指令和有关数据，将程序运行的过程和结果进行相应的处理，转换成显示器能够接受的文字和图形显示信号，并通过屏幕显示出来。目前显卡已经成为仅次于 CPU 发展变化最快的计算机部件之一。

6.1.1　显卡的分类

显卡主要可以分为集成显卡和独立显卡。

1. 集成显卡

集成显卡是将显示芯片、显存及其相关电路都做在主板上，与主板融为一体。集成显卡的显示芯片有独立的，但大部分都集成在主板的北桥芯片中。一些主板集成的显卡也在主板上单独安装了显存，但其容量较小，集成显卡的显示效果与处理性能相对较弱，不能对显卡进行硬件升级，但可以通过 CMOS 调节频率或刷入新的 BIOS 文件实现软件升级，来挖掘显示芯片的潜能。集成显卡的优点是功耗低、发热量小、成本低，部分集成显卡的性能已经可以与入门级的独立显卡相媲美了。

2. 独立显卡

独立显卡是指将显示芯片、显存及其相关电路单独做在一块电路板上，自成一体，作为一块独立的板卡存在，它需要占用主板的扩展插槽。独立显卡单独安装有显存，一般不占用系统内存，在技术上也较集成显卡先进得多，比集成显卡能够得到更好的显示效果和性能，容易进行显卡的硬件升级。其缺点是系统功耗有所增加，发热量也较大。

6.1.2　显卡的结构

显卡主要由显示芯片、显存、BIOS 芯片、总线接口和显示输出接口等几个部分组成，下面将详细介绍显卡的各组成部分及其功能。图 6-1 所示为显卡各组成部分。

1. 显示芯片

显示芯片（Graphic Processing Unit,GPU），即“图形处理器”，如图 6-2 所示。它是显卡的“大脑”，负责了绝大部分的计算工作，在整个显卡中，GPU 负责处理由计算机发来的数据，最终将产生的结果显示在显示器上。显卡所支持的各种 3D 特效由 GPU 的性能决定，GPU 也就相当于 CPU 在计算机中的作用，一块显卡采用何种显示芯片便大致决定了该显卡的档次和基本性能，它同时也是 2D 显示卡和 3D 显示卡区分的依据。2D 显示芯片在处理 3D 图像和特效时主要依赖 CPU 的处理能力，这称为“软加速”。而 3D 显示芯片是将三维图像和特效处理功能集中在显示芯片内，也即所谓的“硬件加速”功能。现在市场上的显卡大多采用 AMD（ATI）和 NVIDIA 两家公司的图形处理芯片。图 6-3 所示为 NVIDIA 和 AMD（ATI）的 LOGO。

图 6-1　显卡各组成部分

图 6-2　GPU

图 6-3　NVIDIA 和 AMD（ATI）LOGO

显示的核心频率是指显示芯片的工作频率，在一定程度上可以反映出显示核心的性能，但显卡的性能是由核心频率、流处理器单元、显存频率、显存位宽等多方面因素所决定的，因此在显示核心不同的情况下，核心频率高并不代表此显卡性能强劲。

显示芯片的制造工艺是指在生产 GPU 的过程中，连接各个元器件的导线宽度，以 nm 为单位，数值越小，制造工艺越先进，导线越细，在单位面积上可以集成的电子元件就越多，芯片的集成度就越高，芯片的性能就越出色。目前主流 GPU 的制造工艺尺寸为 40nm。

2. 显存

显示内存（Video RAM）简称显存，也是显卡的重要组成部分。显存与系统内存的功能类似，它是用来暂存显示芯片处理的数据，系统内存则用来存储 CPU 处理的数据。显存的大小与好坏直接关系到显卡的性能高低。在屏幕上看到的图像数据都是存放在显存中的，显卡达到的分辨率越高，在屏幕上显示的像素点就越多，要求显存的容量就越大。显存的类型有 GDDR3、GDDR4 和

GDDR5，目前主流的显存是 GDDR3 和 GDDR5 两种。图 6-4 所示为 GDDR5 显存。

显卡中衡量内存性能的指标有工作频率、显存位宽、显存带宽和显存容量等。

（1）工作频率

显存的工作频率直接影响显存的速度。显存的工作频率以 MHz 为单位，工作频率的高低和显存类型有非常大的关系。GDDR5 的工作频率最高已达 4800MHz，而且提升的潜力还很大。

图 6-4　GDDR5 显存

（2）显存带宽

显示芯片与显示内存之间的数据交换速度就是显存带宽。在显存工作频率相同的情况下，显存位宽将决定显存带宽的大小。显卡的显存是由一块块的显存芯片所构成的，显存总位宽同样也是由所有显存颗粒的位宽组成的。

显存位宽 = 显存颗粒位宽 × 显存颗粒数

（3）显存容量

显存容量指的是显卡上本地显存的容量大小，显存容量决定着显存临时存储数据的能力，直接影响显卡的性能。目前主流的显存容量有 512MB 和 1GB，而高档显卡的显存容量为 2GB 和 4GB。

3. 显示 BIOS 芯片

显示 BIOS 芯片主要用于存储显示芯片的控制程序，还有显示卡的型号、规格、生产厂商及出厂时间等信息。打开计算机时，显示 BIOS 芯片通过内部的控制程序，将这些信息显示在屏幕上。早期的显示 BIOS 固化在芯片中，不可以修改，而现在多数显示卡都采用了大容量的 EPROM，即所谓的 Flash BIOS，可以通过专用的程序进行改写或升级。

4. 总线接口

显卡需要与主板进行数据交换才能正常工作，所以就必须有与之对应的总线接口。早期的显示总线接口为 AGP，而目前最流行的显卡总线接口是 PCI Express × 16。

（1）AGP 接口

AGP 是 Intel 公司开发的一个视频接口技术标准，是为了解决 PCI 总线的低带宽而开发的接口技术。它通过将图形卡与系统主内存连接起来，在 CPU 和图形处理器之间直接开辟了更快的总线，已经被 PCI-E 接口取代。

（2）PCI Express 接口

PCI Express 是新一代的总线接口，而采用此类接口的显卡产品，已经在 2004 年正式面世。早在 2001 年的春季“英特尔开发者论坛”上，英特尔公司就提出了要用新一代的技术取代 PCI 总线和多种芯片的内部连接，并称之为第三代 I/O 总线技术。随后在 2001 年底，包括 Intel、AMD、DELL、IBM 在内的 20 多家业界主导公司开始起草新技术的规范，并在 2002 年完成，对其正式命名为 PCI Express。图 6-5 所示为 PCI-E 总线接口。

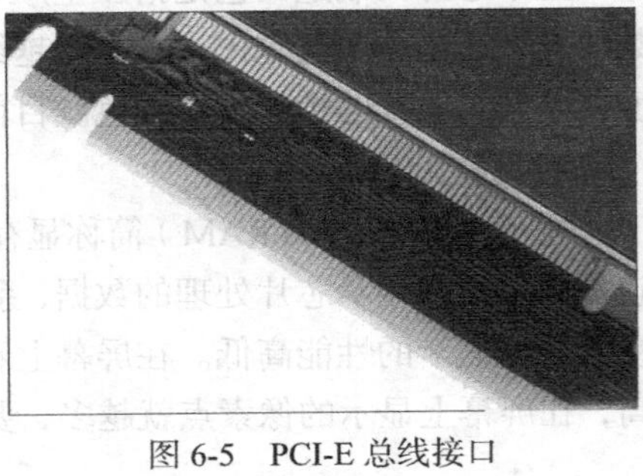
图 6-5　PCI-E 总线接口

5. 显示输出接口

显卡输出接口是显示器与显卡之间的桥梁，它负责向显示器输出图像信号。目前显卡上常见的输出接口有

VGA 接口、DVI 接口、HDMI 接口和 Display Port 接口。

（1）VGA 接口

VGA（Video Graphics Array，视频图形阵列）接口也叫 D-Sub 接口，是显卡上输出模拟信号的接口。虽然液晶显示器可以直接接收数字信号，但很多低端产品为了与 VGA 接口显卡相匹配，因而也采用 VGA 接口。VGA 接口是一种 D 型接口，上面共有 15 针孔，分成三排，每排五个。图 6-6 所示为 VGA 接口。

（2）DVI 接口

DVI（Digital Visual Interface，数字视频接口）是一种视频接口标准，此标准由显示业界数家 Silicon Image（晶像）、Intel（英特尔）、Compaq（康柏）、IBM、HP（惠普）、NEC、Fujitsu（富士通）领导厂商所组成的“数字显示工作小组”制订。设计的目标是通过数字化的传送来强化个人计算机显示器的画面品质。DVI 接口主要有两种，一种是 DVI-D 接口，如图 6-7 所示，只能接收数字信号，不兼容模拟信号；另一种是 DVI-I 接口，如图 6-8 所示，可同时兼容模拟和数字信号。目前广泛应用于 LCD、数字投影机等显示设备上。

图 6-6　VGA 接口

图 6-7　DVI-D 接口

（3）HDMI 接口

HDMI（High Definition Multimedia Interface，高清晰度多媒体接口）是一种数字化视频/音频接口技术，是适合影像传输的专用型数字化接口。HDMI 接口可同时传送音频和影音信号，最高数据传输速度为 5Gbit/s，同时无需在信号传送前进行数/模或者模/数转换。HDMI 可搭配宽带数字内容保护（HDCP），以防止非法复制。与 DVI 相比 HDMI 接口的体积更小，DVI 线缆的长度不能超过 8 米，否则将影响画面质量，而 HDMI 最远可传输 15 米。图 6-9 所示为 HDMI 接口。

图 6-8　DVI-I 接口

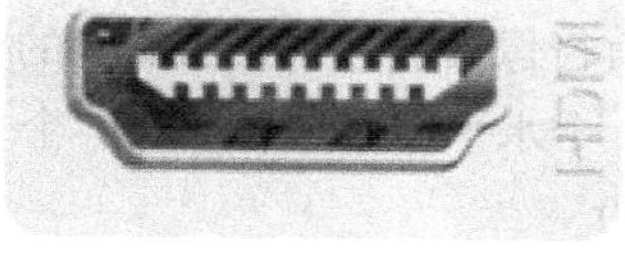

图 6-9　HDMI 接口

（4）Display Port 接口

Display Port 是一种高清数字显示接口标准，可以连接计算机和显示器，也可以连接计算机和家庭影院。视频电子标准协会（VESA）公布了 Display Port 显示接口标准的最终版本 Display Port 1.0，能够提供高达 10.8Gbit/s 的带宽。作为 DVI 的继任者，Display Port 将在传输视频信号的同时加入对高清音频信号传输的支持，同时支持更高的分辨率和刷新率。作为 HDMI 的竞争对手和 DVI 的潜在继任者，Display Port 赢得了 AMD、Intel、NVIDIA、戴尔、惠普、联想、飞利浦和三星等业界巨头的支持，而且它是免费使用的，不像 HDMI 那样需要高额授权费。如图 6-10 所示，左为全尺寸 Display Port 接口，右为迷你 Display Port 接口。

图 6-10 Display Port 接口

6.1.3 显卡的工作原理

显卡的工作过程非常复杂，但其工作原理很容易理解。从图像数据离开 CPU，到最终图像信号传送到显示器上需要通过以下三个步骤。

1. GPU 图像数据处理

CPU 将有关图像数据通过 PCI-E 总线传送到显卡芯片进行处理。

2. 显卡内部图像处理

GPU 根据 CPU 的要求完成图像处理过程，并将最终处理完毕的图像数据保存在显存中等待发送。

3. 最终图像输出

对于只具有模拟输出接口的显卡，数字/模拟转换器从显存中读取图像数据后，需要将其转换成模拟信号传送给显示器。但对于具有数字输出接口的显卡，则可以直接将图像数据传递给数字显示器。

6.1.4 显卡的性能指标

1. 核心频率

显卡的核心频率是指显示芯片的工作频率，其工作频率在一定程度上可以反映出显示核心的性能，但显卡的性能是由核心频率、流处理器单元、显存位宽等多方面的情况所决定的，因此在显示芯片不同的情况下，核心频率高并不一定代表此显卡的性能强劲。

2. 最大分辨率

最大分辨率是指显卡在显示器上所能描绘的像素点的数量，分为水平行像素点数和垂直行像素点数。最大分辨率越高，屏幕上显示的像素数量就越多，图像也就越清晰，通常用水平行像素点数 × 垂直行像素点数来表示显卡的分辨率。例如，如果分辨率为 1600 × 1200，那就表示这幅图像由 1600 个水平像素点和 1200 个垂直像素点相乘组成。目前主流显卡的最大分辨率都能达到 2560 × 1600。

3. 显存位宽

显存位宽是指显存在单位时间内所能传送数据的位数，这是显卡的重要参数之一。位数越大则瞬间所能传输的数据量越大，相应的价格也就越高。常见的显存位宽有 128 位、256 位和 512 位三种，512 位宽的显存更多应用于高端显卡，而主流显卡的显存位宽基本都采用 192 位和 256 位两种。

4. 像素填充率

像素填充率是指显卡在一个时钟周期内所能渲染的图像像素的数量，是度量显卡的像素处理能力的最常用指标。显卡的渲染管线是显示核心的重要组成部分，是显示核心中负责给图形配上颜色的一组专门通道。渲染管线越多，每组管线的工作频率就越高，那么所绘出的显卡的填充率就越高，显卡的性能就越高，因此可以从显卡的像素填充率上大致判断出显卡的性能。

5. 流处理器单元

在 DirectX 10 显卡出现之前，并没有“流处理器”这个说法。显示芯片内部由“管线”构成，分为像素管线和顶点管线，它们的数目是固定的。像素管线负责 3D 渲染，顶点管线主要负责 3D 建模，由于它们的数量是固定的，这就出现了一个问题，当某个游戏场景需要大量的 3D 建模而不需要太多的像素处理，就会造成顶点管线资源紧张而像素管线大量闲置，当然也有截然相反的另一种情况。这都会造成某些资源的不够用和另一些资源的闲置浪费。在这样的情况下，人们在 DirectX 10 时代首次提出了“统一渲染架构”，取消了传统的“像素管线”和“顶点管线”，统一改为流处理器单元，它既可以进行顶点运算也可以进行像素运算，这样在不同的场景中，显卡就可以动态地分配进行顶点运算和像素运算的流处理器数量，达到资源的充分利用。目前流处理器单元数量的多少已经成为了决定显卡性能高低的一个很重要的指标。

6.1.5　显卡的选购

选购显卡除了考虑技术指标外，还需要注意以下问题。

1. 按需选购

对用户而言，最重要的是针对自己的实际预算和具体应用来决定购买何种显卡。用户一旦确定自己的具体要求，购买时就可以轻松作出正确的选择。一般说来，按需选购是配置计算机配件的一条基本法则，显卡也不例外。因此，在决定购买前，一定要了解自己购买显卡的主要目的。高性能的显卡往往相对应的是高价格，而且显卡也是配件当中更新比较快的产品，所以在价格与性能两者之间寻找一个适合于自己的平衡点才是显卡选购的关键所在。

2. 显存

对于显卡而言，显示芯片一般都是由 NVIDIA、AMD 等厂商所提供的，因此比较透明，但是显存是生产显卡的厂商自由选择的，存在一定的不透明性。因此在购买显卡时，一定要注意显存类型、工作频率、显存位宽、显存带宽和显存容量，以免上当。

3. 板卡的做工

现在的显卡 PCB 板绝大多数都是 4 层板或 6 层板，层数越多越结实。在金手指处，做工精细的显卡应该打磨出斜边，这样在插拔显卡时就不容易弄坏扩展槽，而其他三边应该打磨得比较光滑，这样拔插时不容易将手划破。

4. 显卡风扇

显卡速度的提高使 GPU 的发热量非常大,所以显卡是否使用了优质的风扇来帮助散热就关系到显卡工作的稳定性与超频性能。

6.2　声　　卡

声卡（Sound Card）是计算机记录和播放声音所需的硬件。声卡的种类很多，功能也不完全相同，但它们有一些共同的基本功能：能录制话音和音乐，能选择以单声道或双声道录音，并且能控制采样速率。声卡上有数/模转换芯片（DAC），用来把数字化的声音信号转换成模拟信号。同时还有模/数转换芯片（ADC），用来把模拟声音信号转换成数字信号。图 6-11 所示为一款华硕声卡。

图 6-11　华硕声卡

6.2.1　声卡的结构

声卡是多媒体计算机的主要部件之一，它让计算机具备了处理音频信号的能力。声卡主要由音频处理芯片、运算放大芯片、输入/输出接口、晶体振荡器以及金手指等部分组成。下面详细介绍声卡处理芯片和输入/输出接口的功能。

1. 音频处理芯片

声卡的数字信号处理芯片（Digital Signal Processor，DSP）是声卡的核心部件。该芯片上面标有商标、信号、生产日期、编号、生产厂商等重要信息。它负责将模拟信号转换成数字信号和将数字信号转换成模拟信号。图 6-12 所示为音频处理芯片。

图 6-12　音频处理芯片

2. 输入/输出接口

声卡上的输入/输出接口用于连接各种外置设备，例如音箱或麦克风等。在声卡的接口面板上对于不同类型的接口均有标注。

（1）Line In 接口

Line In 接口是线型输入接口，它将品质较好的声音、音乐信号输入，通过计算机的控制将该信号录制成一个文件。通常用于外界辅助音源。

（2）Line Out 接口

Line Out 接口是线型输出接口，它用于外界具有功率扩大功能的音箱。

（3）Speaker Out 接口

Speaker Out 接口是扬声器输出接口，用于插外接音箱的音频线插头。Line Out 接口和 Speaker Out 接口虽然都提供音频输出，但它们是有区别的，如果声卡输出的声音通过具有功率扩大功能的音箱，使用 Line Out 接口就可以。反之，则使用 Speaker Out 接口。

（4）Mic 接口

Mic 接口是话筒输入接口，它用于连接麦克风。

（5）S/PDIF 接口

S/PDIF（Sony/Philips Digital Interface）是一种最新的音频传输格式，它通过光纤进行数字音频信号传输以取代传统的模拟信号传输方式，因此可以获得更高质量的音质效果。

6.2.2　声卡的分类

声卡发展至今，主要可分为集成声卡、独立声卡和外置声卡三种类型，以适用于不同用户的需求，三种类型的产品各有其优缺点。

1. 集成声卡

集成声卡最大的优势就是性价比。在早期的计算机主板上并没有集成声卡，计算机要发声必须通过独立声卡来实现。随着主板整合程度的提高以及 CPU 性能的日益强大，同时主板厂商出于降低成本的考虑，集成声卡出现在越来越多的主板上，目前集成声卡几乎成为主板的标准配置，没有集成声卡的主板反而比较少了。图 6-13 所示为集成声卡。

图 6-13　集成声卡芯片

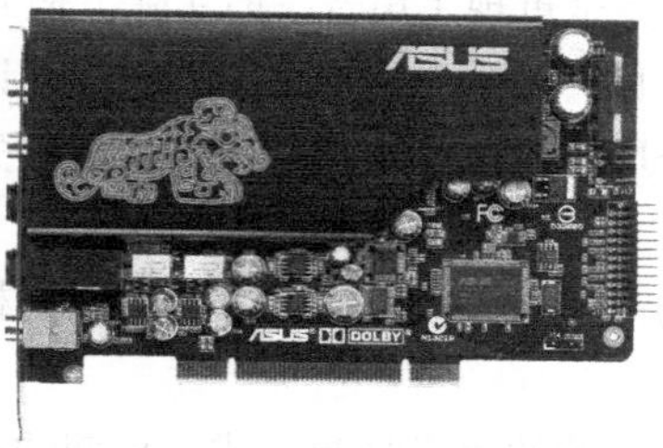

图 6-14　独立声卡

2. 独立声卡

独立声卡直接与主板的 PCI 或 PCI-E 插槽相连，它有独立的音频处理芯片，图 6-14 所示为一款独立的声卡。它负责所有音频信号的转换工作，从而减少了对 CPU 资源的占用率，并且结合功能强大的音频处理软件，可以进行几乎所有音频信息的处理。音质效果好的声卡都是独立声卡，一般适合对声音品质要求较高的用户。

3. 外置声卡

外置声卡是创新公司独家推出的一种新声卡，它是在独立声卡的技术上发展起来的。它的外形通常是一个长方形的盒子，在外置声卡上一般具有 Speak 接口、Line In 接口、Mic 接口等。它的作用与独立声卡上相应接口的作用是相同的。目前市场上常见的外置声卡有创新的 Sound Blaster、华硕的 Xonar DS，以及德国坦克的傲龙等。图 6-15 所示为外置式声卡。

6.2.3　声卡的技术指标

声卡的物理性能参数很重要，它体现声卡的总体音效特征，直接影响最终的重放效果。

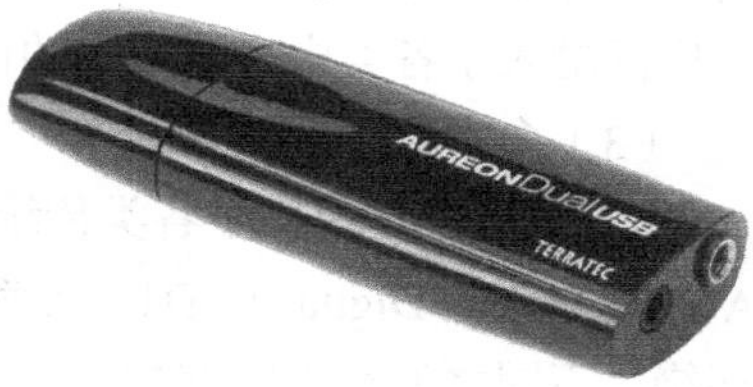

图 6-15　USB 声卡

1. 音频采集

声卡的主要作用之一是对声音信息进行录制与回放，在这个过程中采样的位数和采样的频率决定了声音采集的质量。

（1）采样频率

采样频率是指声卡在 1s 内对声音信号的采样次数。采样频率越高，播放出的声音质量就越真实越自然。

（2）采样位数

采样位数是声卡对声音的采集精度，它通常是指声卡在采集和播放声音文件时所使用数字声音信号的二进制位数。声卡的采样位数越高，声音听起来就越逼真。

2. 信噪比

信噪比是声卡抑制噪音的能力，单位是分贝（dB）。声卡处理的是有用的音频信号，而噪音是不希望出现的音频信号，如背景的静电噪音、工作时电流的噪音等。应尽可能减少这些噪音的产生。信噪比的数值越高，说明声卡的滤波性能越好，声音听起来也就越清晰。

3. 频率响应

频率响应是对声卡 D/A 与 A/D 转换器频率响应能力的评价。人耳的听觉范围是在 20Hz ~ 20kHz 之间，声卡应该对这个范围内的音频信号响应良好，最大限度地重现播放的声音信号。

4. 总谐波失真

总谐波失真指声卡的保真度，也就是声卡的输入信号和输出信号的波形吻合程度，完全吻合当然就是不失真，完全重现了声音。但实际上输入的信号经过了 D/A 和非线性放大器之后，就会出现不同程度的失真，这主要是产生了谐波。总谐波失真就是代表失真的程度，并且把噪音计算在内，单位也是分贝。该数值越低，说明声卡的失真越小。

5. 声道

声卡所支持的声道数是声卡技术发展的重要标志。

（1）单声道

单声道是比较原始的声音复制形式，早期的声卡采用得比较普遍。当通过两个扬声器回放单声道信息的时候，可以明显感觉到声音是从两个音箱中间传递到耳朵里的。这种缺乏位置感的录制方式用现在的眼光看是很落后的，但在声卡刚刚起步时，却是非常先进的技术了。

单声道缺乏对声音的位置定位，而立体声技术则彻底改变了这一状况。声音在录制过程中被分配到两个独立的声道，从而达到了很好的声音定位效果。这种技术在欣赏音乐过程中显得尤为重要，听众可以清晰地分辨出各种乐器来自的方向，从而使音乐更富想像力，更加接近于临场感受。

（2）立体声

立体声虽然满足了人们对左右声道位置感体验的要求，但是随着技术的进一步发展，大家逐渐发现双声道已经越来越不能满足需求。随着 PCI 声卡带宽的增加，应运而生了一些新的技术，发展最为迅速的就是三维音效了。三维音效的主旨是给人们带来一个虚拟的声音环境，通过特殊的技术营造一个趋于真实的声场，从而获得更好的听觉效果和声场定位。而要达到好的效果，仅仅依靠两个音箱是远远不够的，新的四声道环绕音频技术则很好地解决了这一问题。四声道环绕有 4 个发音点，即前左、前右、后左、后右，听众则被包围在这中间。同时还增加了一个低音音箱，以加强对低频信号的回放处理。就整体效果而言，四声道系统可以为听众带来来自不同方向的声音环绕，可以获得身临各种不同环境的听觉感受，给用户以全新的体验。如今四声道技术已经广泛融入于各类中高档声卡的设计中。

（3）多声道

5.1 声道已广泛用于各类传统影院和家庭影院中，一些比较知名的声音录制压缩格式，如杜比 AC-3（Dolby Digital）、DTS 等都是以 5.1 声音系统为技术蓝本的。其实 5.1 声音系统来源于 4.1 环绕，不同之处在于它增加了一个中置单元。这个中置单元负责传送低于 80Hz 的声音信号，在欣赏影片时把对话集中在整个声场的中部，以增加整体效果。另外，还有 7.1 声道等支持多声道的声卡，不过与 5.1 声道相比，并没有多大的技术改进，用户可以查阅相关资料。

6.3 网　卡

网卡（Network Interface Card，NIC）是网络适配器或网络接口卡的简称，是计算机与网络的接口。网卡安装在计算机主板上的扩展槽中，负责将用户要传递的数据转换为网络上其他设备能够识别的格式，通过网络传输介质（如双绞线、同轴电缆或光纤）传输。图 6-16 所示为网卡。

图 6-16 网卡

6.3.1 网卡的作用

1. 代表固定的网络地址

为了实现数据的传输，网卡需要向网络的其他部分宣告它的位置或地址，以区别网络上的其他网卡。

电子和电气工程师协会（IEEE）的一个委员会为每个网卡制造商分配了地址块，制造商通过“烧制”过程把地址固化在芯片里。通过这个过程，每个网卡在网络上都有一个唯一的地址。

数据通过地址从一台计算机传输到另外一台计算机时，也就是从一块网卡传输到另一块网卡，即从源网络地址传输到目的网络地址。

2. 转换数据并将数据送到网线上

网络上传输数据的方式与计算机内部处理数据的方式是不相同的，它必须遵从一定的数据格式（通信协议）。

当计算机将数据传输到网卡上时，网卡会将数据转换为网络设备可处理的字节，那样才能将数据送到网线上，网络上其他的计算机才能处理这些数据。

3. 串并行转换

在网络中，网卡的工作是双重的。一方面它将本地计算机上的数据转换格式后送入网络。另一方面它负责接收网络上传过来的数据包，对数据进行与发送数据时相反的转换，将数据通过主板上的总线传输给本地计算机。

图 6-17 所示为一台服务器网卡，它将并行的数据转换为网络上的串行数据。这是通过将计算机的数字信号转换为可以在网线上传送的电气信号或者光信号来实现的。实现这项操作的部件是收发器（发送器/接收器）。

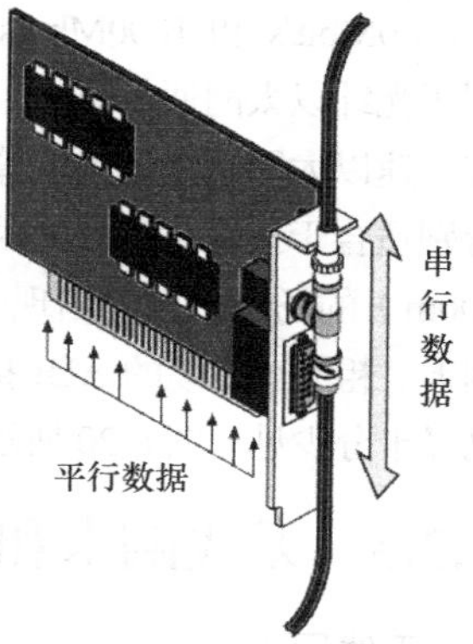

图 6-17 并行数据流转换为串行数据流

6.3.2 网卡的分类

1. 按网卡的传输速率

按网卡的传输速率可分为 10/100Mbit/s 自适应网卡、10/100/1000Mbit/s 自适应网卡、1000Mbit/s 网卡和 10000Mbit/s 网卡。

2. 按网卡的总线接口

按网卡的总线接口可分为 PCI、PCI-E、PCMCIA 和 USB 等几种类型，其中主流产品是 PCI 和 PCI-E 总线接口产品。PCMCIA 总线接口的网卡是笔记本电脑专用的，因为受到笔记本电脑的空间限制，体积远不可能像 PCI 和 PCI-E 接口网卡那么大。USB 总线接口的网卡一般是外置式的，不占用计算机扩展槽，支持热插拔，安装更为方便。图 6-18 所示为 PCMCIA 总线接口网卡。

3. 按网卡的工作对象

按网卡的工作对象可分为普通工作站网卡和服务器专用网卡。普通工作站网卡是普通计算机上使用的网卡，具有性价比高、兼容性强等特点。服务器专用网卡是为了适应网络服务器的工作特点而专门设计的。为了尽可能降低服务器芯片的负荷，一般都自带控制芯片，这类网卡售价较高，一般只安装在一些专用的服务器上。图 6-19 所示为服务器专用网卡。

图 6-18　PCMCIA 总线接口网卡

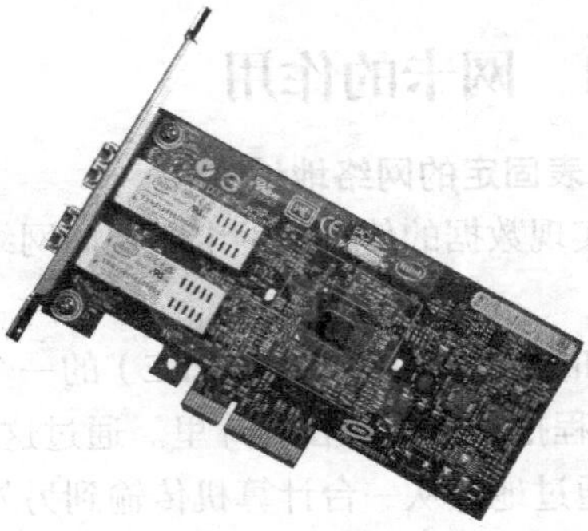

图 6-19　服务器专用网卡

4. 按传输介质的类型

以太网的 RJ-45 接口（双绞线）是目前最常见的网卡接口，采用此接口的网卡速率有 10/100Mbit/s、10/100/1000Mbit/s 和 1000Mbit/s 等。光纤接口网卡主要应用于光纤以太网通信技术，光纤接口网卡能够为用户在快速以太网网络上的计算机提供可靠的光纤连接，特别适合于接入信息点的距离超出五类线接入距离（100m）的场所。之前出现的细同轴电缆的 BNC 接口网卡、粗同轴电缆的 AUI 接口网卡等的电缆接口现在已经十分少见。图 6-20 所示为光纤网卡。

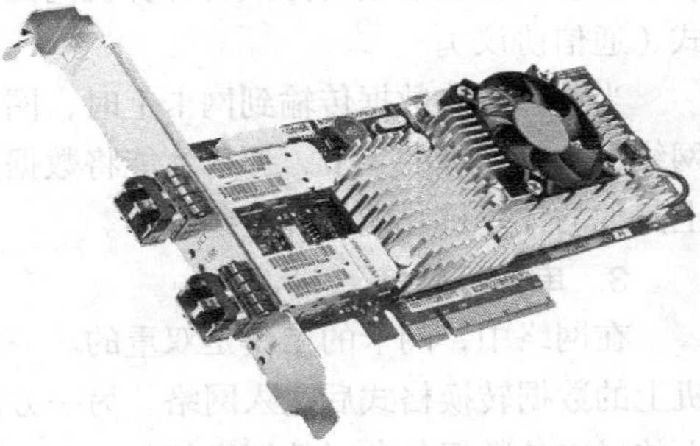

图 6-20　光纤网卡

6.3.3　无线网卡和无线上网卡

1. 无线网卡

无线网卡的作用、功能跟普通计算机网卡一样，是用来连接到局域网的。唯一的区别就是无线网卡不通过有线连接，而是采用无线信号进行连接。有了无线网卡还需要一个可以连接的无线网络，如果所在地有无线路由器的覆盖，就可以通过无线网卡以无线的方式连接到网络。无线网卡根据接口的不同，主要有 PCMCIA 无线网卡、PCI 无线网卡、Mini PCI 无线网卡、USB 无线网卡（见图 6-21）、SD 无线网卡（见图 6-22）等几类产品。从速度来看，无线网卡现在主流的速率为 54Mbit/s、108Mbit/s、150Mbit/s 和 300Mbit/s，该性能和环境有很大的关系。

图 6-21　USB 接口无线网卡

图 6-22　SD 无线网卡

无线网卡按无线标准可分为 IEEE 802.11b、IEEE 802.11g 和 IEEE 802.11n 三种。

1990 年 IEEE 802 标准化委员会成立 IEEE 802.11 WLAN 标准工作组。IEEE 802.11，也称为 Wi-Fi（Wireless Fidelity，无线保真），是在 1997 年 6 月由大量的局域网以及计算机专家审定通过的标准，工作在 2.4000～2.4835GHz 频段。IEEE 802.11 是 IEEE 最初制定的一个无线局域网标准，主要用于解决办公室局域网和校园网中用户与用户终端的无线接入问题，业务主要限于数据访问，速率最高只能达到 2Mbit/s。由于它在速率和传输距离上都不能满足人们的需要，所以 IEEE 802.11 标准被 IEEE 802.11b 所取代了。

IEEE 802.11b 无线局域网的带宽最高可达 11Mbit/s，比两年前刚批准的 IEEE 802.11 标准快 5 倍，扩大了无线局域网的应用领域。IEEE 802.11b 使用的是开放的 2.4GHz 频段，不需要申请就可使用。它既可作为对有线网络的补充，也可独立组网，从而使网络用户摆脱了网线的束缚，实现真正意义上的移动应用。

IEEE 802.11g 是 IEEE 802.11b 的后续标准，于 2003 年推出，其传输速度为 54Mbit/s。IEEE 802.11g 的设备与 IEEE 802.11b 的设备兼容。IEEE 802.11g 是为了提高数据传输速率而制定的标准，它也采用 2.4GHz 频段。

2007 年年初，Wi-Fi 联盟通过了传输速度更快的 IEEE 802.11n 以取代目前无线局域网中最主流的 802.11g 标准。IEEE 802.11n 作为新一代的 Wi-Fi 标准可提供更高的连接速度，其理论传输速度高达 600Mbit/s。IEEE 802.11n 采用智能天线技术，通过多组独立天线组成的天线阵列，可以动态调整波束，保证让 WLAN 用户接收到稳定的信号，并可以减少其他信号的干扰。因此其覆盖范围可以扩大到好几平方公里，使 WLAN 移动性极大提高。

2. 无线上网卡

无线上网卡指的是无线广域网卡，连接到无线广域网，如中国移动 TD-SCDMA、中国电信的 CDMA2000、CDMA 1X 以及中国联通的 WCDMA 网络等。无线上网卡的作用、功能相当于有线的调制解调器，也就是我们俗称的"猫"。它可以在拥有无线电话信号覆盖的任何地方，利用 USIM 或 SIM 卡来连接到互联网上。无线上网卡的作用、功能就好比无线化了的调制解调器（Modem）。其常见的接口类型也有 PCMCIA、USB、CF/SD 等。

从速度来看，无线上网卡可分为 3G 和 4G 两种。

第三代移动通信技术（3rd-generation，3G），是指支持高速数据传输的蜂窝移动通信技术。3G 服务能够同时传送声音及数据信息，速率一般在几百 kbit/s 以上。3G 上网卡是目前无线广域通信网络应用广泛的上网介质。目前，我国有中国移动的 TD-SCDMA、中国电信的 CDMA2000 以及中国联通的 WCDMA 三种网络制式，常见的无线上网卡包括 CDMA 2000 无线上网卡和 TD、WCDMA 无线上网卡三类。3G 上网卡一般可以提供 2.4Mbit/s、2.8Mbit/s、3.1Mbit/s、7.2Mbit/s、

10.2Mbit/s 和 21.6Mbit/s 几种传输速率。图 6-23 所示为 3G 上网卡。

现有的 3G 上网卡设备几乎都是双模自动切换，没有 3G 信号的地方可以选择其他网络，网速相对比较慢。中国电信可以自由切换 EVDO 和 CDMA 1X 网络，中国移动可以自由切换 TD-SCDMA 网络和 EDGE 网络，中国联通可自由切换 WCDMA 和 CDMA 1X 网络。

4G 是第四代移动通信及其技术的简称，是集 3G 与 WLAN 于一体并能够传输高质量视频图像且图像传输质量与高清晰度电视不相上下的技术产品。4G 系统能够以 100Mbit/s 的速度下载，比拨号上网快 2000 倍，上传的速度也能达到 20Mbit/s，并能够满足几乎所有用户对于无线服务的要求。此外，4G 可以在 DSL 和有线电视调制解调器没有覆盖的地方部署，然后再扩展到整个地区。很明显，4G 有着不可比拟的优越性。虽然目前市场上的 4G 上网卡数量不多，但随着 4G 技术的普及，4G 上网卡将是未来市场的主流。

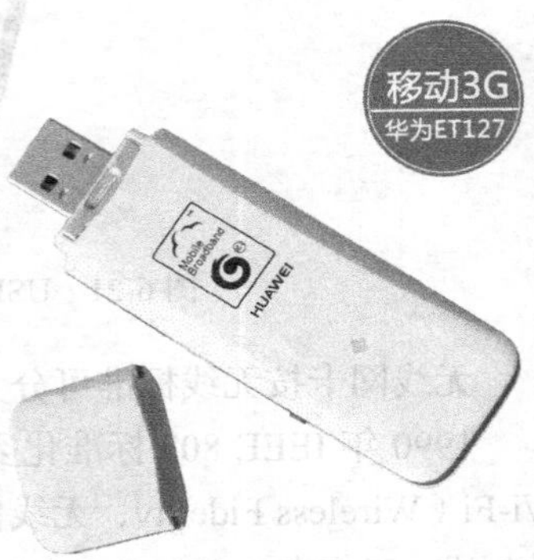

图 6-23　3G 无线上网卡

习　题　6

一、选择题

1. 显卡与显示器相连接的 VGA 插头是（　　）芯。

A. 9 芯　　B. 14 芯　　C. 15 芯　　D. 16 芯

2. 目前主流显卡的专用接口是（　　）。

A. PCI　　B. ISA　　C. AGP　　D. PCI-E

3. 目前显示卡常见的接头主要有（　　）的数字接口和（　　）针的模拟接口。

A. DVI　　B. 15　　C. AGP　　D. 40

4. 连接多媒体有源音箱，实现声音的输出接口是（　　）。

A. Line In　　B. Mic In　　C. Line Out　　D. Rear Out

5. MAC 地址通常固化在计算机的（　　）上。

A. 内存　　B. 网卡　　C. 硬盘　　D. 高速缓冲区

二、填空题

1. 显卡常见的输出接口有________、________、________、________四种。

2. 分辨率为 1024 × 768 就表示在横向上有________个点，纵向上有________个点。

3. 声卡上的输入/输出接口包括________接口、________接口、________接口、________接口和________接口。

4. 网卡通常叫________，它充当________和________之间的物理接口。

三、简答题

1. 简述显示卡的结构和每一部分的作用。

2. 简述声卡的技术指标。

3. 简述无线网卡的分类方法。

第 7 章 输入设备

7.1 键　　盘

键盘是最常见和最重要的计算机输入设备之一，虽然如今鼠标和手写输入应用越来越广泛，但在文字输入领域，键盘依旧有着不可动摇的地位，是用户向计算机输入数据和控制计算机的基本工具。图 7-1 所示为键盘。

图 7-1　键盘

键盘的内部有一块微处理器，它控制着键盘的全部工作，比如主机加电时键盘的自检、扫描、扫描码的缓冲以及与主机的通信等。当一个键被按下时，微处理器根据其位置，将字符信号转换成二进制码，然后传给主机。如果操作人员的输入速度很快或 CPU 正在进行其他的工作，就先将输入的内容送往缓冲区等，CPU 空闲时再从缓冲区中取出暂存的指令分析并执行。

7.1.1　键盘的结构

目前主流的键盘均为塑料薄膜式键盘，这种键盘击键声小，手感好。塑料薄膜式键盘主要由外壳、按键和电路板 3 个部分组成。

1. 键盘的外壳

键盘的外壳主要用来放置电路板并为操作者提供一个操作平台。一般键盘外壳上都有可以调节键盘角度和高度的调节装置。键盘面板根据档次采用不同的塑料压制而成，部分优质键盘的底部采用较厚的钢板以增加键盘的质感和刚性。图 7-2 所示为键盘外壳。

图 7-2　键盘外壳

2. 电路板

电路板是键盘的心脏，是由逻辑电路和控制电路组成的，用来对键盘指令进行解释和执行。

3. 键盘的按键

① 从功能上大致可分为四个区域，即功能键区、主键区、副键区和数字键区。图 7-3 所示为键盘按键。

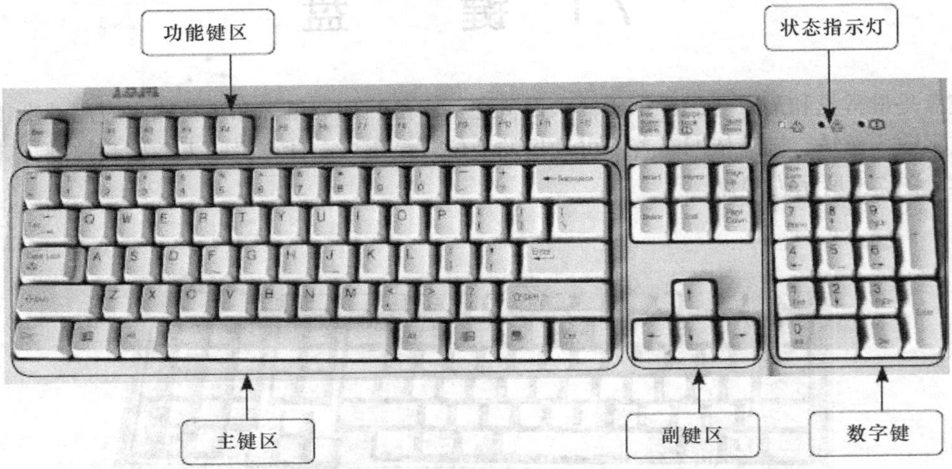

图 7-3　键盘按键

② 从物理结构上可分为火山口、剪刀脚和宫柱三种结构。

- 火山口结构是台式机键盘中最常用的设计，它是将按键插入键盘上的接口后，底部直接与硅胶帽接触。火山口结构成本低廉，工艺简单，有一定的防水性能。图 7-4 所示为火山口结构。

图 7-4　火山口结构

图 7-5　剪刀脚结构

- 剪刀脚结构有着按键低矮、占用空间小、受力均匀等优点，但是由于结构较为复杂，造价略高，因此最早也只是用在笔记本电脑上，近年来才在台式机键盘上应用。图 7-5 所示为剪刀脚结构。

● 宫柱结构是一种最新的按键结构，它有着外形美观、手感舒适、容易维护、生产成本适中等优点。图 7-6 所示为宫柱结构。

图 7-6　宫柱结构

7.1.2　键盘的分类

1. 按键盘工作原理分类

键盘根据工作原理的不同可分为机械式、塑料薄膜式、导电橡胶式和电容式键盘。

① 机械式键盘一般采用类似金属接触式开关的原理使触点导通或断开。在实际应用中机械开关的结构形式很多，最常用的是交叉接触式。它的优点是结实耐用，主要配备于高端服务器及长时间使用的场所，如银行、编程等行业。其缺点是敲击时需要较大的力度，使用者的手指容易疲劳，且键盘磨损较快。图 7-7 所示为机械式键盘。

图 7-7　机械式键盘

② 塑料薄膜式键盘内有四层，塑料薄膜顶层为有凸起的硅胶帽（一种导电橡胶），可以起到防水的作用。下三层中间一层为隔离层，上下两层有触点。通过按键使硅胶帽凸起按下，使其上下两层触点接触，输出编码。这种键盘无机械磨损，可靠性较高，在市场占相当大的比重。它最大的特点就是低价格、低噪音、低成本。图 7-8 所示为塑料薄膜式键盘。

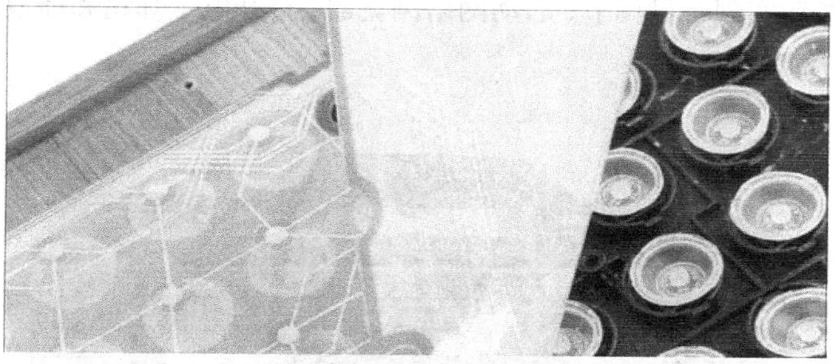

图 7-8　塑料薄膜式键盘

由于塑料薄膜式键盘主要依靠橡胶来接触，时间长了必定会老化引起手感的变化，最后导致无法使用，所以说塑料薄膜式键盘是一款消耗品。另外，由于薄膜式键盘成本低廉，所以目前市场上大多数普通用户使用的都是这类键盘。而机械式键盘由于技术原因，只有少数生产厂家可以制造，所以价格相对比较高，而且也只是针对一些专业的客户。

另外两种键盘在市场上已不常见，所以不做详细介绍。

2. 按键盘外形分类

从外形上看，键盘可以分为标准矩形键盘和人体工程学键盘。人体工程学键盘是在标准键盘上将指法规定的左手键区和右手键区这两大板块左右分开，并形成一定角度，使操作者不必有意识地夹紧双臂，能够保持一种比较自然的姿势，这种设计的键盘被微软公司命名为自然键盘，对于习惯盲打的用户可以有效地减少左右手键区的误击率。有的人体工程学键盘还有意加大常用键如空格键和回车键的面积，在键盘的下部增加护手托板，给以前悬空手腕以支持点，减少由于手腕长期悬空导致的疲劳，这些都可以视为人性化的设计。图 7-9 所示为人体工程学键盘。

图 7-9 人体工程学键盘

3. 按键盘的键数分类

从键盘的键数看，早期的键盘主要以 83 键为主，并且延续了相当长一段时间，但目前只有笔记本电脑使用 83 键的键盘，台式机多使用 104 键和 107 键的键盘，期间也曾出现过 101 键、103 键的键盘，但都只是昙花一现。104 键的键盘是新兴多媒体键盘，它在传统的键盘基础上增加了不少常用快捷键或音量调节装置，使计算机操作进一步简化，对于收发电子邮件、打开浏览器软件、启动多媒体播放器等都只需要按一个特殊按键即可，同时在外形上也做了重大改善，着重体现了键盘的个性化。各种键盘的键数都有所不同，有 112 键、118 键和 122 键等。

4. 其他键盘

游戏键盘是专门为游戏玩家设计制造的，具有手感好、击键灵活和适合各种游戏操作等特点。并且还可通过一些按钮实现音量调节、启动网络浏览器、打开电子邮箱和播放多媒体文件等功能。图 7-10 所示为游戏键盘。

图 7-10 游戏键盘

① 无线键盘是通过蓝牙技术在 5 ~ 10 米的范围内与计算机进行无线连接。无线键盘一般都需要安装电池，而且在计算机上还需要安装一个 USB 接口的无线收发器，由于这种键盘的功率小，

使用时间长，且电磁波对人体无害，所以深受广大用户的喜爱。图 7-11 所示为一款无线键盘。

图 7-11　无线键盘

② 带手写板的键盘是在标准键盘的基础上增加了一个手写板，对于一些年纪比较大的用户可通过使用特殊的笔在手写板上写字，代替用键盘打字输入。图 7-12 所示为带手写板键盘。

图 7-12　带手写板键盘

7.1.3　键盘的选购

选购一款使用舒适的键盘不但可以提高工作效率，还能降低用户使用电脑的疲劳感。本节就将介绍一些选购技巧。

1. 符合自己的个性

每个人都有不同的个性，键盘亦然。键盘的个性是通过它的“外在美”表现出来。诸如：键盘采用何种色彩？是黑色、银色、银黑色还是红色、粉红色。不同的色彩，可以满足不同的消费需求。另外，键盘制作工艺的精细程度和键盘的样式都会影响到键盘的外观。以上这些，都可以成为键盘个性的表现。当然，我们还需要充分考虑键盘同整机，以及整个家居环境的搭配。

2. 产品做工多方鉴别

通过鉴别键盘的做工，我们可以“海选”出质量过硬的键盘。那么，怎样去鉴别键盘做工呢？有四个方法：其一，目测印在键位上的字迹是否采用激光工艺；其二，用手触摸各键位的边缘是否平整，有无残留的毛刺；其三，将键盘平放，仔细观察键盘的盘体是否平直；其四，敲打键盘，感受各键的反弹力度如何。

3. 追求好的使用感觉

长时间地敲打键盘，对大家的触觉、听觉影响颇大。因此，对于打字族来说，键盘的“手感”、“听感”就很重要。通俗来讲，“手感”就是手在击打键盘时产生的触觉感受，而“听感”是键位被击打后所发出的声音。在现在的市场中，许多厂家都先后开发出适合各种各样手感的键盘以及静音键盘。既然如此，我们在选购中就应该结合自己的实际要求、资金预算以及个人的使用习惯来灵活选择。

4. 健康角度考虑

“易使手疲劳”、“键盘带有病菌”是键盘最常见的两种副作用。但是，随着人们意识到健康的重要性，符合人体工程学的键盘也被大家作为首选。该类键盘得以迅速流行，其原因就在于：人体工程学键盘是把普通键盘分成两部分，并呈一定角度展开，以适应人手的角度，输入者不必弯曲手腕，可以有效地减少腕部疲劳。除此以外，同样是从健康角度考虑，有的键盘厂家还在生产过程中对原材料加入了抗菌剂，也就使键盘具备了抑制病菌的能力。

7.2 鼠 标

鼠标是图形化操作系统中必不可少的外设之一，用户可以通过鼠标快速地对屏幕上的对象进行操作。

7.2.1 鼠标的结构

从鼠标的外观看，一般包括左键、右键和滚轮三个部分。图 7-13 所示为鼠标外观。

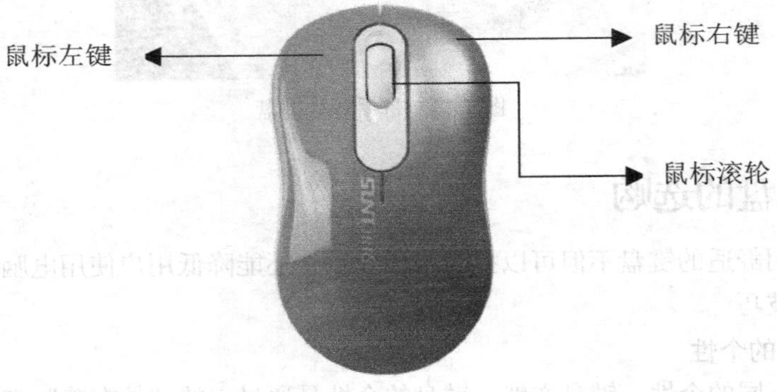

图 7-13 鼠标外观

鼠标的结构非常简单，主要由外壳部分、电路部分以及控制芯片组成，下面将详细介绍鼠标各组成部分的功能。

① 鼠标的外壳部分由顶盖、按键板和按钮装置组成，图 7-14 所示为鼠标外壳。

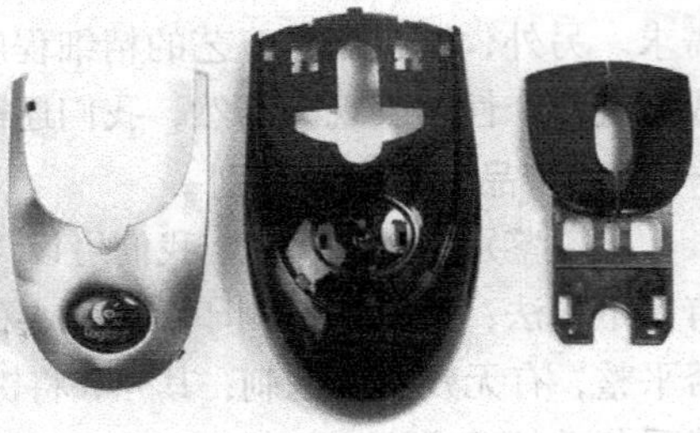

图 7-14 鼠标外壳

② 鼠标的控制芯片如图 7-15 所示。鼠标控制芯片负责指挥、协调光学鼠标中各部件的工作，同时也承担与主机连接的 I/O 职能。

③ 鼠标的电路部分决定了鼠标的性能，如图 7-16 所示。鼠标左右键按钮位于鼠标的电路板上，它和鼠标的滚轮一般使用微动开关，这两个元件质量的优劣，直接影响到鼠标单击和恢复的质感。

图 7-15　鼠标控制芯片

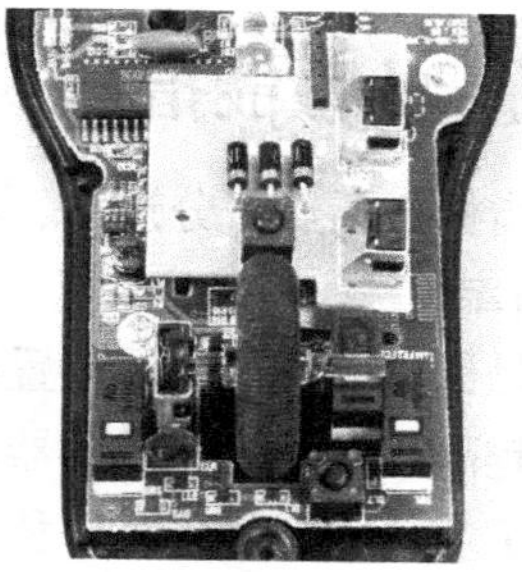

图 7-16　鼠标电路

7.2.2　鼠标的分类

目前市场上流行的鼠标主要有 3 种，分别是机械鼠标、光电鼠标和轨迹球鼠标。

1. 机械鼠标

最早期的纯机械鼠标是用两个滑动定位器作为轨迹记录装置的，其灵敏度低、磨损大，已经被淘汰。光电机械式鼠标结合纯机械鼠标和光电鼠标的优势，成本低，寿命长，精度也能达到较高的水平，因此现在已经成为了“机械鼠标”的代名词，图 7-17 所示为机械鼠标。

2. 光电鼠标

光电鼠标是目前使用最为普遍的鼠标，它没有机械装置，内部只有两对相互垂直的光电检测器，图 7-18 所示为一款光电鼠标。光敏三极管通过接收发光二极管照射到光电板反射的光进行工作，光电板上印有许多黑白相间的小格子，如果光照到黑色的格子上，由于光被黑色吸收，所以光敏三激光接收不到反射光。相反，如果照到白色的格子上，光敏三极管可以接收到反射光。如此往复，形成脉冲信号。需要注意的是，光电鼠标相对于光电板的位置一定要正，稍微有一点偏斜就会造成鼠标不能正常工作。

早期的纯光电鼠标需要靠特殊的鼠标垫的反光来判断鼠标的移动方向，否则就不能工作，这种限制很快就使它被挤出了市场。而现在最流行的新光电鼠标作了革命性的改进，使它能在大部分材料的桌面上直接使用。

3. 轨迹球鼠标

轨迹球鼠标的工作原理和内部结构其实与机械鼠标类似，只是改变了滚轮的运动方式，其球座固定不动，直接用手拨动轨迹球来控制鼠标箭头的移动。轨迹球外观新颖，可随意放置，用惯后手感也不错。因此即使在光电鼠标的冲击下，仍有许多设计人员更垂青于轨迹球鼠标的精准定位。图 7-19 所示为轨迹球鼠标。

图 7-17　机械鼠标

图 7-18　光电鼠标

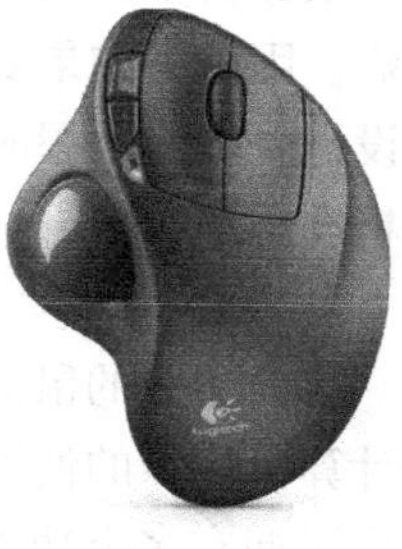

图 7-19　轨迹球鼠标

7.2.3 鼠标的性能指标

鼠标的性能指标包括点击分辨率、灵敏度、外形、按键数等，其具体作用如下：

1. 点击分辨率

点击分辨率是鼠标内部的解码装置所能辨认的每英寸内的点数，是一款鼠标性能高低的决定性因素。分辨率越高表示光标在显示器的屏幕上移动定位越准。目前，一款优秀的光电鼠标其点击分辨率都达到了 800dpi，代表其每移动一英寸所能传回的就有 800 个扫描坐标。高档游戏专用激光鼠标的分辨率可以达到 5000dpi 以上。

2. 灵敏度

鼠标的灵敏度是影响鼠标性能强弱非常重要的一个因素，用户选择时要特别注意鼠标的移动是否灵活自如、行程小、用力均匀，在各个方向是否都呈匀速运动，按键是否灵敏且回弹快。如果满足这些条件，就是一个灵敏度非常好的鼠标。

3. 外形

鼠标外形主要指鼠标的重量和大小，每个人手型的不同也是相当重要的考虑条件。人体工程学设计更可以使用户在计算机操作中的疲劳度大大降低，从而提高工作效率。

4. 按键数

按键数是指鼠标按键的数量。现在的按键数已经从两键、三键，发展到了四键、八键乃至更多键，按键数越多所能实现的附加功能和扩展功能也就越多，能自已定义的按键数量也就越多，对用户而言使用也就越方便。图 7-20 所示为一款多按键鼠标。

图 7-20 多按键鼠标

7.2.4 鼠标的选购

目前市场上鼠标多种多样，在选购鼠标的时候需要注意以下四点。

1. 按需购买

如果是一般用户，购买鼠标只是做一些文字处理或上网冲浪之类的应用，购买标准的光电鼠标就足够了。但如果是有特殊要求的用户（如 CAD 设计或三维图像处理），那么最好选择专业鼠标。

2. 鼠标手感

根据科学家的测试，长期使用手感不合适的鼠标、键盘等设备，可能会引起上肢的一些综合病症。因此，如果要长时间使用鼠标，就应该注意鼠标的手感。好的鼠标应该根据人体工程学原理设计外形，手握时感觉轻松、舒适且与手掌贴合，按键轻松而有弹性，滑动流畅，屏幕指针定位精准。

3. 鼠标按键

目前主流的鼠标都具有两个鼠标键，并且鼠标的中间有一个滚轮，这样的设计可以满足大部分计算机用户的使用需求。而某些鼠标生产商为了满足一些经常从事某类计算机操作的人员需求，推出了拥有多个功能键的鼠标。这些鼠标在安装了厂家提供的驱动程序后，可以利用这些按键实现许多功能，给操作带来便利，但这些是应根据工作的需要进行调整的。

4. 鼠标的品牌

在选购鼠标时，根据品牌口碑的好坏就能初步判断其质量的优劣。普通消费者最好选择知名厂家的鼠标产品，其常见的品牌包括罗技、微软以及双飞燕等。

7.3 扫描仪

扫描仪（Scanner）是一种捕获图像的设备，并将之转换为计算机可以识别、显示、编辑、存储和输出的数字格式。文本页面、图纸、美术图画、照相底片、菲林软片，甚至纺织品、标牌面板、印制板样品等三维对象都可作为扫描对象。在计算机外设中，除了打印机外，扫描仪也逐渐进入办公及家庭中，成为用户不可缺少的计算机外部设备。扫描仪还广泛应用于各类图形图像处理、出版、印刷、广告制作、多媒体等领域。

7.3.1 扫描仪的分类

扫描仪的种类繁多，根据扫描仪扫描介质和用途的不同，目前市面上的扫描仪大体上分为便携式扫描仪、平板式扫描仪和工业用扫描仪。

1. 便携式扫描仪

便携式扫描仪（Portable Scanner）主要是出于轻薄的考虑，主流的便携式扫描仪都使用了 CIS 元件。便携式扫描仪不管是在扫描速度还是易操性方面，都要比一般的平板式扫描仪强出很多。独特的高效能双面扫描让用户可以更加快捷地进行文档整理，在工作时还无需预热，开机即可扫描，在大大提高了工作效率的同时，也符合了国家所提倡的能源节约理念。图 7-21 所示为便携式扫描仪。

2. 平板式扫描仪

目前在市面上大部分的扫描仪都属于平板式扫描仪。这类扫描仪光学分辨率较高，色彩位数从 16bit 到 96bit 不等，扫描幅面一般为 A4 或者 A3 纸大小。平板式的好处在于，扫描仪的使用很方便，就像使用复印机一样，只要把扫描仪的上盖打开，不管是书本、报纸，还是照片都可以放上去扫描，相当方便，而且扫描出的效果也是所有常见类型扫描仪中最好的。图 7-22 所示为平板式扫描仪。

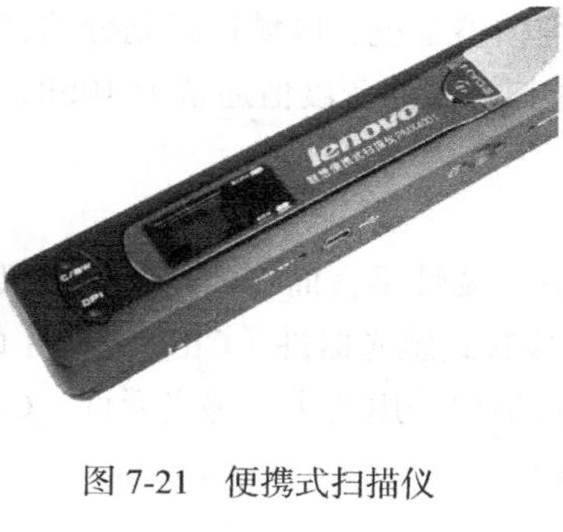

图 7-21　便携式扫描仪

图 7-22　平板式扫描仪

3. 工业用扫描仪

工业用扫描仪是专业印刷排版领域应用最为广泛的产品，体积通常较大，其外观一般采用滚筒式或平台式，因此它能很轻易地处理篇幅较大的各种文稿和照片，而且它的精确度和色彩逼真度都比办公用平板式扫描仪高，但价格也相对较贵。图 7-23 所示为工业用扫描仪。

图 7-23　工业用扫描仪

7.3.2　扫描仪的技术指标

1. 光学分辨率

光学分辨率是扫描仪最重要的性能指标之一，它直接决定了扫描仪扫描图像的清晰程度。分辨率单位为 dpi，dpi 的意思是每英寸的像素点数。常见扫描仪的光学分辨率通常为 1200dpi × 2400dpi、2400dpi × 4800dpi、4800dpi × 4800dpi、4800dpi × 9600dpi 或者更高。1200dpi × 2400dpi、2400dpi × 4800dpi、4800dpi × 4800dpi 的扫描仪是主流，适合一般家庭或办公用户。4800dpi × 9600dpi 以上级别是属于专业级的，适用于广告设计行业。

2. 色彩深度和灰度值

色彩深度指扫描仪的色彩深度值，是表示扫描仪分辨率彩色细腻程度的指标，单位为 bit。色彩深度一般有 24bit、48bit、96bit 几种，24bit 可以表示 16777216 种颜色（$2^{24}=16777216$），一般 24bit 以上的色彩称为真彩色，较高的色彩深度位数可保证扫描仪保存的图像色彩与实物的真实色彩尽可能一致，而且图像色彩会更加丰富。

灰度值是指扫描仪在进行灰度扫描时对图像由纯黑到纯白整个色彩区域进行划分的级数，编辑图像时一般都使用到 8bit，即 256（$2^{8}=256$）级，而主流扫描仪的灰度值通常为 10bit，最高可达 12bit。

3. 感光元件

感光元件是扫描图像的拾取设备，相当于人的眼睛，其重要性不言而喻。目前扫描仪所使用的感光元件有 3 种：光电倍增管、电荷耦合器（CCD）和接触式感光器件（CIS）。采用 CCD 的扫描仪技术经过多年的发展已经比较成熟，是市场上主流扫描仪采用的主要感光元件。CIS 扫描仪结构简单，图像不易失真，耗电量小，但焦距小，景深短。

4. 光源

光源指的是扫描仪机身内部的灯管，它与步进电机自成一体，随步进电机一起运动。对扫描仪而言，光源是非常重要的，因为 CCD 上所感受到的光线，全部来自于扫描仪自身的灯管。光源不纯或偏色，会直接影响到扫描结果。

5. 扫描速度

扫描速度是扫描仪的一个重要指标，它是指扫描仪从预览开始到图像扫描完成后，光头移动所需的时间。但这段时间并不足以准确地衡量扫描的速度，有的时候把扫描图像送到相应的软件或文档中所花费的时间，比单纯的扫描过程还要长。而把作业任务从打开扫描仪完成预热，到将原稿放置在扫描平台上开始，直到最终完成图像处理的整个过程都计算在内，才能更全面地体现扫描仪的速度性能。

7.3.3 扫描仪的选购

1. 预扫时间

预扫时间其实就是扫描仪对所有的扫描面积进行一次快速扫描所需的时间。扫描仪从打开到进行正式扫描，有一段光源预热时间。如果是进行长时间连续扫描作业，这段预热时间似乎可以接受或者忽略不计。但是如果并不是连续作业，那么在每次扫描之前都要进行光源预热，不仅浪费了大量时间，而且对扫描仪的使用寿命也是一个极大的挑战，因此预扫时间越短越好。

2. 最大幅面

最大幅面是指扫描仪最大的扫描尺寸范围，这个范围取决于扫描仪的内部机构设计和扫描仪的外部物理尺寸。以平板式扫描仪为例，其中 A4 幅面是最常见的一种，扫描原稿的原始输入尺寸最大可以是 21cm × 29.7cm。当然，在扫描范围文本框中可以自行设定扫描区域的大小。

扫描图像的输出尺寸一般通过扫描缩放倍率来控制。部分扫描应用软件有输出尺寸的设置选项，可以得到更为精确的尺寸。采用 50%的缩放倍率，扫描输出的图像尺寸会缩小一半，图像分辨率会增加一倍；而采用 200%的缩放倍率，输出图像的尺寸会放大一倍，图像分辨率下降，图像变得粗糙。如果将扫描仪的放大倍率设得过高，有些扫描仪会自动启用插值处理，当然产生的负面影响是使图像的存档文件成倍增大。在底片扫描时经常采用较大的放大倍率，用以满足客户的放大需求。该类扫描必设置很高的扫描分辨率，才能保证放大图像的单位面积的图像信息量。因此，各种缩放倍率的扫描仪，用途也有所差异，需要用户自己去选择。

3. 品牌

在购买扫描仪时，最好选择口碑较好的品牌，品牌扫描仪往往代表着优良的产品质量。较受欢迎的扫描仪品牌包括佳能（Canon）、爱普生（EPSON）、中晶和惠普等。如图 7-24 所示，左图为爱普生品牌，右图为佳能品牌。

图 7-24　打印机知名品牌

4. 分辨率

扫描仪的分辨率直接关系到图像的清晰程度，包括水平分辨率、垂直分辨率以及最大分辨率三种。如分辨率为 2400dpi × 4800dpi，表示其水平分辨率为 2400，垂直分辨率为 4800，最大分辨率为 4800dpi × 9600dpi。最大分辨率对普通用户意义不大，因为使用该分辨率扫描出的图片文件会占用大量的内存和硬盘空间。

7.4 摄 像 头

摄像头（Camera）是一种视频输入设备，被广泛地应用于视频会议、远程医疗及实时监控等方面。用户间可以通过摄像头在网络上进行有影像、有声音的交谈和沟通。另外，还可以将其用于当前各种流行的数码影像、影音处理。图 7-25 所示为一款摄像头。

图 7-25　摄像头

7.4.1　摄像头的性能指标

1. 像素

像素直接决定了摄像头的清晰程度，是摄像头的一个很重要的指标。一般来说，像素越高的产品其图像的品质越好，现在多数摄像头都能达到 200 万像素以上，低像素的产品尽量不要选择。但另一个方面也并不是像素越高越好，对于同一个画面，像素越高的产品，解析图像的能力越强，为了获得高分辨率的图像或画面，它记录的数据量也必然大得多，对于存储设备以及网络传输速度的要求也高得多，因而在选择时宜采用当前主流的产品。

2. 调焦功能

调焦功能也是摄像头一项比较重要的指标，一般质量较好的摄像头都具备手动调焦功能，以使用户得到最清晰的图像。

3. 最大帧数

最大帧数是指在 1s 时间里摄像头传输图片的帧数，通常用 fps（Frames Per Second）表示。每一帧都是静止的图像，快速连续地显示帧便形成了运动的假象。高帧率可以得到更流畅、更逼真的动画。每秒钟帧数越多，所显示的动作就会越流畅。因为影像传感器不断摄取画面并传输到屏幕上来，当传输速度达到一定的水平时，人眼就无法辨别画面之间的时间间隙，因此大家可以看到连续动态的画面。

7.4.2　摄像头的选购

1. 感光器

感光器是摄像头的核心部件，是选购摄像头的重要指标之一。CCD 感光器一般用于较高档的摄像头中，它具有灵敏度高、抗震性好和体积小等优点，但价格方面也相对较高。而 CMOS 感光器具有低功耗、低成本的特点，但它在分辨率等方面的性能稍差一些。总的来说 CCD 成像水平和质量要高于 CMOS。

2. 像素

像素值也是区分一款摄像头好坏的重要指标之一。目前摄像头的像素一般可达到 200 万以上，在进行视频交流时完全够用了。有的摄像头在销售时宣传其产品具有高像素，其实这只是指用摄像头拍摄静止照片时的效果。因为大多数用户都是使用摄像头进行视频交流，所以在选择摄像头时，一定要关注其拍摄动态画面的像素值，而不要被其静态拍摄时的高像素所蒙蔽。

3. 视频捕捉速度

视频捕捉速度是用户最为关心的功能之一，大部分产品都能达到每秒 30 帧的视频捕捉能力。目前摄像头的视频捕捉都是通过软件来实现的，因而对计算机的要求非常高，即 CPU 的处理能力要足够快。

4. 接口与价格

现在市面上的摄像头多为 USB 接口，当然也有少数是通过打印口或视频捕捉卡与计算机相连接。为了能够把捕捉下来的图像快速地输入到计算机里面，USB 接口无疑是最佳的选择。

习 题 7

一、选择题

1. 目前在市场上常用的键盘是（　　）。

A. 机械式键盘　　B. 塑料薄膜键盘

C. 导电橡胶式键盘　　D. 电容式键盘

2. 从键盘的键数看，早期的键盘主要以（　　）键为主，并且延续了相当长一段时间。

A. 80 键　　B. 81 键　　C. 82 键　　D. 83 键

3. 一般（　　）以上的色彩成为真彩色，较高的色彩深度位数可保证扫描仪保存的图像色彩与实物的真实色彩尽可能的一致，而且图像色彩会更加丰富。

A. 8bit　　B. 16bit　　C. 20bit　　D. 24bit

4.（　　）感光器一般用于较高档的摄像头中，它具有灵敏度高、抗震性好和体积小等优点，但价格方面也相对较高。

A. CMOS　　B. CCD　　C. CIS　　D. CDC

二、填空题

1. 键盘按键从物理结构上可分为________、________和________三种结构。

2. 鼠标的分类方法有很多，最常见的分类方式是按内部构造划分，可分为________、________和________三种。

3. 鼠标的结构非常简单，主要由________、________以及________组成。

4. 扫描仪的________是指扫描仪在进行灰度扫描时对图像由纯黑到纯白整个色彩区域进行划分的级数，编辑图像时一般都使用到 8bit，即________级。

三、简答题

1. 简述键盘的工作原理。

2. 简述鼠标的性能指标。

第 8 章
输出设备

8.1 显 示 器

8.1.1 显示器概述

显示器又称监视器（Monitor），是计算机系统中不可缺少的输出设备。显示器是用户与计算机交流的主要渠道。

显示器随着个人计算机的发展而发展，到现在已经走过了近三十年的时间。回首显示器发展的过程，大体经历了球面显示器、平面直角显示器、纯平显示器和液晶显示器四个阶段。从单调的绿色显示器到灰度的单色显示器，从简单的CGA彩色显示器到精美的VGA/SVGA彩色显示器，再到如今的超平面、大屏幕及高清晰度等智能彩显，显示器技术发展非常迅速。

早期市场上的显示器主要有两类：一类是CRT（Cathode Ray Tube Display，阴极射线管显示器），如图8-1所示；另一类是LCD（Liquid Crystal Display，液晶显示器），如图8-2所示。LCD显示器与传统的CRT显示器相比，平面液晶显示器体积小而薄、重量轻且辐射也很低，有利于减轻视觉疲劳。但从色彩饱和度和可视角度上看，LCD显示器要略逊于CRT显示器。不过随着LCD显示器技术的不断发展，目前LCD显示器已经解决了上述弊端，在市场中全面取代了CRT显示器的地位，所以本节内容主要介绍LCD显示器的相关知识。

图 8-1　CRT 显示器

图 8-2　LCD 显示器

8.1.2 LCD 显示器的特点和类型

LCD显示器是利用液晶在通电时能够发光的原理来显示图像的。在LCD显示器内部设有控制电路，将显卡传递过来的信号进行还原，再由控制电路控制液晶的明暗，这样就可以看到所显示的图像了。

液晶显示器作为目前市场主流的显示器，具有以下特点。

（1）机身薄、节省空间

与比较笨重的 CRT 显示器相比，液晶显示器只占前者三分之一的空间。

（2）省电、不产生高温

它属于低耗电产品，可以做到完全不发烫，而 CRT 显示器，因显像技术不可避免地产生高温。

（3）无辐射、有利健康

液晶显示器完全无辐射，这对于整天在电脑前工作的人来说是一个福音。

（4）画面柔和、不伤眼

不同于 CRT 技术，液晶显示器画面不会闪烁，可以减少显示器对眼睛的伤害，眼睛不容易疲劳。

LCD 显示器有很多种分类方式，下面我们介绍几种常见的分类方式。

1. 按物理结构分类

（1）扭曲向列型

扭曲向列型（Twisted Nematic，TN）LCD 是液晶显示器中最基本的显示技术，而之后其他类型的液晶显示器也是以 TN 型为基础来进行改良的。TN 型液晶显示器因技术层次较低，价格低廉，仅能呈现出黑白单色及做一些简单文字、数字的显示，主要应用于电子表、计算器等电子产品。

（2）超扭曲向列型

超扭曲向列型（Super TN，STN）LCD 用电场改变原为 180° 以上扭曲的液晶分子的排列从而改变旋光状态，然后外加电场通过逐行扫描的方式改变电场，在电场反复改变电压的过程中，每一点的恢复过程较慢，因而产生余辉。它的好处是功耗小，具有省电的最大优势。而彩色 STN 的显示原理是在传统单色 STN 液晶显示器基础上加一彩色滤光片，并将单色显示矩阵中的每一像素分成三个子像素，分别通过彩色滤光片显示红、绿、蓝三基色，就可显示出彩色画面。和 TFT 不同，STN 属于无源被动型 LCD，一般最高只能显示 65536 种色彩。STN LCD 多用于文字、数字及绘图功能的显示，例如早期的掌上电脑、股票机和个人数字助理（PDA）等便携式产品。

（3）双层超扭曲向列型

双层超扭曲向列型（Dual Scan Tortuosity Nomograph,DSTN）LCD 是由 STN LCD 发展而来的，过去主要应用在一些笔记本电脑上。它也是一种无源显示技术，使用两个显示层。这种显示技术解决了传统 STN LCD 中的漂移问题，而且由于 DSTN 还采用了双扫描技术，因而显示效果较 STN 有大幅度的提高。由于 DSTN 分上下两屏同时扫描，所以在使用中有可能在显示屏中央出现一条亮线。

（4）薄膜晶体管型

薄膜晶体管型（Thin Film Transistor,TFT）LCD 是最好的 LCD 彩色显示设备之一，其效果接近 CRT 显示器，是笔记本电脑和台式机上的主流显示设备。TFT 的每个像素点都是由集成在自身上的 TFT 来控制，是有源像素点。因此，不但速度可以极大提高，而且对比度和亮度也大大提高了，分辨率也达到了很高水平。同时，它也是中高端彩屏手机中普遍采用的屏幕，分为 65536 色、26 万色和 1600 万色三种，其显示效果非常出色。

2. 按液晶面板的广视角技术分类

（1）TN + Film 视角扩展膜

基于传统的 TN 模式液晶，只是在制造过程中增加了一道贴膜工艺。TN + Film 广角技术最大的特点就是价格低廉，技术准入门槛低，应用广泛。因此现在市场中所出售的采用 TN 面板的液晶显示器普遍都采用改良型的 TN + Film 技术，用于弥补 TN 面板可视角度方面的不足，同时色彩抖动技术的使用也使得原本只能显示 26 万色的 TN 面板获得了 16.2M 色的显示能力。

TN 面板的特点是液晶分子偏转速度快，因此在响应时间上容易改良。不过它在色彩的表现上不如 IPS 型面板和 VA 型面板。TN 面板属于软屏，用手轻轻划会出现类似的水纹。TN 面板显示器由于价格低廉、功耗较低，是目前市场上的主流产品。

（2）IPS 平面控制模式

IPS 技术是日立公司于 2001 年推出的液晶面板技术。LGD 公司生产的 IPS 面板无疑更具知名度，目前包括硬屏电视、手机、iPad 等采用的面板普遍都出自 LGD 公司的 IPS 面板，同样也有很多液晶显示器采用了 IPS 面板。图 8-3 所示为采用 IPS 面板的电子设备。

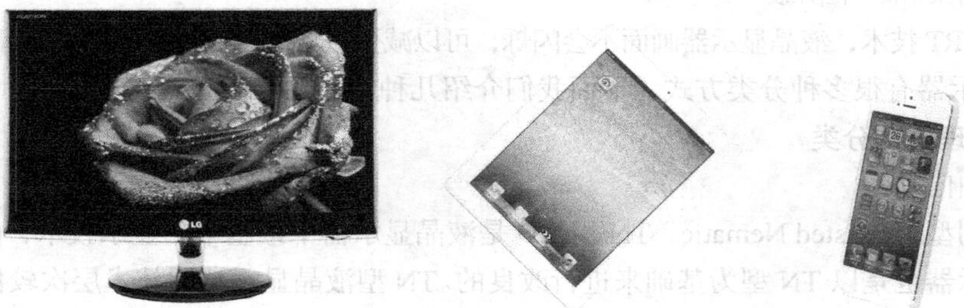

图 8-3　采用 IPS 面板的电子设备

IPS 硬屏在动态清晰度、色彩还原准确性、可视角度等方面具有绝对优势，相对于传统的软屏液晶，IPS 硬屏具有稳固的液晶分子排列结构，响应速度更快，因而在动态清晰度上具有超强的表现力，完全消除了软屏液晶显示屏在受到外界压力和摇晃时出现的模糊及水纹扩散现象，播放极速画面时更是杜绝了残影和拖尾的情况。因此，对于时刻处在运动状态中的航天、汽车、地铁等行业均采用了 IPS 硬屏，以获得没有任何损耗的画质。设计和印刷是对色彩要求最为苛刻的行业，在色彩的饱和度和还原准确性上都要求极高。IPS 硬屏是目前显示技术中对色彩还原最为准确的技术，纯黑层次更为清晰，因此，设计领域的专业人士通过实际使用，普遍认为 IPS 硬屏液晶显示器有效缩小了设计与最后出品样本之间的误差。此外，现代医学对科学检验的依赖程度越来越高，IPS 硬屏理想的黑色对比效果更是有助于提高诊断的速度和准确性。

IPS 硬屏技术还使上下左右的可视角度大为延展，接近 180°，在任何侧面角度内都可以观看到效果不打折扣的画质，在与消费者生活密切相关的家电领域，由于其独特的优势，IPS 硬屏液晶也被广泛地应用。目前市场上 IPS 面板的广视角显示器也得到了广泛使用，但价格相对较高。

（3）VA 垂直排列

VA 面板是现在高端液晶应用较多的面板类型，属于广视角面板。与 TN 面板相比，8bit 的面板可以提供 16.7M 色彩和大可视角度是该类面板定位高端的资本，但是价格也比 TN 面板要昂贵一些。VA 类面板又可分为由富士通主导的 MVA 面板和由三星开发的 PVA 面板，其中后者是前者的继承和改良。VA 类面板的正面对比度最高，但是屏幕的均匀度不够好，往往会发生颜色漂移。锐利的文本是它的杀手锏，因其黑白对比度相当高。VA 类面板属于软屏，用手轻轻划也会出现类似的水纹。

- MVA 技术可以说是最早出现的广视角液晶面板技术。该类面板可以提供更大的可视角度，通常可达到 170°。通过技术授权，中国台湾的奇美电子、友达光电等面板企业均采用了这项面板技术。

- PVA 技术是 MVA 技术的继承者和发展者。这种模式大大降低了液晶面板出现“亮点”的可能性，在液晶电视时代的地位就相当于显像管电视时代的“珑管”。三星主推的 PVA 模式广视角技术，由于其强大的产能和稳定的质量控制体系，被日美厂商广泛采用。目前 PVA 技术广泛应用于中高端液晶显示器或者液晶电视中。

3. 按屏幕尺寸分类

目前主流的液晶显示器可以分为 26 英寸、24 英寸、23.6 英寸、23 英寸、22 英寸等。

8.1.3　LCD 显示器的主要性能指标

1. 分辨率

分辨率是指可以显示的像素点的数目。LCD 的像素是固定的，所以 LCD 只有在最佳分辨率下才能显现最佳影像。

2. 响应时间

响应时间是液晶显示器的液晶单元响应延迟，是指液晶单元从一种分子排列状态转变成另外一种分子排列状态所需要的时间，即屏幕由暗转亮或由亮转暗的速度。响应时间越短越好，它反应了液晶显示器各像素点对输入信号的反应速度，一般将响应时间分为两个部分，即上升时间和下降时间，表示时以两者之和为准。目前主流 LCD 的响应时间都能做到在 2～8ms 之间。

3. 可视角度

显示器的可视角度是指从不同的方向可清晰地看到屏上所有内容的最大角度，CRT 显示器的可视角度理论上可接近上下左右 180°。由于 LCD 是采用光线透射来显像，所以 LCD 的可视角度相比 CRT 显示器要小——在 LCD 中，直射和斜射的光线都会穿透同一显示区的像素，所以从大于可视角以外的角度观看屏幕时会发现图像有重影和变色等现象。

由于广视角技术的应用，目前市面上的液晶显示器的可用可视角度得到了极大程度的提升，可媲美 CRT 显示器的可视角度。

4. 信号输入接口

液晶显示器通常有 VGA 和 DVI 接口两种，在第 6 章已详细描述，这里不做介绍。

5. 屏幕坏点

屏幕坏点是指液晶显示器屏幕上无法控制的恒亮或恒暗的点。屏幕坏点的造成是液晶面板生产时由各种因素造成的瑕疵，如可能是某些细小微粒落在面板里面，也可能是静电伤害破坏面板，还有可能是制程控制不良等原因。

屏幕坏点分为两种：亮点与暗点。亮点就是在任何画面下恒亮的点，切换到黑色画面就可以发现；暗点就是在任何画面下恒暗的点，切换到白色画面就可以发现。

一般来说，亮点会比暗点更令人无法接受，所以很多显示器厂商会保证无亮点。有些面板厂商会在出货前把亮点修成暗点，另外某些种类的面板只可能有暗点不可能有亮点，例如 MVA、IPS 的液晶面板。面板厂商会把有坏点的面板降价卖出，通常无屏幕坏点算 A 级，三点以内算 B 级，六点以内算 C 级，一般来说都可以正常出售。

6. 亮度

亮度是指显示器在白色画面之下明亮的程度，它是直接影响画面品质的重要因素，单位是 cd/m^2，或是 nit。显示器的亮度是使用者可以调整的，调到你觉得舒服的亮度就可以，调得太亮除了可能导致身体不适之外，也会影响灯管的寿命。

8.1.4 LCD 显示器的选购

在选购 LCD 时，需要注意以下事项。

1. 屏幕尺寸

在购买液晶显示器的时候，最先考虑的就是 LCD 显示器的屏幕尺寸。对于液晶显示器来说，其面板的大小就是可视面积的大小。每个人的用眼习惯不同，以及用户使用目的的不同，决定了选购的 LCD 显示器屏幕尺寸大小也不尽相同。

2. 可视角度

由于液晶显示器的光线是透过液晶以接近垂直角度向前射出的，由此我们从其他角度来观察屏幕的时候，并不会像看 CRT 显示器那样可以看得很清楚，而会看到明显的色彩失真，这就是可视角度大小所造成的。在选择液晶显示器时，应尽量选择可视角度大的产品。目前，液晶显示器可视角度基本上在 140° 以上，这可以满足普通用户的需求。无论可视角度数值多少，是否方便自己的使用才是根本，最好根据自己的日常使用习惯进行选择。

3. 接口类型

目前液晶显示器有两种接口，分别为 VGA 和 DVI。其中 VGA 接口对应的是经过两次转换的模拟传输信号，而 DVI 接口对应的是全数字无损失的传输信号。VGA 接口的液晶显示器在长时间使用后，会出现效果模糊的状况，需要重新校对才能恢复正常效果。但 DVI 接口的液晶显示器就绝对不会出现类似的状况，在长时间使用后，显示效果依然优秀。在价格相当的情况下，应多考虑 DVI 接口的液晶显示器。同时目前采用 DVI/VGA 双接口的液晶显示器比较多，用户可以更自由的选择。

4. 认证标准

与 CRT 显示器一样，液晶显示器也同样具备了认证标准。在 3C 认证已经成为计算机产品必须具备的"身份证"后，是否通过 TCO 认证对于显示器来说尤为重要。通过了最新的 TCO'03 认证的产品是用户的最佳选择。为了有效避免显示器边框所产生的视觉误差，只有白色和银色的液晶显示器才能通过 TCO'03 认证。而 TCO'99 认证应该是购买液晶显示器的最低标准。

5. 售后服务

显示器的质保时间是由厂商自行制定的，一般有 1～3 年的全免费质保服务。因此消费者要了解详细的质保期限，毕竟显示器在计算机配件中属于特别重要的电子产品，一旦出现问题将对用户的使用会造成极大影响。

8.2 音 箱

音箱是一种将模拟音频信号还原为人耳能听到的声音的输出设备。而多媒体音箱是多媒体计算机的必备设备。随着声卡技术的发展，声卡的功能已经很完备，加上多媒体音箱的配合，可以尽显计算机的多媒体功能。

8.2.1 音箱的分类

多媒体音箱的分类方法有很多，下面介绍几种常见分类方式。

1. 按制作材料分类

（1）塑料音箱

由于塑料材质的价格比较便宜，所以使用该种材料制造的音箱价格也比较低廉。

（2）木质音箱

木质音箱的声音效果要比塑料音箱的声音效果出色。箱体的厚度在一定程度上是实现超低音效果的有力保障，并且木质音箱在外观和设计上也比塑料音箱美观很多。

2. 按声道分类

（1）2.0 声道音箱

2.0 声道音箱是只有左、右两个声道的音箱，而不带有低音炮的音箱组合。

在形式结构上一般分为分离式 2.0 声道和连体式 2.0 声道两种方式。分离式 2.0 声道音箱（如图 8-4 所示）是有两只独立的箱体组合，分别为左声道和右声道音箱。连体式 2.0 声道音箱（如图 8-5 所示）是将左右声道做在同一个箱体上的不同位置来满足立体声效果，这种结构一般为多功能便携式立体声音箱，具有蓝牙、收音机、插卡、外接输入等功能。

图 8-4　分离式 2.0 声道音箱

图 8-5　连体式 2.0 声道音箱

（2）2.1 声道音箱

2.1 声道音箱是由一个低音音箱（也称为低音炮）和一对低音较弱的全频音箱（也称为卫星箱）组成，少数 2.1 声道音箱的卫星箱会做成两分频的。“2.1”中的“2”是指标准双声道（立体声），“.1”是指单独分频（一般约为 100Hz 以下）输出的“低音”声道。一般来说，2.1 声道音箱属于音箱的中低档产品，通常卫星箱高音单元的口径大小为 1 英寸，中低音单元的口径大小为 3 英寸，在这个档次中用 5 英寸或 6.5 英寸做低音炮单元的，应该是做得比较好的一类产品。图 8-6 所示为一款 2.1 声道音箱。

（3）5.1 声道音箱

5.1 声道音箱的音效处理是目前比较完美的声音解决方案，能够满足电脑游戏和家庭影音方面的超级要求，传统的双声道音箱也因此而退出高级音箱的舞台。为了充分发挥多声道的能力，必须清楚地了解如何配置和使用整个系统。5.1 声道音箱应该包括 2 个前置音箱、2 个后置音箱、1 个中置环绕、1 个重低音炮，这五个声道相互独立，其中“.1”声道，则是一个专门设计的超低音声道，这一声道可以产生频响范围 20～120Hz 的超低音。图 8-7 所示为一款 5.1 声道音箱。

3. 从电子学角度分类

（1）无源音箱

无源音箱（Passive Speaker）又称为“被动式音箱”，是指没有电源和音频放大器的音箱，只是在音箱中安装了两只扬声器，靠声卡的音频功率放大电路输出直接驱动。这种音箱的音质和音量主要取决于声卡的音频功率放大电路，通常音量不大。图 8-8 所示为一款无源音箱。

图 8-6　2.1 声道音箱

图 8-7　5.1 声道音箱

（2）有源音箱

有源音箱（Active Speaker）又称为“主动式音箱”，是在无源音箱的基础上加入功率放大器组成的。优质的扬声器、良好的功率放大器、美观的外壳工艺构成了多媒体有源音箱的基本框架。有源音箱必须使用外接电源。一些有源音箱不仅将功放集成到音箱内，还将解码器也集成到音箱内部，可以直接接收数字信号，这就是数字有源音箱。虽然从字面上看，有源音箱可以认为是必须插电源的音箱，但严格地说这个“源”应理解为功放，而不是指电源。有不少需要插电源却仍需外部功放推动的音箱，这些音箱显然不属于有源音箱。所以功放是音响系统的重要组成部分。图 8-9 所示为一款有源音箱。

图 8-8　无源音箱

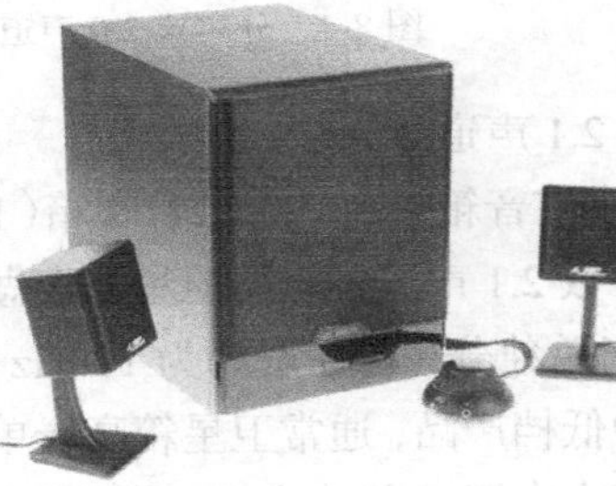

图 8-9　有源音箱

8.2.2　音箱的性能指标

1. 防磁功能

扬声器上的磁铁对周围环境有干扰作用，为避免它对显示器和磁盘上的数据产生干扰，要求音箱具有较强的防磁功能。

2. 功率

功率决定音箱发声的最大强度，单位是瓦特（W），可分为额定功率（也称为长期功率）和最大承受功率（也称为瞬间功率）。

- 额定功率是指音箱能够连续稳定工作的有效功率，也就是能够长期承受这一数据的功率而不致损坏。

- 最大承受功率是指音箱短时间所能承受的最大功率。

3. 频率响应

将一个恒定电压输出的音频信号与音箱系统相连接，当改变音频信号的频率时，音箱产生的声压会出现随频率的变化而增高或衰减、相位滞后随频率而变的现象，这种声压和相位与频率的相应变化关系（变化量）称为频率响应，单位为分贝（dB）。

频率响应是考察音箱性能优劣的一个重要指标，它与音箱的性能和价位有着直接的关系，其分贝值越小说明音箱的频率响应曲线越平坦、失真越小、性能越高。

4. 失真度

失真度是指用一个未经放大器放大的信号与经过放大器放大后的信号进行比较，通过比较而得出的差别称之为失真度，是音箱的重要性能指标之一。它直接影响音箱对声音的还原品质，通常采用百分比来表示，数值越小表示失真度越小。通常声波的失真度允许范围是 10%以内，一般人耳对 5%以内的失真度不敏感。

5. 灵敏度

音箱的灵敏度是指在经音箱的输入端输入一定功率的信号后，音箱所能发出的音量大小。目前市面上的有源音箱一般以 dB/W/m 作为音箱灵敏度的单位，即在有源音箱的扬声器系统中输入 1W 的功率，在其正前方 1m 处测试声压的大小，从而得出音箱的灵敏度数值。灵敏度的单位为分贝（dB），音箱的灵敏度每差 3dB，输出的声压就相差一倍。一般地，90dB 以上为高灵敏度，84dB 以下为低灵敏度，84 ~ 90dB 之间为中灵敏度。

6. 箱体材质

音箱所用的材料主要有塑料箱体和木制箱体两种。材料厚度及质量与音箱成本有直接关系，同时也影响音箱的性能。音箱外壳的材料密度越大，发出声音时箱体所产生的振动就越小，特别是带大功率放大器的有源音箱更是如此，而板材厚度一定程度上是实现超低音效果的有力保障，因此塑料音箱的低音效果通常较差，而木制音箱的音质效果普遍较好。

8.2.3 音箱的选购

选购音箱时，需要注意以下几点。

1. 尽量选择有源木质音箱

因为有源音箱在重放的声效等方面起着关键的作用。而木质音箱能保证较好的清晰度和较小的失真度。

2. 对音箱进行试听

可以使用高音和低音都比较丰富的音乐 CD 来进行试听。

- 将音量调到最大，听声音有无失真。
- 将低音旋钮（Bass）调到最小，高音旋钮（Treble）调到最大（有的音箱没有这个旋钮），听高音是否细腻。
- 将低音旋钮（Bass）调到最大，高音旋钮（Treble）调到最小（有的音箱没有这个旋钮），听低音是否厚实。
- 将音量调到最大，关掉音乐，听音箱的噪音，当然是越小越好。

3. 测试音箱的磁屏蔽效果

因为显示器对磁场干扰非常敏感，有磁场干扰时显示器会产生色彩失真，因此音箱的磁泄漏越小越好。测试磁屏蔽的方法是将音箱靠近显示器，观察显示器有无偏色，若显示器无偏色，则磁屏蔽效果好。

4. 音箱的功率

音箱的功率不是越大越好，适用的就是最好的，对于普通家庭用户的20平方米左右的房间来说，30W功率是足够的了。

8.3 打 印 机

打印机是计算机的输出设备之一，使用打印机可以将计算机中的文稿、图片以及表格等内容输出到打印纸上，它是计算机办公操作中必不可少的计算机外部设备。图8-10所示为一台打印机。

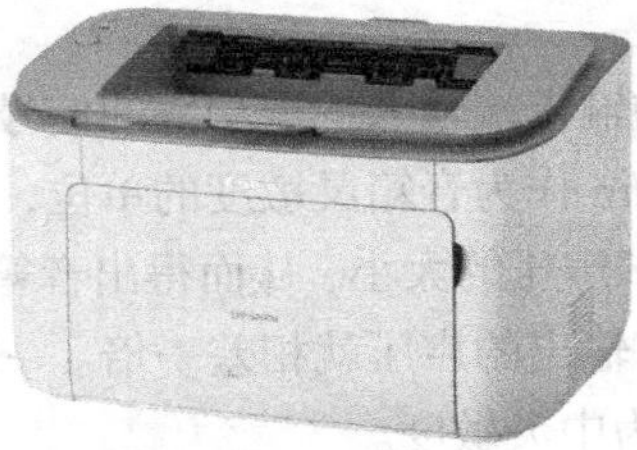

图8-10 打印机

8.3.1 打印机的分类

打印机的分类方法较多，常见的分类方法是以成像原理和技术来区分的，可分为针式打印机、喷墨打印机和激光打印机三种。

1. 针式打印机

针式打印机作为典型的击打式打印机，其工作原理是使打印针撞击色带和打印介质，进而打印出点阵，再由点阵组成字符或图形，从而完成打印任务。图8-11所示为一台针式打印机。

图8-11 针式打印机

针式打印机不仅其机械结构与电路组织要比其他打印设备简单得多，而且耗材费用低、性价比高、纸张适应面广。由于针式打印机是一种击打式和行式机械打印输出设备，其特有的多份复制、复写打印和连续打印功能，使许多专业打印领域对其情有独钟。现代针式打印机越来越趋向于被设计成各种各样的专业类型，用于打印各类专业性较强的报表、存折、发票、车票、卡片等输出介质。

2. 喷墨打印机

喷墨打印机是一种经济型非击打式的高品质彩色打印机，是一款性价比较高的彩色图像输出设备，如图8-12所示。

喷墨打印机有着接近激光打印机的输出质量，应用范围十分广泛，既能满足专业设计或出版公司苛刻的印刷彩色要求，又能胜任简单快捷的黑白文字和表格打印任务。在整个纷繁复杂的打印机市场中，它在产品价格、打印效果、色彩品质以及体积、噪声等方面都具有一定的市场竞争综合优势，是目前办公打印，特别是家用打印市场中的重要设备。

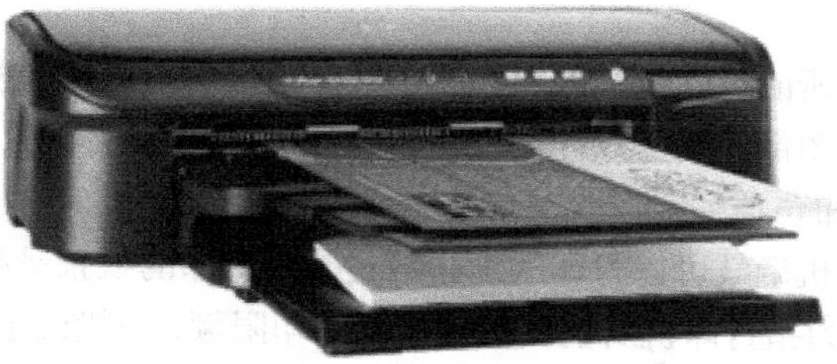

图 8-12 喷墨打印机

喷墨打印机的优点是打印质量好、无噪声，可以用较低成本实现彩色打印。缺点是打印速度较慢，墨水较贵且用量较大，打印量较小。因此它主要适用于家庭和小型办公室等打印量不大、打印速度要求不高的场合，也适用于低成本彩色打印环境。

3. 激光打印机

激光打印机是现代高新技术的结晶，其工作原理与前两者迥异，因而也具有前两者完全不能相比的高速度、高品质和高打印量，以及多功能和全自动化的输出性能。激光打印机的外形如图 8-13 所示。

图 8-13 激光打印机

激光打印机的整个打印过程快速而高效，不但打印速度和分辨率是所有打印机之最，而且体积小、噪声低，打印品质十分高，日处理打印能力也十分强。激光打印机根据应用环境基本可以分为普通激光打印机、彩色激光打印机。普通单色激光打印机的标准分辨率为 600dpi，打印速度为 15ppm（打印速度的单位，表示打印机每分钟打印输出的纸张页数）以下，纸张处理能力一般为 A4 幅面，打印自动化程度高，应用十分广泛，仅为单台计算机设计，其打印品质和速度完全可以满足一般办公室和个人的文字处理需求。彩色激光打印机比普通激光打印机配置更高，标准分辨率在 600dpi 以上，打印速度在 8ppm 左右，纸张输出基本在 A3 以下，适应于彩色输出专业人员或办公室需求。

彩色激光打印机与普通激光打印机不同，除了打印输出拥有极其艳丽的色彩之外，性能也更强大。而其与彩色喷墨打印机的区别则不仅在打印色彩品质上普遍要高，在打印速度、功能、耗材以及管理等方面也要优越得多。

8.3.2 打印机的性能指标

1. 分辨率

打印机的分辨率是指每英寸打印的点数，单位为 dpi，即点/英寸。标准的打印机分辨率为 600 × 600，分辨率越高，打印质量越好。但是，如果不需要顶级的图像处理效果，就不用追求 1200dpi 的标准。当然，最终的打印效果由实际打印的样页决定。

2. 打印速度

打印速度是衡量打印机性能的重要指标之一。打印速度的单位为 ppm（Papers Per Minutes），即页/分钟。以 A4 纸为例，最便宜的喷墨打印机打印黑白字符的速度能达到 20ppm，打印彩色画面的速度为 15ppm。最便宜的黑白激光打印机打印速度可以达到 16ppm，而一些高端的黑白激光打印机打印速度可以达到 60ppm。

3. 打印幅面

打印幅面就是打印机所能打印纸张的尺寸大小，目前市场上的打印机大多数都是 A4 幅面，如果需要打印更大幅面的图像，则可以使用专用的软件进行拼接打印。

4. 硒鼓寿命和月打印负荷

硒鼓寿命指激光打印机硒鼓可以打印的纸张数量。可打印的纸张量越大，硒鼓的使用寿命越长。激光打印机的打印能力指打印机所能负担的最高打印限额，一般设定为每月最多打印多少页，即月打印负荷。如果经常超过最大打印数量，打印机的使用寿命会大大缩短。一般激光打印机的硒鼓寿命都能达到 1500 页以上，月打印负荷能达到 5000 页以上。

8.3.3 打印机的选购

在购买打印机时，需要从如下几个方面考虑。

1. 用途

在购买之前，首先要明确购买打印机的用途，从而确定需要的打印品质。很多家庭用户需要打印照片，那么就需要在彩色打印方面表现出色的产品。而对于办公商用，需要的可能是更好的文本打印效果。如果需要进行高精度的打印，建议购买激光打印机。

2. 打印速度

当需要进行大量的文档打印时，打印速度就是一个比较重要的指标了。一般来说，喷墨打印机进行黑白打印时可达 10ppm 以上，打印彩色页面一般在 5ppm 以上，而激光打印机打印速度还要快一些。

3. 打印数量

普通消费者每天的打印量较少，因此可以选择价格便宜且打印速度适中的喷墨打印机。对于公司、机关而言，由于日常打印量较大且对打印效果有较高的要求，一般应选择激光打印机。

4. 打印耗材

打印耗材是用户购买打印机以后需要付出的潜在成本，这些耗材包括色带、墨粉、打印纸和打印机备件等，这也是各厂商牟取巨额利润的地方。将这些耗材的成本分摊到打印的页数上，就可得到通常所说的单张成本，当然单张成本越低越好。

习 题 8

一、选择题

1. 显示器的（　　）越低，图像闪烁和抖动得就越厉害，眼睛疲劳得就越快。

A. 尺寸　　B. 亮度　　C. 对比度　　D. 刷新率

2. （　）显示器是利用液晶在通电时能够发光的原理来显示图像的。

A. CRT　　B. LCD　　C. LED　　D. IPS

3. 普通单色激光打印机的标准分辨率为（　　）dpi。

A. 200　　B. 500　　C. 600　　D. 800

二、填空题

1. 彩色 CRT 显示器的三原色包括________、________和________3 种颜色。

2. 分辨率是指显卡能在显示器上描绘点数的最大数量，通常以________表示。

3. LCD 显示器广视角技术可分为________、________和________3 种。

4. 打印机从原理上可分为________、________和________3 种。

5. 一般来说，喷墨打印机进行黑白打印时可达________ppm 以上，打印彩色页面一般在________ppm 以上。

三、简答题

1. LCD 显示器与 CRT 显示器的优缺点如何？

2. 显示器的主要指标有哪些？

3. 什么是 2.0 音箱？

第9章 机箱与电源

9.1 机　　箱

9.1.1 机箱的种类

机箱作为计算机主要配件的载体，其主要任务就是固定与保护机箱内的硬件。而电源的作用就是把市电（220V 交流电压）进行隔离和变换为计算机需要的稳定低压直流电。它们都是标准化、通用化的计算机外设。

1. 从外形上分

机箱有立式和卧式之分，如图 9-1 所示，以前基本上都采用的是卧式机箱，而现在一般采用立式机箱。

图 9-1　立式机箱（左）、卧式机箱（右）

2. 从结构上分

机箱可以分为 AT、ATX、Micro ATX、HTPC 等类型，目前市场上主要以 ATX 机箱为主。

（1）AT 机箱，不支持软关机，已经淡出市场。

（2）ATX 机箱，主板安装在机箱的左上方，并且是横向放置的。电源的安装位置是机箱的右上方，前面板的位置是预留给存储设备使用的，而机箱后面板则预留了各种外接接口的位置。这样机箱内的空间就更加宽敞，布局更加简洁，便于散热。ATX 机箱支持现在绝大部分类型的主板。

（3）Micro ATX 机箱是出于进一步节省桌面空间的目的，在 ATX 机箱的基础之上建立的，比

ATX 机箱体积要小一些。

各个类型的机箱只能安装其支持的主板类型，一般是不能混用的，而且电源也有所差别。所以大家在选购时一定要注意主板尺寸的选择和电源功耗的大小。

用户在选择时要根据自己的实际需求进行选择。大众用户最好以标准立式 ATX 机箱为准，因为它空间大，安装槽多，扩展性好，通风好，完全能适应日常使用的需要。

9.1.2　机箱主流产品简介

目前主流机箱价格大约在三百元左右，这个价格范围的机箱只能算是中低端的产品，但此类产品凭借很高的性价比在市场上很受消费者的好评，下面向用户介绍几款主流的机箱产品以供参考。

1. 酷冷至尊侠客

对于众多 DIY 用户而言，酷冷至尊可谓家喻户晓的品牌，多年来不断钻研于散热领域以及设计范畴，为广大的消费者带来了丰富的优质产品。酷冷至尊的“侠客”机箱，整体尺寸为 487（长）× 219（宽）× 416（高）mm，合适的机身大小十分适合个人使用。机箱外观采用主流的全黑配色方案，独特的外观设计蕴含了一份酷冷的气息，带来震撼的视觉效果，如图 9-2 所示。

图 9-2　酷冷至尊侠客

酷冷至尊侠客所有前置接口及功能键均位于机箱顶部，采用斜面设计，功能表两侧按钮分别为主机开关键以及重启键，加入红蓝灯效，运行过程显得格外夺目。功能键中部配以 1 个 USB 3.0 接口、1 个 USB 2.0 接口及音频输入输出接口。酷冷至尊侠客采用黑色喷漆设计，并且漆面经过磨砂处理，具备一定的耐腐蚀性及防指纹沾染效果。两侧侧板均通过冲压设计，外观上毫不单调。此外，左侧侧板设有散热网孔设计，支持 12cm 风扇安装。酷冷至尊侠客详细参数如表 9-1 所示。

表 9-1　配置参数

酷冷至尊 侠客 详细配置参数	
适用类型	台式机
机箱样式	ATX
机箱尺寸	487 × 219 × 416mm
机箱仓位	光驱位 x3、3.5 寸硬盘位 x8、PCI 扩展插槽 x7
机箱风扇	选配
支持主板	支持 ATX、Micro-ATX 主板
前置接口	USB3.0 接口、USB2.0 接口、耳麦接口
特色设计	内部黑化、免安装工具设计、背部走线

2. 金河田家居 7629

金河田推出了全新系列的产品，这个系列主打家居风格，其不仅在外观上更容易融入现代家居环境，在功能上也能为家居环境提供优化，前面板相对较为平整，除了底部有凹入式设计之外，整个前面板基本没有其他起伏设计。金河田的前面板没有采用目前流行的冲网设计，而是将入风口设计在前面板的两侧以及底部，依旧能够增强前面板的透风性。前置接口分布在机箱的顶部，呈一定角度向前倾斜。在接口配置方面，它拥有一个 USB3.0 接口、一个 USB2.0 接口以及一对耳麦接口，足以满足大多数用户的使用需求。在接口旁边的是机箱的开关键以及重启键，除此之外还配置了一个净化器开关，让用户可以独立控制净化器的运行。金河田家居 7629 如图 9-3 所示。

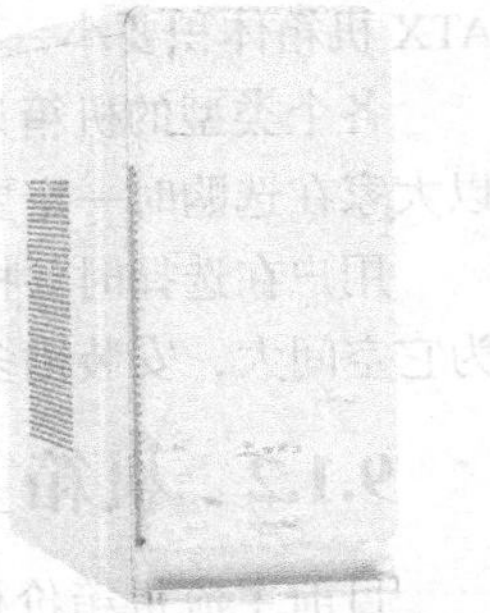

图 9-3　金河田家居 7629

金河田家居 7629 详细参数如表 9-2 所示。

表 9-2　配置参数

金河田　家居 7629 详细配置参数	
适用类型	台式机
机箱样式	ATX
机箱尺寸	472 × 191 × 450mm
机箱仓位	光驱位 x1、3.5 寸硬盘位 x2、PCI 扩展插槽 x7
机箱风扇	前置 12cm 风扇、背部 12cm 风扇
支持主板	支持 ATX、Micro-ATX 主板
前置接口	USB3.0 接口、USB2.0 接口、耳麦接口
特色设计	电源下置设计、超长显卡支持、活性炭过滤层

3. 大水牛固态王 D2

对于大水牛机电产品，相信大家都不陌生了，大水牛的品牌创立已经数十年，在数十年中为消费者提供了不少优秀的产品，由于其产品质量好、价格定位低廉，所以深得消费者的喜爱，让其产品在早期的计算机市场上占据了不少的份额。大水牛固态王 D2 如图 9-4 所示。

图 9-4　大水牛固态王 D2

而随着计算机硬件的逐步更新，大水牛的机电产品也在逐步升级，以迎合新型硬件的使用需求。大水牛旗下的最新产品——固态王 D2，在前置接口的配置方面较为常规，拥有一对耳麦接口以及一对 USB2.0 接口。在机箱的左侧板部分设计了大面积的散热孔，以增加侧板部分的通风量，增强其散热效果。在机箱的背部，我们可以看到其为电源下置式设计，相对于上置式电源，其能够降低整台机器的重心，减少机器运作时产生的共振，支持一个 12cm 的风扇安装，而除了风扇安装位上的散热孔之外，在 PCI 扩展位旁边也布满了散热孔，其散热孔为正菱形，在保证背部散热效果的同时，也能阻挡部分的辐射外泄。

大水牛固态王 D2 详细参数如表 9-3 所示。

表 9-3 配置参数

大水牛 固态王 D2 详细配置参数	
适用类型	台式机
机箱样式	ATX
产品尺寸	430 × 180 × 415mm
机箱仓位	光驱位 x9、3.5 寸硬盘位 x2、SSD 硬盘位 x2（SSD 与 3.5 寸硬盘共用托盘）、PCI 扩展插槽 x7
机箱风扇	1 个 14cm 风扇
支持主板	支持 ATX、Micro-ATX 主板
前置接口	USB2.0 接口、耳麦接口
特色设计	电源下置式设计、支持背部走线、支持 SSD 安装

因为采用的是电源下置式设计，所以在电源安装位的对应位置配置了散热孔，而为了解决下置式电源吸尘的问题，在该处也配置了尼龙防尘网，其网孔稠密，有非常不错的防尘效果，其防尘网采用卡扣式固定，拆卸也非常方便，用户清洗起来不会有太大问题，而在四周的支撑脚有一定的高度，给机箱底部保留了足够的空间，并且在支撑脚底部都配置了防滑垫，让机箱放置起来更加稳定。

9.1.3 机箱的选购

合格的机箱能够有效屏蔽配件产生的电磁辐射，并保护我们的身体健康。而一款优秀的机箱在外观设计上有独到之处，可是市场上销售的机箱数以千计，且质量参差不齐，对于普通的消费者来说挑选一款优秀，甚至合格的机箱实在不易。机箱选购流程如下：

1. 选配件

（1）主板的选择，现在市场上的主板分为 Micro ATX、ATX 和标准 ATX，三种类型的主板尺寸大小不同，因此对于机箱的兼容性要求也就不尽相同。

（2）外部存储的选择，因为随着升级还会不断购买新的硬盘和光驱，所以在选购机箱不但要为眼前的外部存储器准备好位置，还要为将来额外添加打算，预留自己认为够用的存储扩展位。

2. 注重做工

选好了机箱的雏形，我们就可以通过做工对机箱进行筛选了。做工对于一个机箱来说非常重要，选购时主要看机箱侧板安装是否顺畅，以及机箱边缘是否粗糙或锋利。

3. 箱体用料

机箱箱体用料是选择机箱的重要条件，选择钢板抗腐蚀能力强，机箱侧板采用高强度钢结构，标准机箱钢板厚度基本都在 0.7 毫米左右。

一款好的机箱，不仅仅是拥有迷人的外表，还应在内部的设计上处处为使用者考虑。用户应该根据自身需要合理搭配机箱才对。大家在选购机箱时要多加对比，只有这样才能找到性价比比较高的产品。

9.2 电　源

9.2.1 电源的类型

1. AT 电源

AT 电源应用在 AT 机箱内，其功率一般在 150～250W 之间，共有 4 路输出（±5V、±12V），另外向主板提供一个 PG（接地）信号。输出线为两个 6 芯插座和若干 4 芯插头，其中两个 6 芯插座为主板提供电力。AT 电源采用切断交流电网的方式关机，不能实现软件开关机。

2. ATX 电源

ATX 电源和 AT 电源相比较，最明显的就是增加了 + 3.3V、+ 5V、PS-ON 三个输出，PS-ON 引脚是单独给主板提供 5V 电压的开机电源，默认时候电源是没有输出的，但是 PS-ON 例外，这路电源是供给主板的，以作为开机触发。同时它将电源输出线改成一个 20 芯的电源线为主板供电，在外形规格和尺寸方面并没有发生太大的变化。

3. Micro ATX 电源

Micro ATX 电源是 Intel 公司在 ATX 电源的基础上改进的，其主要目的就是降低制作成本。最显著的变化是体积减小、功率降低。

4. BTX 电源

BTX 电源是在 ATX 电源的基础上进行升级得到的，它包含 ATX12V、SFX12V、CFX12V 和 LFX12V 四种电源类型。其中，ATX12V 针对的是标准 BTX 结构的全尺寸塔式机箱，可为用户进行计算机升级提供方便。

9.2.2 电源的技术指标

1. 电源功率

电源功率是电源最重要的性能参数，一般指直流电的输出功率，单位是瓦特（W），现在市场上常见的有 250W、350W、400W 和 500W 等多种电源，台式机电源功率最大可达到 1500W。功率越大，代表其可连接的设备越多，计算机的可扩充性就越好。随着计算机性能的不断提升，耗电量也越来越大，大功率的电源是计算机稳定工作的重要保证，电源功率的相关参数在电源标识上一般都可以看到。

2. 过压保护

若电源的电压太高，则可能烧坏计算机的主机及其插卡，所以市面上的电源大都具有过压保护的功能，即当电源一旦检测到输出电压超过某一值时，就自动中断输出，以保护板卡。过压保护对计算机的安全来说很重要，因为一旦电压过高，将会造成很大的损失。

3. 噪声和滤波

输入 220V 的交流电，通过电源的滤波器和稳压器变换成低压的直流电。噪声大小用于表示输出直流电的平滑程度，而滤波品质的高低代表输出直流电中包含交流成分的多少。噪声和滤波这两项性能指标需要专门的仪器才能定量分析。

4. 瞬间反应能力

瞬间反应能力也就是电源对异常情况的反应能力，它是指当输入电压在允许的范围内瞬间发生较大变化时，输出电压恢复到正常值所需的时间。

5. 电压保护时间

在微机系统中应用的 UPS（不间断电源）在正常供电状态下一般处于待机状态，一旦外部断电，它会立即进入供电状态，不过这个过程大约需要 2～10ms 的切换时间，在此期间需要电源自身能够靠内部储备的电能维持供电。一般优质电源的电压保护时间为 12～18ms,都能保证在 UPS 切换到位之前维持正常供电。

6. 电磁干扰

电源在工作时内部会产生较强的电磁振荡和辐射，从而对外产生电磁干扰，这种干扰一般是用电源外壳和机箱进行屏蔽，但无法完全避免这种电磁干扰，为了限制它，国际上制定了 FCCA 和 FCCB 标准，国内也制定了国际 A 级（工业级）和国际 B 级（家用电器级）标准，优质电源都能通过 B 级标准。

7. 开机延时

开机延时是为了向微机提供稳定的电压而在电源中添加的新功能，因为在电源刚接通电时，电压处于不稳定状态，为此电源设计者让电源延迟 100～500ms 之后再向微机供电。

8. 电源效率和寿命

电源效率和电源设计电路有着密切的关系，提高电源效率可以减少电源自身的损耗和发热量。电源寿命是根据其内部元器件的寿命来确定的，一般元器件寿命为 3～5 年，电源寿命可达 8 万～10 万小时。

9. 电源的安全认证

为了避免因电源质量问题而引起严重事故，电源必须通过各种安全认证才能在市场上销售，因此电源的标签上都会印有各种国内、国际认证标记。其中，国际上主要有 FCC、UL、CSA、TUV、CE 等认证，国内认证为中国的安全认证机构的 CCEE 长城认证。

9.2.3　电源主流产品简介

1. 大水牛变频王 450 电源

大水牛是国内市场上的一个老牌机电品牌，在大水牛的旗下，也已经有着不少的产品，大水牛主打入门、中端产品的路线，大水牛变频王 450 这款产品同样主打中端市场，并且在内部用料、接口配置等方面的表现都不差。大水牛变频王 450 的外壳采用目前的主流设计方式，依然采用黑色作为主色调，并且在外壳进行了镀镍处理，让电源外壳拥有更强的抗腐蚀性。大水牛变频王 450 电源如图 9-5 所示。

大水牛变频王 450 采用的是垂直送风设计，其散热风扇配置在顶盖部分，而从大水牛变频王 450 的顶部可以了解到，其配套风扇尺寸为 12cm，为目前的主流尺寸。风扇外部配置了圆环形防护罩，能够在保护电源的同时减少对于风力的阻碍。

图 9-5　大水牛变频王 450 电源

大水牛变频王 450 的正面为出风口，其散热孔采用了防电磁辐射极佳的蜂窝式设计，而散热孔几乎布满了整个正面外壳，让散热效果得以保障。大大水牛变频王 450 的额定输出功率为 350W，足以满足目前的一些中端平台使用，输出部分分为两路 + 12V 输出设计，其中一路能够提供 11A 的直流输出，而另一路则能提供 14A 的电流输出，两路整合的输出功率达到 264W，而 + 3.3V 与 + 5V 输出电流分别为 21A 和 15A，两路整合的输出功率为 103W。

大水牛变频王 450 详细参数如表 9-4 所示。

表 9-4 配置参数

大水牛 变频王 450 电源 规格参数	
电源标准	ATX 12V 2.31
产品颜色	黑色
额定功率	350W
电源接口	24pin、4 + 4pin、6pin、SATA 接口、D 型 4pin 接口
电源风扇	12cm 风扇
性能及安全认证	CCC
产品卖点	双路 + 12V 供电设计、主动式 PFC 电路、风速调节器

2. 航嘉冷静王至强版电源

航嘉作为国内著名的机电品牌，推出了众多为人所称赞的高品质产品，也诞生了不少深入人心的系列产品，而冷静王电源系列则是其中之一。航嘉冷静王至强版电源是一款定位中端用户使用的主流电源产品，采用了高效的主动式 PFC 电路以及双管正激拓扑结构，使电源可以适应时下主流硬件变化。航嘉冷静王至强版电源如图 9-6 所示。

航嘉冷静王系列电源是航嘉电源系列中产品历史较长、产品种类较多的一个系列之一。航嘉冷静王至强版电源是冷静王电源系列最新的一款电源产品，电源额定输出功率为 350W，定位主流中端计算机平台用户，电源支持 Intel Core i7 和 AMD Phenom II 四核处理器以及 AMD 和 NVIDA 主流显卡产品。

航嘉冷静王至强版电源外壳采用镜面镀镍工艺处理，使电源外壳既美观，又具备较佳的防锈耐腐蚀能力，从而延长电源的使用寿命。航嘉冷静王至强版电源散热采用主流的大风车垂直送风散热设计，同心圆环设计的银色风扇滤网可以在风扇运转时防止大体积外物进入风扇扇叶中，以避免扇叶被外物破坏。

图 9-6 航嘉冷静王至强版电源

航嘉冷静王至强版电源出风口采用六边形蜂窝镂空设计，在保证电源内部通风顺畅的情况下具备一定的防电磁辐射外泄功能。此外，电源还在市电接入插座下方设置了控制开关，方便裸机用户对电源通电与否进行控制。电源支持 100 ~ 240V 的电压输入，电源的额定输出功率为 350W，采用双路 + 12V 输出设计，每路 + 12V 输出电路最大输出电流值为 17A。

航嘉冷静王至强版电源详细参数如表 9-5 所示。

表 9-5 配置参数

航嘉冷静王至强版电源 规格参数	
电源标准	ATX 12V 2.3
产品颜色	银黑色
额定功率	350W
电源接口	20 + 4pin、4 + 4pin、6 + 2pin、SATA 接口、D 型 4pin 接口
电源风扇	12cm 散热风扇
性能及安全认证	CCC 安全认证
产品卖点	双 + 12V 供电设计、主动式 PFC 电路设计、双管正激拓扑结构

3. 金河田劲霸黑盒电源

金河田劲霸 ATX-S410 黑盒版的外壳采用较为常见的黑色主调，同时映衬本产品版本。电源表面采用镀镍处理，防刮花的同时增强了耐用性，减少在使用过程中受到的腐蚀。金河田劲霸 ATX-S410 黑盒版采用目前主流的垂直送风设计，电源顶盖配置了一个 12cm 的纯白风扇，扇叶与外壳颜色相反，色彩对比鲜明。风扇外框不多加修饰，增大了排风面积，有利于散热。金河田劲霸黑盒电源如图 9-7 所示。

图 9-7　金河田劲霸黑盒电源

金河田劲霸 ATX-S410 黑盒版正面为整个电源的主要出风口，此处布满了主流的六边形蜂窝状通风网孔，有效排除电源内部热量的同时还起到降低电池辐射功能，一举两得。

金河田劲霸额定输出功率为 300W，最大输出功率为 400W。输出部分，本产品采用单路 + 12V 输出设计，提供 18A 的电流输出，整个 + 12V 电路能够提供 216W 功率，而 + 5V 和 + 3.3V 的输出电流分别为 25A 和 20A，两路整合输出功率为 145W。此外，本产品具有完整的过流保护、过压保护、过温保护、过功率保护、欠压保护、短路保护设计，充分保护计算机硬件不受电源意外故障的损害。

金河田劲霸黑盒电源详细参数如表 9-6 所示。

表 9-6　配置参数

金河田劲霸 ATX-S410 黑盒版 规格参数	
电源标准	ATX 12V 2.31
产品颜色	黑色
额定功率	300W
电源接口	24pin、4 + 4pin、6 + 2pin、SATA 接口、D 型 4pin 接口、软驱供电接口
电源风扇	12cm 液压风扇
性能及安全认证	CCC 安全认证
产品卖点	12cm 液压风扇、被动式 PFC 电路、垂直送风

9.2.4　电源的选购

电源是微机中各设备的动力源泉，其品质好坏直接影响微机的工作效果，一般都和机箱一同出售。因此选购电源时应考虑以下几点。

1. 电源的输出功率

除考虑到系统安全工作外，还要考虑到以后安装第二块硬盘、光盘或其他部件使用功率的增加，最好购买输出功率在 300W 以上的电源。

2. 电源的质量

购买时应选择质量好的电源。在外观方面用以下几点来初步判断：应选择比较重的电源，因为较重的电源内部使用了较大的电容和散热片；查看电源输出插头线，质量好的电源一般用较粗的导线；插接件插入时应该比较紧，因为较松的插头容易在使用过程中产生接触不良等问题。

3. 电源风扇的噪声

选购电源时应注意电源盒中的风扇噪声是否过大，以及电源风扇转动是否稳定。

4. 过压保护

在购买电源时应查看电源是否有双重过压保护功能。

5. 安全认证

电源上除了标有生产厂家、注册商标、产品型号、还应有一些国家认证的安全标识，防止以次充好。

9.3 不间断稳压电源

不间断电源（uninterruptible power system，UPS）是能够提供持续、稳定、不间断的电源供应的重要外部设备。UPS 按工作原理分成后备式、在线式与在线互动式三大类。UPS 在市电停止供应的时候，能保持一段供电时间，使人们有时间存盘，再从容地关闭机器。UPS 主要由 UPS 主机及 UPS 电池组成，它在机器有电工作时，就将市电交流电逆变，并储存在自己的电源中，一旦停止供电，它就能作为电源，使用电设备维持一段工作时间，保持时间可能是 10 分钟、半小时等，延时时间一般由蓄电池的容量所决定。

9.3.1 UPS 的技术指标

UPS 的主要技术指标如下：

（1）额定输出电压：可设置为 110V、220V。

（2）在线电压调整：±5%，当 AUTO 或 LOW 应用灵敏度由用户选择时，输出电压可被扩大为 + 5%。

（3）使用电池输出电压总谐波失真：<5%。

（4）使用电池输出频率：50Hz±0.1。

（5）使用电池操作转换：最大 1.5ms。

（6）电池类型：全封闭、免维护铅酸蓄电池。

（7）额定电池电压：48V。

（8）电池寿命：一般 5 年。

9.3.2 UPS 主流产品简介

1. 山特 MT1000

山特 MT1000 具有 1600VA 的稳压输出容量，可自动调节输入电压。除了保护计算机以外，更可外接打印机或扫描仪等计算机外设，避免了复杂的外部连线。山特 MT1000 采用先进的 CPU 集成控制技术，能够更加精确可靠地侦测断电、短路、过载、高低压等电力状况，为负载提供全方位的保护。山特 MT1000 如图 9-8 所示。

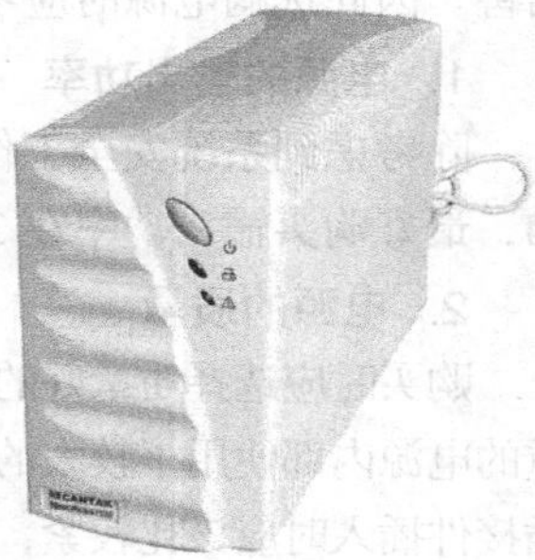

图 9-8 山特 MT1000

山特 MT1000 电压输入范围达 162～286VAC，特别适用于电力环境恶劣的地区，更可搭配发电机使用。其独创的双用插座解决不同形式的电源插头的需求，不需要另外准备转接头。它配备 RJ45/RJ11 网络保护接口，提供网络缆线或外接 Modem，对上网设备进行突波保护，有效保护设备的安全。具备 DB-9P 计算机通信接口，搭配山特网站免费下载的 WinPower2000 软件，可进行自动存盘关机并对 UPS 使用情况进行实时监控管理。MT 系列 UPS 采用先进的 CPU 集成控制技术，能够更加精确可靠地侦测断电、短路、过载、高低压、突波等电力状况，为负载提供全方位的保护。当 UPS 超载后只需重新按下 RESET 按钮即可，不需要更换保险丝。山特 MT1000 采用原装高品质免维护松下蓄电池，其电力持久、稳定，有效提高 UPS 的使用可靠性。

2. APC Back RS BR1000-CH

APC Back RS BR1000-CH 这种高性能桌面系统电池备用插座带有自动电压调节（AVR）功能，用户可以在最频繁的停电和电压骤降情况下继续工作，供急需时使用。APC Back RS BR1000-CH 如图 9-9 所示。

蓄电方面，APC Back RS BR1000-CH 采用密封铅酸免维护蓄电池，在满负载时的典型备用时间为七分钟，半负载时的典型备用时间为十八分钟，使用户可以从容地保存工作文件。软件支持方面，PowerChute 个人版软件具有易于使用的安全系统关机功能和完善的电源管理能力。APC Back RS BR1000-CH 具有良好的电源净化能力，断电时切换时间更短，备用时间也比较长。

3. 金武士 DK600

金武士 DK600 适用于企事业单位、政府、科研、交通、国防及教育等行业的 PC、路由器、POS 机、通信机及工控产品等供电保护。采用后备式设计。金武士 DK600 如图 9-10 所示。

图 9-9　APC Back RS BR1000-CH

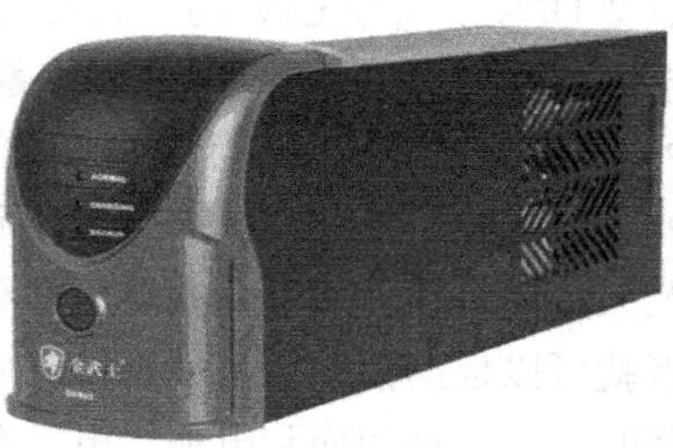

图 9-10　金武士 DK600

金武士 DK600 作为一款非在线式 UPS 电源，其优点是运行效率高，噪音低，价格相对便宜，主要适用于市电波动不大，对供电质量要求不高的场合。金武士 DK600 采用宽电压设计，噪音方面非常静音，0.6KVA 容量，能够为企业提供良好的电力支持，做好工作和效率的坚强后盾。

9.3.3　UPS 的选购

UPS 产品是金融机构计算机机房的必备设备，属一次性投资的耐用产品。许多用户对 UPS 产品标称的各个单项技术指标不是很了解，选购时的注意事项如下。

1. 先确认需要何种 UPS

目前 UPS 种类有以下几种：

（1）后备式 UPS

在市电正常时直接由市电向负载供电，后备式 UPS 会迅速切换到逆变状态，将电池电能逆变成为交流电对负载继续供电，因此后备式 UPS 在由市电转逆工作时会有一段转换时间，一般小于

10ms。其特点是结构简单、体积小、成本低。

（2）在线式 UPS

在市电正常时，由市电进行整流提供直流电压给逆变器工作,由逆变器向负载提供交流电，在市电异常时，逆变器由电池提供能量，逆变器始终处于工作状态，保证无间断输出。其特点是：有极宽的输入电压范围，无切换时间且输出电压稳定精度高，特别适合对电源要求较高的场合，但是成本也较高。目前，功率大于 3kVA 的 UPS 几乎都是在线式 UPS。

（3）在线互动式 UPS

在市电正常时直接由市电向负载供电，当市电偏低或偏高时，通过UPS内部稳压线路稳压后输出；当市电异常或停电时，通过转换开关转为电池逆变供电。它具有较宽的输入电压范围，有噪音低、体积小等优点，但同样存在切换时间。

（4）按照输出容量大小划分 UPS

UPS 按输入/输出方式可分为三类，即单相输入/单相输出、三相输入/单相输出、三相输入/三相输出。单相电是指由一根火线、一根零线和一根地线组成的供电系统；三相电是由三根火线、一根零线和一根地线组成的供电系统，其中两根火线之间的电压（即线电压）为 380V，而火线与零线之间的电压（即相电压）为 220V。对于用户来说，三相供电其市电配电和负载配电容易，每一相都承担一部分负载电流，因而中、大功率 UPS 多采用三相输入/单相输出或三相输入/三相输出的供电方式。

（5）智能型 UPS

智能型 UPS 是当今 UPS 的一大发展趋势，随着 UPS 在网络系统上应用，网络管理者强调整个网络系统为保护对象，希望整个网络系统在供电系统出现故障时，仍然可以继续工作而不中断。因此 UPS 内部配置微处理器使之智能化是 UPS 的新趋势，UPS 内部硬件与软件的结合，大幅增加了 UPS 的功能，可以监控 UPS 的运行工作状态，如 UPS 输出电压频率、电网电压频率、电池状态以及故障记录等。还可以通过软件对电池进行检测、自动放电充电，以及遥控开关机等。网络管理者就可以根据信息资料分析供电质量，依据实际情况采取相应的措施。当 UPS 检测出供电电网中断时，将自动切换到电池供电，在电池供电能力不足时立即通知服务器做关机的准备工作并在电池耗尽前自行关机。智能型 UPS 通过接口与计算机进行通信，从而使网络管理员能够监控 UPS，因此其管理软件的功能就显得极其重要。

2. 确定所需 UPS 之功率（VA）值

（1）所保护的设备均会标示其功率（W）值或电流（A）值。

（2）功率（W）值 ÷ 0.7 = VA 值。

（3）电流（A）值 × 220 = VA 值。

（4）将所有设备 VA 值相加得到总 VA 值，将总 VA 值加上 20%～30%预备容量即得到 UPS VA 值。

3. UPS 的备用时间及品牌

UPS 依备用时间可分为标准型及长效型。标准型 UPS 备用时间为 5～15 分钟，长效型为 1～8 小时。假如用户的设备停电时，只需要存盘、退出即可，那选用标准型 UPS；假如用户的设备停电时，仍需长时间运转，那需选用长效型 UPS。假如确定了 UPS 种类、容量、备用时间，接下来需确定的是选购哪一品牌的 UPS。这里的建议是：需考虑这个品牌的知名度及售后保证条款，如保修年限、维修响应时间等。

习　题　9

一、填空题

1. 机箱从结构上分可以分为 AT 机箱、________、________。
2. 机箱从体积上分可以分为超薄、________、________、立式、________、________。
3. 电源的类型分为________、________、________、________。
4. UPS 的中文解释是________。
5. 常见的 UPS 电源的种类分为________、________、________。

二、简答题

1. 目前主流机箱价格大约在 300 元左右，这个价格范围的机箱只能算是中低端的产品，但这类产品凭借很高的性价比在市场上很受消费者的好评，从网上搜集两款主流的机箱产品，并写出它们的详细配置参数。

2. 市场上销售的机箱数以千计，且质量参差不齐，对于普通的消费者来说挑选一款优秀（甚至选择合格）的机箱实在不易，简述机箱选购流程。

3. 市场的电源品牌众多现想选购一台功耗低、散热好、噪音低、寿命长的电源，从网上搜集一款这样的电源产品，并写出它的详细配置参数。

4. 电源的选购我们首先要了解一些相关的技术指标，大家在选购时要了解常见认证和技术指标，简述选购电源时的注意事项。

5. 简述不间断稳压电源的定义并说出三款主流的不间断电源。

第10章 计算机网络基础

10.1 计算机网络概述

计算机网络技术是通信技术与计算机技术相结合的产物。计算机网络是按照网络协议，将地理上分散的、独立的计算机相互连接的集合。连接介质可以是电缆、双绞线、光纤、微波、载波或通信卫星。计算机网络具有共享硬件、软件和数据资源的功能，具有对共享数据资源集中处理及管理和维护的能力。

计算机网络，是指将地理位置不同的具有独立功能的多台计算机及其外部设备，通过通信线路连接起来，在网络操作系统、网络管理软件及网络通信协议的管理和协调下，实现资源共享和信息传递的计算机系统。简单地说，计算机网络就是通过电缆、电话线或无线通信将两台以上的计算机互连起来的集合。

现在人们的生活、工作、学习和交往都已离不开计算机网络。设想在某一天我们的计算机网络突然出故障不能工作了，那时会出现什么结果呢？我们将无法购买机票或火车票。因为售票员无法知道还有多少票可供出售，我们也无法到银行存钱或取钱，无法交纳水电费、煤气费等，股市交易都将停顿，在图书馆也无法检索所需的图书和资料，我们既不能上网查询有关的资料，也无法使用电子邮件和朋友及时交流信息。由此可看出，人们的生活越是依赖于计算机网络，计算机网络的可靠性也就越重要。这就使得计算机网络的发展进入了一个新的历史阶段，变成了几乎人人都知道而且都十分关心的热门学科。

10.1.1 计算机网络的产生和发展

计算机网络从20世纪60年代开始发展至今，已形成从小型的办公室局域网到全球性的大型广域网的规模，对现代人类的生产、经济、生活等各个方面都产生了巨大的影响。仅仅在过去的20多年里，计算机和计算机网络技术就取得了惊人的发展，处理和传输信息的计算机网络形成了信息社会的基础，不论是企业、机关、团体或个人，他们的生产率和工作效率都由于使用这些革命性的工具而有了实质性的增长。在当今的信息社会中，人们不断地依靠计算机网络来处理个人和工作上的事物，而这种趋势正在加剧并显示出计算机和计算机网络的强大功能。计算机网络的形成大致分为以下几个阶段。

1. 以主机为中心的联机系统

20世纪60年代中期以前，计算机主机昂贵，而通信线路和通信设备的价格相对便宜，为了共享主机资源并进行信息的采集及综合处理，联机终端网络是一种主要的系统结构形式，这种以单计算机为中心的联机系统如图 10-1 所示。

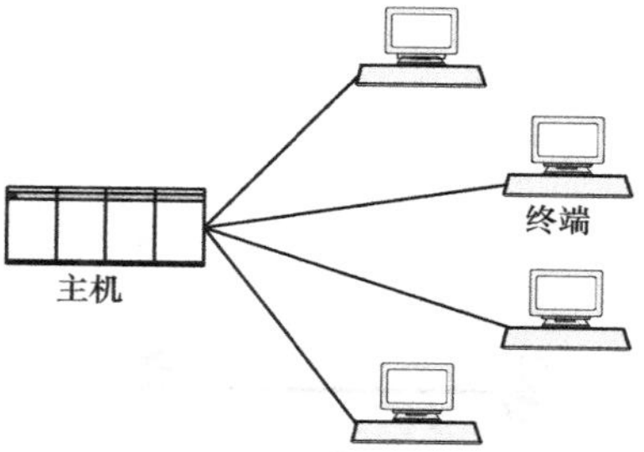

图 10-1 以主机为中心的联机系统

2. 计算机-计算机网络

从 20 世纪 60 年代中期到 70 年代中期，随着计算机技术和通信技术的进步，已经形成了将多个单处理机联机终端网络互相连接起来，以多处理机为中心的网络，可以利用通信线路将多台主机连接起来，为用户提供服务。连接形式有以下两种：

第一种形式是通过通信线路将主机直接连接起来，主机既承担数据处理又承担通信工作，如图 10-2（a）所示。

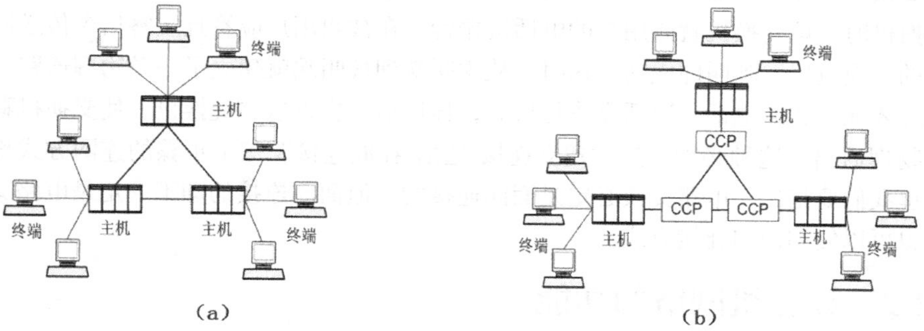

图 10-2 计算机-计算机网络

第二种形式是把通信任务从主机分离出来，设置通信控制处理机（CCP），主机间的通信通过 CCP 的中继功能间接进行。由 CCP 组成的传输网络称为通信子网，如图 10-2（b）所示。

通信控制处理机负责网上各主机间的通信控制和通信处理，由它们组成了带有通信功能的内层网络，也称为通信子网，是网络的重要组成部分。主机负责数据处理，是计算机网络资源的拥有者，而网络中所有的主机构成了网络的资源子网。通信子网为资源子网提供信息传输服务，资源子网上用户间的通信是建立在通信子网的基础上的。没有通信子网，网络就不能工作，而没有资源子网，通信子网的传输也失去了意义，两者结合起来组成了统一的资源共享的网络。

3. 分组交换技术的产生

在电话问世后不久，人们就发现，要让所有的电话机都两两相连接是不现实的。图 10-3（a）表示两部电话只需要用一对电线就能够互相连接起来，但若有 5 部电话要两两相连，则需要 10 对电线，如图 10-3（b）所示。显然，若 N 部电话要两两相连，就需要 $N(N-1)/2$ 对电线。当电话机的数量很大时，这种连接方法需要的电线数量就太大了（与电话机的数量的平方成正比）。于是人们认识到，要使得每一部电话能够很方便地和另一部电话进行通信，就应当使用电话交换机将这些电话连接起来，如图 10-3（c）所示。每一部电话都连接到交换机上，而交换机使用交换的方法，让电话用户彼此之间可以很方便地通信。一百多年来，电话交换机虽然经过多次更新换代，但交换的方式一直都是电路交换。

当电话机的数量增多时，就要使用很多彼此连接起来的交换机来完成全网的交换任务。用这样的方法，就构成了覆盖全世界的电信网。

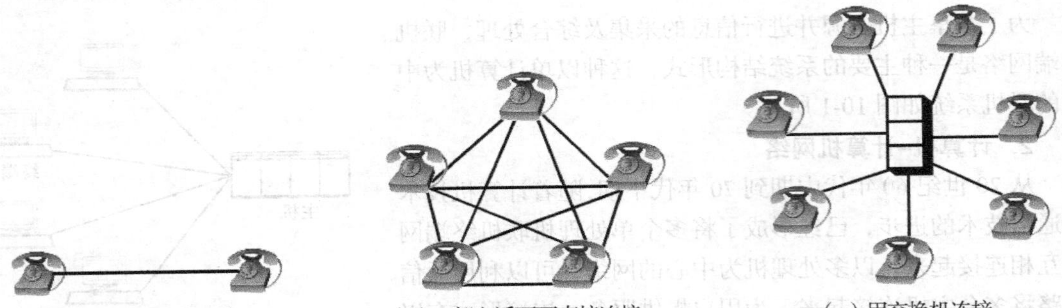

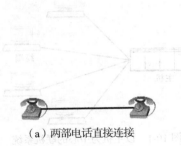

（a）两部电话直接连接　　（b）5 部电话两两直接连接　　（c）用交换机连接

图 10-3　电话连接方式的演变

从通信资源的分配角度来看，“交换”就是按照某种方式动态地分配传输线路的资源。人们在使用电路交换时，在通电话之前，必须先呼叫。当拨号的信令通过一个个交换机到达被叫用户所连接的交换机时，该交换机就向用户的电话机振铃。在被叫用户应答且应答信令传送回到主叫用户所连接的交换机后，呼叫即成功。这时，从主叫端到被叫端就建立了一条物理通路，此后主叫和被叫双方才能互相通电话。通话完毕挂机后，挂机信令告诉这些交换机，使交换机释放刚才使用的这条物理通路。这种必须经过“建立连接-通信-释放连接”三个步骤的连网方式称为面向连接的。这里我们要指出，电路交换必定是面向连接的。但面向连接的却不一定是电路交换，因为分组交换也可以使用面向连接方式。

10.1.2　计算机网络的功能

1. 数据交换和通信

计算机网络中的计算机之间或计算机与终端之间，可以快速可靠地相互传递数据、程序或文件。例如，电子邮件（E-mail）可以使相隔万里的异地用户快速准确地相互通信，电子数据交换（EDI）可以实现在商业部门（如海关、银行等）或公司之间进行订单、发票、单据等商业文件安全准确的交换，文件传输服务（FTP）可以实现文件的实时传递，为用户复制和查找文件提供了有力的工具。

2. 资源共享

充分利用计算机网络中提供的资源（包括硬件、软件和数据）是计算机网络组网的主要目标之一。计算机的许多资源都是十分昂贵的，不可能为每个用户所单独拥有。例如，进行复杂运算的巨型计算机、海量存储器、高速激光打印机、大型绘图仪和一些特殊的外设等，另外，还有大型数据库和大型软件等，这些昂贵的资源都可以为计算机网络上的用户所共享。资源共享既可以使用户减少投资，又可以提高这些计算机资源的利用率。

3. 提高系统的可靠性

在一些用于计算机实时控制和要求高可靠性的场合，通过计算机网络实现的备份技术可提高计算机系统的可靠性。当某一台计算机出现故障时，可以立即由计算机网络通知另一台计算机来代替其完成所承担的任务。例如，空中交通管理、工业自动化生产线、军事防御系统、电力供应系统等都可以通过计算机网络设置备用或替换的计算机系统，以保证实时性管理和不间断运行系统的安全性和可靠性。

4. 分布式网络处理和负载均衡

对于大型的任务或当网络中某一台计算机的任务负荷太重时，可将任务分散到网络中的其他计算机进行大型任务的处理，使得某一台计算机不会负担过重，进而提升了计算机的可用性，起到了分布式处理和均衡负荷的作用。

10.2 计算机网络的分类

由于计算机网络自身的特点，对其划分也有多种形式，例如，可以按网络的作用范围、网络的传输技术方式、网络的使用范围以及通信介质等分类。此外，还可以按信息交换方式和拓扑结构等进行分类,下面介绍一下按地理范围划分方式。

10.2.1 局域网

局域网是计算机通过高速线路相连组成的网络。一般限定在较小的区域内，如图 10-4 所示。LAN 通常安装在一个建筑物或校园（园区）中，覆盖的地理范围从几十米至数公里，例如一个实验室、一栋大楼、一个校园或一个单位中将各种计算机、终端及外部设备联网。网上的传输速率较高，从 10Mbit/s 到 100Mbit/s 甚至可以达到 1000Mbit/s，各种计算机可以共享资源，例如共享打印机和数据库。

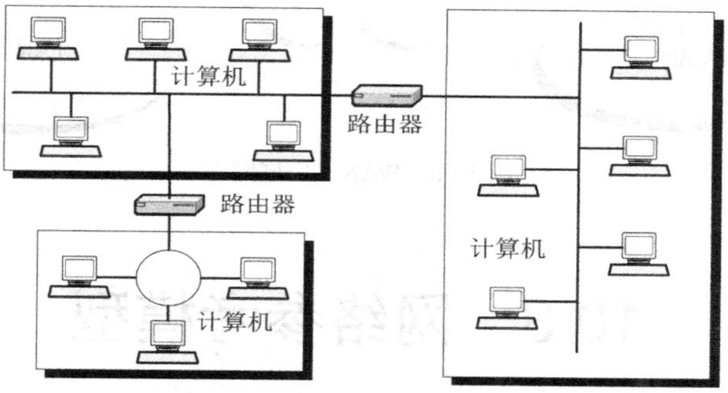

图 10-4 LAN（局域网）

10.2.2 城域网

城域网规模局限在一座城市的范围内,覆盖的地理范围从几十公里至数百公里。如图 10-5 所示，城域网是对局域网的延伸，用于局域网之间的连接，在传输介质和布线结构方面牵涉范围较广。例如，在城市范围内，政府部门、大型企业、机关、公司以及社会服务部门的计算机联网，可实现大量用户的多媒体信息的传输，包括语音、动画和视频图像，以及电子邮件和超文本网页等。

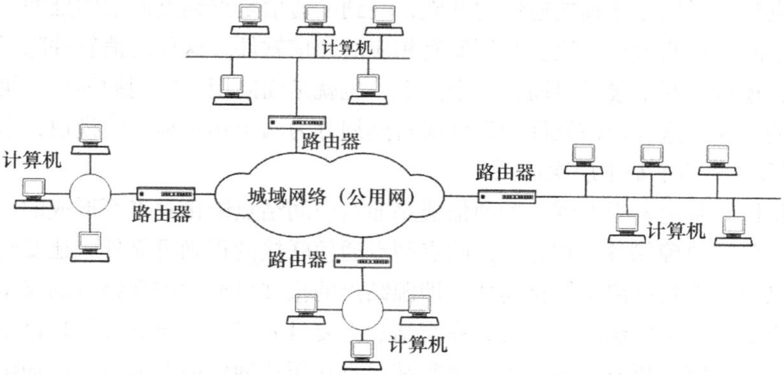

图 10-5 MAN（城域网）

10.2.3 广域网

广域网覆盖的地理范围从数百公里至数千公里，甚至上万公里，且可以是一个地区或一个国家，甚至世界几大洲，故又称远程网。广域网在采用的技术、应用范围和协议标准方面与局域网和城域网有所不同。在广域网中，通常是利用电信部门提供的各种公用交换网，将分布在不同地区的计算机系统互连起来，达到资源共享的目的，如图 10-6 所示。广域网使用的主要技术为存储转发技术。

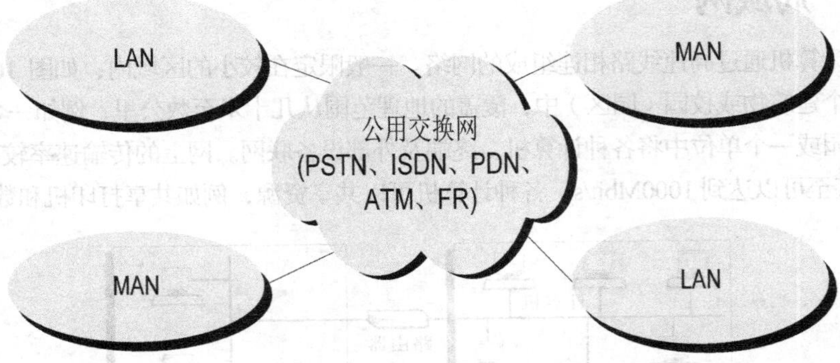

图 10-6 WAN（广域网）

10.3 网络参考模型

10.3.1 OSI 参考模型概述

1. ISO/OSI 参考模型体系的形成

计算机网络是计算机的互连，它的基本功能是网络通信。网络通信根据网络系统的不同，其拓扑结构可归纳为以下两种基本方式：

第一种为相邻结点之间通过直达通路的通信，称为点到点通信。

第二种为不相邻结点之间通过中间结点链接起来形成间接可达通路的通信，称为端到端通信。

很显然，点到点通信是端到端通信的基础，端到端通信是点到点通信的延伸。

点到点通信时，在两台计算机上必须要有相应的通信软件。这种通信软件除了与各自操作管理系统接口外，还应有两个接口界面：一个向上，也就是面向用户应用的界面；第一个向下，也就是面向通信的界面。这样通信软件的设计就自然划分为两个相对独立的模块，形成用户服务层 US 和通信服务层 CS 两个基本层次体系。

端到端通信链路是把若干点到点的通信线路通过中间结点链接起来而形成的，因此，要实现端到端的通信，除了要确保各自相邻结点间点到点通信联接的正确可靠外，还要解决两个问题：第一，在中间结点上要具有路由转接功能，即源结点的报文可通过中间结点的路由转发，形成一条到达目标结点的端到端的链路；第二，在端结点上要具有启动、建立和维护这条端到端链路的功能。启动和建立链路是指发送端结点与接收端结点在正式通信前双方进行的通信，以建立端到端链路的过程。维护链路是指在端到端链路通信过程中对差错或流量控制等问题的处理。

为了实现不同厂家生产的计算机系统之间以及不同网络之间的数据通信，就必须遵循相同的网络体系结构模型，否则不同种类的计算机就无法连接成网络，这种共同遵循的网络体系结构模型就是国际标准——开放系统互连参考模型，即 ISO/OSI。

ISO 发布的最著名的 ISO 标准是 ISO/IEC 7498，它将 ISO/OSI 依据网络的整个功能划分成 7 个层次应用层、表示层、会话层、传输层、网络层、链路层、物理层，以实现开放系统环境中的互连性（interconnection）、互操作性（interoperation）和应用的可移植性（portability）。

ISO 将整个通信功能划分为 7 个层次，分层原则如下：

（1）网络中各结点都有相同的层次。

（2）不同结点的同等层具有相同的功能。

（3）同一结点内相邻层之间通过接口通信。

（4）每一层使用下层提供的服务，并向其上层提供服务。

（5）不同结点的同等层按照协议实现对等层之间的通信。

2. ISO/OSI 参考模型体系结构

ISO/OSI 的配置管理主要目标就是网络适应系统的要求。ISO/OSI 层次结构如图 10-7 所示。

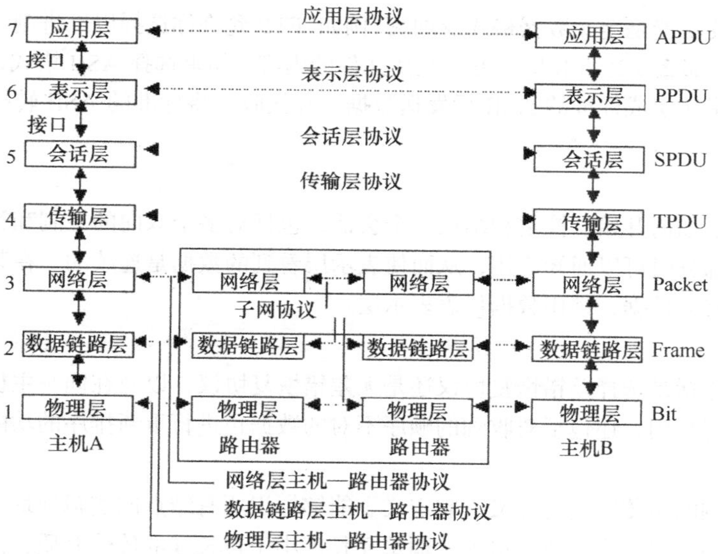

图 10-7 OSI 七层参考模型

低三层可看作是传输控制层，负责有关通信子网的工作，解决网络中的通信问题。高三层为应用控制层，负责有关资源子网的工作，解决应用进程的通信问题。传输层为通信子网和资源子网的接口，起到连接传输和应用的作用。

ISO/RM 的最高层为应用层，面向用户提供应用服务。最低层为物理层，连接通信媒体实现数据传输。层与层之间的联系是通过各层之间的接口来进行的，上层通过接口向下层提供服务请求，而下层通过接口向上层提供服务。两个计算机通过网络进行通信时，除了物理层之外，其余各对等层之间均不存在直接的通信关系，而是通过各对等层的协议来进行通信，如两个对等的网络层使用网络层协议通信。只有两个物理层之间才可以通过媒体进行真正的数据通信。

当通信实体通过一个通信子网进行通信时，必然会经过一些中间结点，通信子网中的结点只涉及到低三层的结构。

在 OSI/RM 中系统间的通信信息流动过程如下：发送端的各层从上到下逐步加上各层的控制信息构成的比特流传递到物理信道，然后再传输到接收端的物理层，经过从下到上逐层去掉相应层的控制信息得到的数据流最终传送到应用层的进程。由于通信信道的双向性，因此数据的流向也是双向的。

比特流的形成：数据 DATA→应用层（DATA + 报文头 AH,用 L7 表示）→表示层（L7 + 控制信 PH）→会话层（L6 + 控制信息 SH）→传输层（L5 + 控制信息 TH）→网络层（L4 + 控制信息 NH）→数据链路层（差错检测控制信息 DT + L3 + 控制信息 DH）→物理层（比特流）。

10.3.2 OSI 参考模型各层功能

1. 应用层

与其他计算机进行通信的一个应用，它是对应应用程序的通信服务。例如，一个没有通信功能的字处理程序就不能执行通信的代码，从事字处理工作的程序员也不关心 OSI 的第 7 层。但是，如果添加了一个传输文件的选项，那么字处理器的程序员就需要实现 OSI 的第 7 层。

2. 表示层

这一层的主要功能是定义数据格式及加密。例如，FTP 允许你选择以二进制或 ASII 格式传输。如果选择二进制，那么发送方和接收方不改变文件的内容。如果选择 ASII 格式，发送方将把文本从发送方的字符集转换成标准的 ASII 后发送数据。在接收方将标准的 ASII 转换成接收方计算机的字符集。

3. 会话层

这一层定义了如何开始、控制和结束一个会话，包括对多个双向的控制和管理，以便在只完成连续消息的一部分时可以通知应用，从而使表示层看到的数据是连续的。在某些情况下，如果表示层收到了所有的数据，则用数据代表表示层。

4. 传输层

这层的功能包括是选择差错恢复协议还是无差错恢复协议，以及在同一主机上对不同应用的数据流的输入进行复用，还包括对收到的顺序不对的数据包进行重新排序的功能。

5. 网络层

这层对端到端的包传输进行定义，它定义了能够标识所有结点的逻辑地址，还定义了路由实现的方式和学习的方式。为了适应最大传输单元长度小于包长度的传输介质，网络层还定义了如何将一个包分解成更小的包的分段方法。

6. 数据链路层

它定义了在单个链路上如何传输数据，这些协议与被讨论的各种介质有关。

7. 物理层

OSI 的物理层规范是有关传输介质的特性标准，这些规范通常也参考了其他组织制定的标准。连接头、针、针的使用、电流、编码及调制等都属于各种物理层规范中的内容。物理层常用多个规范完成对所有细节的定义。

10.3.3 TCP/IP 参考模型

TCP/IP 采用四层结构，如图 10-8 所示，由于设计时并未考虑到要与具体的传输媒体相关，所以没有对数据链路层和物理层做出规定。实际上，TCP/IP 的这种层次结构遵循着对等实体通信原则，每一层实现特定功能。TCP/IP 的工作过程，可以通过“自上而下，自下而上”形象地描述，数据信息的传递在发送方是按照“应用层—传输层—网际层—网络接口层”顺序，在接收方则相反，按低层为高层服务的原则。

应用层与 OSI 模型中的高三层任务相同，用于提供网络服务。传输层又称为主机至主机层，与 OSI 传输层类似，负责主机到主机之间的端到端通信，使用传输控制协议 TCP 和用户数据包协议 UDP。

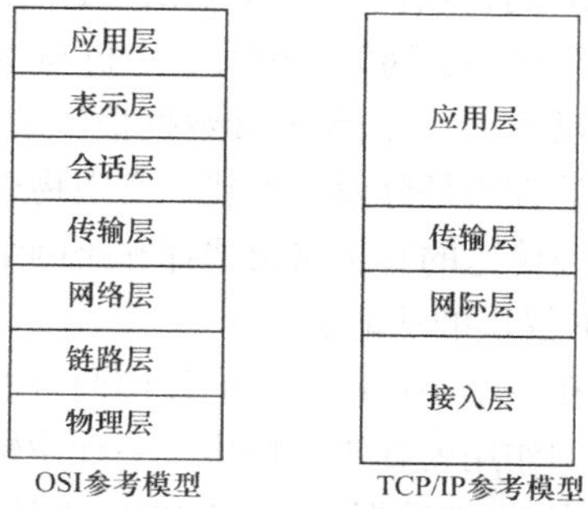

图 10-8 TCP/IP 四层结构与 OSI/RM 七层结构对比

网际层也称互联层，主要功能是处理来自传输层的分组，将分组形成数据包（IP 数据包），并为该数据包进行路径选择，最终将数据包从源主机发送到目的主机。常用的协议是网际协议。网络接口层对应着 OSI 的物理层和数据链路层，负责通过网络发送和接收 IP 数据报。

10.4 网络通信协议

10.4.1 通信协议的概念

通过通信信道和设备互连起来的多个不同地理位置的数据通信系统，要使其能协同工作实现信息交换和资源共享，它们之间必须具有共同的语言。交流什么、怎样交流及何时交流，都必须遵循某种互相都能接受的规则。这个规则就是通信协议。

通信协议（communications protocol）是指双方实体完成通信或服务所必须遵循的规则和约定。协议定义了数据单元使用的格式、信息单元应该包含的信息与含义、连接方式、信息发送和接收的时序，从而确保网络中的数据能够顺利地传送到确定的地方。

1. 定义

通信协议在计算机通信中是用于实现计算机与网络连接之间的标准，网络如果没有统一的通信协议，计算机之间传递的信息就无法识别。通信协议是指通信各方事前约定的通信规则，可以简单地理解为各计算机之间进行相互会话所使用的共同语言。两台计算机在进行通信时，必须使用通信协议。

2. 协议的三要素

协议主要由以下三个要素组成：

语义：“讲什么”，即数据内容、含义以及控制信息。

语法：“如何讲”，即数据的格式、编码和信号等级（电平的高低）。

规则：明确通信的顺序、速率匹配和排序。

10.4.2 TCP/IP

1. 网际层协议（IP）

IP 是一个无连接的协议，在对数据传输处理上，只提供“尽最大努力传送机制”，也就是尽最大努力完成投递服务，而不管传输正确与否。

IP 的特点：一是提供无连接的数据报传输机制；二是能完成点对点的通信。IP 的作用：用于主机与网关、网关与网关、主机与主机之间的通信。IP 的功能：IP 的寻址（体现在能唯一地标识通信媒体）、面向无连接数据报传送（实现 IP 向 TCP 所在的传输层提供统一的 IP 数据报，主要采用的方法是分段、重装，实现物理地址到 IP 地址转化）、数据报路由选择（同一网络沿实际物理路由传送的直接路由选择和跨网络的经由路由器或网关传送的间接路由选择）和差错处理（指 ICMP 提供的功能）。

在一个物理网络中的任何两台主机之间进行通信时，都必须获得对方的物理地址，而使用 IP 地址的作用就在于它提供了一种逻辑地址，能够使不同网络之间的主机进行通信。

当 IP 把数据从一个物理网络传输到另一个物理网络之后，就不能完全依靠 IP 地址了，而要依靠主机的物理地址。为了完成数据传输，IP 必须具有一种确定目标主机物理地址的方法，也就是说要在 IP 地址与物理地址之间建立一种映射关系，而这种映射关系被称为“地址解析”。

地址解析包括：（正向）地址解析协议 ARP（从 IP 地址到物理地址的映射）和逆向地址解析协议 RARP（从物理地址到 IP 地址的映射）。

ARP 的工作过程：首先广播一个 ARP 请求数据包（源主机的物理地址、IP 地址、目的主机的 IP 地址、数据），网络上所有的主机都可接收该数据包，只有目的主机处理 ARP 数据包并向源主机发出 ARP 响应数据包（包含了物理地址）。

RARP 的工作过程：首先广播一个 RARP 请求数据包（源主机的物理地址、IP 地址、目的主机的物理地址、数据），网络上所有的主机都可接收该数据包，只有目的主机处理 RARP 数据包并向源主机发出 RARP 响应数据包（包含了 IP 地址）。TCP/IP 协议集如图 10-9 所示。

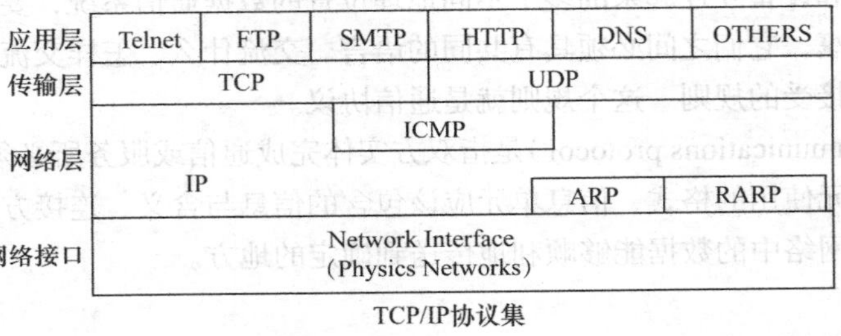

图 10-9　TCP/IP 协议集

2. 传输控制协议（TCP）

TCP 是一个面向连接、端对端的全双工通信协议，通信双方需要建立由软件实现的虚拟连接，为数据报提供可靠的数据传送服务。

TCP 的主要功能：完成对数据报的确认、流量控制和网络拥塞的处理；自动检测数据报，并提供错误重发的功能；将多条路由传送的数据报按照原序排列，并对重复数据进行选取；控制超时重发，自动调整超时值；提供自动恢复丢失数据的功能。

TCP 的数据传输过程：建立 TCP 连接、传送数据（传输层将应用层传送的数据存在缓存区中，由 TCP 将它分成若干段再加上 TCP 包头构成传送协议数据单元发送给 IP 层，采用 ARQ 方式发送到目的主机，目的主机对存入到输入缓存区的 TPDU（传送协议数据单元）进行检验，确定是否要求重发还是接收、结束 TCP 连接。

3. 用户数据报协议（UDP）

UDP 是一个面向无连接协议，主要用于不要求确认或者通常只传少量数据的应用程序中，或者是多个主机之间的一对多或多对多的数据传输，如广播、多播。

UDP 与 IP 比较：增加了提供协议端口的能力以保证进程间的通信。其优点是高效率，缺点是没有保证可靠的机制。

UDP 数据传送过程：在发送端发送数据时，由 UDP 软件组织一个数据报，并把它交给 IP 软件即完成了所有的工作。在接收端，UDP 软件先检查目的端口是否匹配，若匹配则放入队列中，否则丢弃。

4. 应用层协议

应用层协议有远程终端协议 Telnet、文件传输协议 FTP、超文本传输协议 HTTP、域名服务 DNS、动态主机配置协议 DHCP、网络文件系统 NFS、简单网络管理协议 SNMP、简单邮件传输协议 SMTP、路由信息协议 RIP 等。

10.5　计算机网络的拓扑结构

计算机网络的拓扑结构就是网络中通信线路和站点（计算机或设备）的几何排列形式。在计算机网络中，将主机和终端抽象为点，将通信介质抽象为线，形成由点和线组成的图形，使人们对网络整体有明确的全局印象。常见的几种计算机网络拓扑结构如图 10-10 所示。

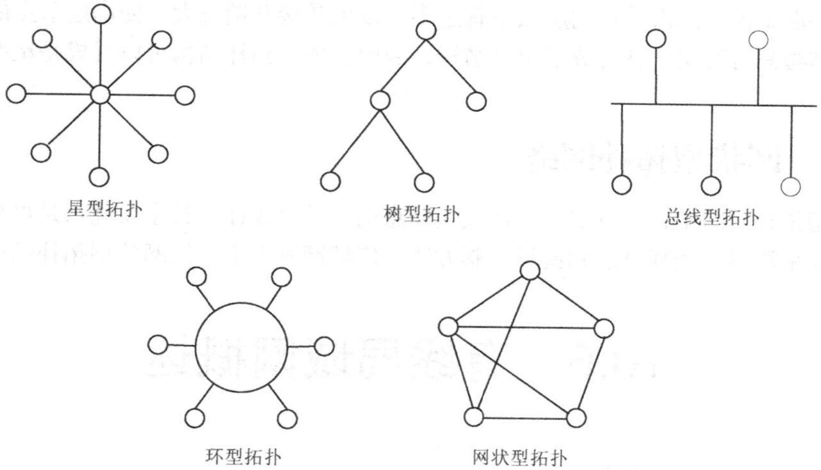

图 10-10　计算机网络的拓扑结构

10.5.1　总线型拓扑

在总线型拓扑网络中，所有的站点共享一条数据通道，一个节点发出的信息可以被网络上的多个节点接收。由于多个节点连接到一条公用信道上，所以必须采取某种方法分配信道，以决定哪个节点可以发送数据。

总线型网络结构简单、安装方便，需要铺设的线缆最短，成本低，且某个站点自身的故障一般不会影响到整个网络，因此它是使用最普遍的一种网络。其缺点是实时性较差，总线中任何一点故障都不会导致网络瘫痪。

10.5.2 星型拓扑

星型拓扑网络结构中，各节点通过点到点的链路与中心节点相连。中心节点可以是转接中心，起到连通的作用，也可以是一台主机，此时就具有数据处理和转接的功能。星型拓扑结构的优点是很容易在网络中增加新的站点，容易实现数据的安全性和优先级控制，易实现网络监控。但缺点是属于集中控制，对中心节点的依赖性大，一旦中心节点有故障会引起整个网络的瘫痪。

10.5.3 环状型拓扑

在环型拓扑网络中，节点通过点到点通信线路连接成闭合环路。环中数据将沿一个方逐站传送。环型拓扑网络结构简单，传输延时确定，但是环中每个节点与连接节点之间的通信线路都会成为网络可靠性的屏障。环中节点出现故障，有可能造成网络瘫痪。另外，对于环型网络，网络节点的加入、退出以及环路的维护和管理都比较复杂。

10.5.4 树状型拓扑

在树型拓扑结构中，网络的各节点形成了一个层次化的结构，树中的各个节点都为计算机。树中低层计算机的功能和应用有关，一般都具有明确定义的和专业化很强的任务，如数据的采集和变换等。而高层的计算机具备通用的功能，以便协调系统的工作，如数据处理、命令执行和综合处理等。一般来说，层次结构的层数不宜过多，以免转接开销过大，使高层节点的负荷过重。若树型拓扑结构只有两层，就变成了星型结构，因此，树型拓扑结构可以看成是星型拓扑结构的扩展。

10.5.5 网状型拓扑网络

在网状型拓扑网络中，节点之间的连接是任意的，没有规律。其主要优点是可靠性高，但结构复杂，必须采用路由选择算法和流量控制方法。广域网基本上采用网状型拓扑结构。

10.6 有线局域网概述

10.6.1 局域网概述

局域网（Local Area Network，LAN）是在一个局部的地理范围内（如一个学校、工厂和机关内），一般是方圆几千米以内，将各种计算机、外部设备和数据库等互相联接起来组成的计算机通信网。它可以通过数据通信网，与远方的局域网、数据库或处理中心相连接，构成一个较大范围的信息处理系统。局域网可以实现文件管理、应用软件共享、打印机共享、扫描仪共享、工作组内的日程安排、电子邮件和传真通信服务等功能。局域网严格意义上是封闭型的，它可以由办公室内几台甚至成千上万台计算机组成。决定局域网的主要技术要素为网络拓扑、传输介质与介质访问控制方法。

1. 定义

为了完整地给出 LAN 的定义，必须使用两种方式：一种是功能性定义，另一种是技术性定义。前一种将 LAN 定义为一组台式计算机和其他设备，在物理地址上彼此相隔不远，以允许用户相互通信和共享诸如打印机和存储设备之类的计算资源的方式互连在一起的系统。这种定义适用于办公环境下的 LAN 以及工厂和研究机构中使用的 LAN。

就 LAN 的技术性定义而言，它定义为由特定类型的传输媒体（如电缆、光缆和无线媒体）和网络适配器（网卡）互连在一起的计算机，并受网络操作系统监控的网络系统。

功能性和技术性定义之间的差别是很明显的，功能性定义强调的是外界行为和服务，技术性定义强调的则是构成 LAN 所需的物质基础和构成的方法。

LAN 的拓扑结构目前常用的是总线型和环型，这是由有限的地理范围决定的，这两种结构很少在广域网环境下使用。LAN 还有诸如高可靠性、易扩缩和易于管理及安全等多种特性。

2. 特点

局域网一般为一个部门或单位所有，建网、维护以及扩展等较容易，系统灵活性高。其主要特点是：

（1）覆盖的地理范围较小，只在一个相对独立的局部范围内联，如建筑群内。

（2）使用专门铺设的传输介质进行联网，数据传输速率为 10Mbit/s～10Gbit/s。

（3）通信延迟时间短，可靠性较高。

（4）局域网可以支持多种传输介质。

10.6.2 IP 地址的配置

配置步骤如图 10-11 所示。

（1）首先鼠标右键单击桌面“网上邻居”，选择“属性”。

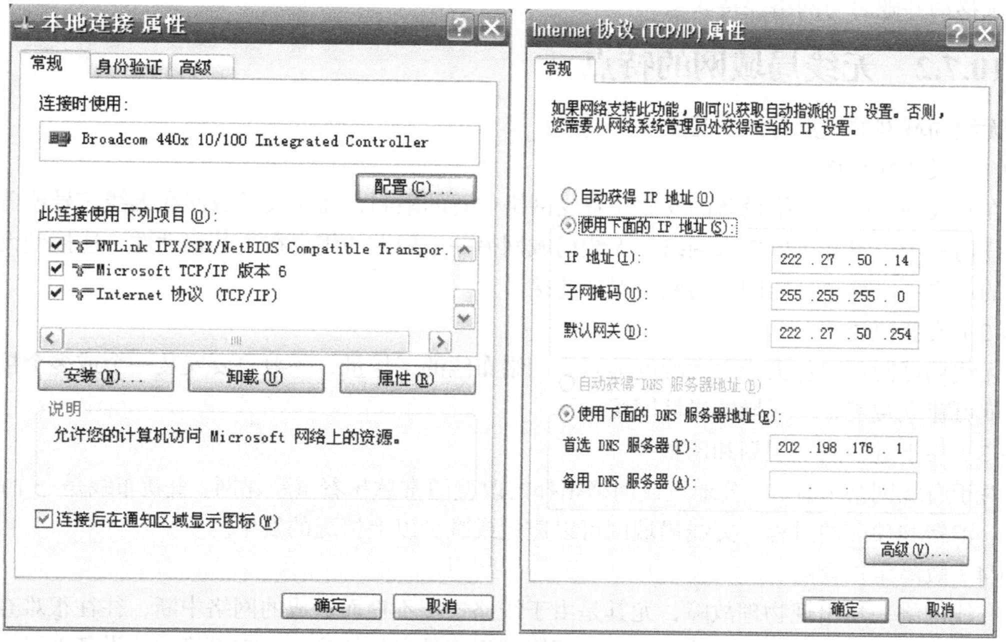

图 10-11 本地连接属性

（2）在打开的面板中鼠标右键单击“本地连接”，选择“属性”。

（3）双击打开“Internet 协议（TCP/IP）”。

（4）将“使用下面的 IP 地址”选中，并填入相应的 IP 地址。

（5）根据你的 IP 地址填写下面的“子网掩码”选项。

（6）填写默认网关。

（7）填写 DNS。

（8）最后单击“确定”，退回到上一界面再单击“确定”按钮即可。

10.7　无线局域网概述

10.7.1　无线局域网概述

无线局域网是指以无线信道作为传输媒介的计算机局域网络（Wireless Local Area Network，WLAN），是在有线网的基础上发展起来的，它使网上的计算机具有可移动性，能快速、方便地解决有线方式不易实现的网络信道的连通问题。无线局域网络是相当便利的数据传输系统，它利用射频（Radio Frequency）技术，取代旧式碍手碍脚的双绞线所构成的局域网络。

无线局域网要求以无线方式相联的计算机之间资源共享，具有现有网络操作系统（NOS）所支持的各种服务功能。计算机无线联网常见的形式是把远程计算机以无线方式联入一个计算机网络中，作为网络中的一个节点，使之与网上工作站具有同样的功能，从而获得网络上的所有服务；或把数个有线或无线局域网联成一个区域网。当然，也可用全无线方式构成一个局域网或在一个局域网中混合使用有线与无线方式。此时，以无线方式入网的计算机将具有可移动性，可在一定的区域移动并随时与网络保持联系。

10.7.2　无线局域网的特点

无线局域网的优点有如下几点。

（1）灵活性和移动性

在有线网络中，网络设备的安放位置受网络位置的限制，而无线局域网在无线信号覆盖区域内的任何一个位置都可以接入网络。无线局域网另一个最大的优点在于其移动性，连接到无线局域网的用户可以移动且能同时与网络保持连接。

（2）安装便捷

无线局域网可以免去或最大程度地减少网络布线的工作量，一般只要安装一个或多个接入点设备就可建立覆盖整个区域的局域网络。

（3）易于进行网络规划和调整

对于有线网络来说，办公地点或网络拓扑的改变通常意味着重新建网。重新布线是一个昂贵、费时、浪费和琐碎的过程，无线局域网可以避免或减少以上情况的发生。

（4）故障定位容易

有线网络一旦出现物理故障，尤其是由于线路连接不良而造成的网络中断，往往很难查明，而且检查线路需要付出很大的代价。无线网络则很容易定位故障，只需更换故障设备即可恢复网络连接。

（5）易于扩展

无线局域网有多种配置方式，可以很快从只有几个用户的小型局域网扩展到上千用户的大型网络，并且能够提供节点间漫游等有线网络无法实现的特性。由于无线局域网有以上诸多优点，因此其发展十分迅速。最近几年，无线局域网已经在企业、医院、商店、工厂和学校等场合得到了广泛的应用。

无线局域网在能够给网络用户带来便捷和实用的同时，也存在着一些缺陷。无线局域网的不足之处体现在以下几个方面。

（1）性能

无线局域网是依靠无线电波进行传输的。这些电波通过无线发射装置进行发射，而建筑物、车辆、树木和其他障碍物都可能阻碍电磁波的传输，所以会影响网络的性能。

（2）速率

无线信道的传输速率与有线信道相比要低得多。目前，无线局域网的最大传输速率为150Mbit/s，只适合于个人终端和小规模网络应用。

（3）安全性

本质上无线电波不要求建立物理的连接通道，无线信号是发散的。从理论上讲，很容易监听到无线电波广播范围内的任何信号，造成通信信息泄漏。基于以上原因，目前计算机网络的骨干网仍采用有线介质传输信息。

10.7.3 无线局域网的应用

1. 楼宇之间

楼宇之间构建网络的连接，取代有线专线，简单且成本低。

2. 餐饮及零售

餐饮服务业可使用无线局域网络产品，直接从餐桌即可输入并传送客人点菜内容至厨房、柜台。零售商促销时，可使用无线局域网络产品设置临时收银柜台。

3. 医疗

使用附无线局域网络产品的手提式计算机取得实时信息，医护人员可避免对伤患救治的迟延、不必要的纸上作业，以及减少迟延及误诊等，从而提升对伤患救治的品质。

4. 企业

当企业内的员工使用无线局域网络产品时，不管他们在办公室的任何一个角落，只要有无线局域网络接入点，就能随意地发电子邮件、分享档案及上网浏览。

5. 仓储管理

一般仓储人员的盘点事宜，透过无线网络的应用，能立即将最新的资料输入计算机仓储系统。

6. 货柜集散场

一般货柜集散场的桥式起重车，可以在调动货柜时将实时信息传回办公室。

7. 监视系统

一般位于远方且需受监控现场之场所，由于布线之困难，可以由无线网络将远方之影像传回主控站。

8. 展示会场

诸如一般的电子展、计算机展，由于网络需求极高，而且布线又会让会场显得凌乱，因此若能使用无线网络，则是再好不过的选择。

10.7.4 无线网络的协议标准

1. 802.11 标准

IEEE 802.11 无线局域网标准（如表 10-1 所示）的制订是无线网络技术发展的一个里程碑。802.11 标准除了具备无线局域网的优点及各种不同性能外，还使得不同厂商的无线产品得以互联。802.11 标准的颁布，使得无线局域网在各种有移动要求的环境中被广泛接受。它是无线局域网目前最常用的传输协议，各个公司都有基于该标准的无线网卡产品。不过由于 802.11 速率最高只能达到 2Mbit/s，在传输速率上不能满足人们的需要，因此，IEEE 小组又相继推出了 802.11b 和 802.11a 两个新标准。802.11b 标准采用一种新的调制技术，使得传输速率能根据环境变化，速度最高可达到 11Mbit/s，满足了日常的传输要求。而 802.11a 标准的传输率更为惊人，最高可达 54 Mbit/s，完全能满足语音、数据、图像等业务的需要。

表 10-1　　几种常用的无线局域网

标准	频段	数据速率	物理层	优缺点
802.11b	2.4 GHz	最高为 11 Mbit/s	HR-DSSS	最高数据率较低，价格最低，信号传播距离最远，且不易受阻碍
802.11a	5 GHz	最高为 54 Mbit/s	OFDM	最高数据率较高，支持更多用户同时上网，价格最高，信号传播距离较短，且易受阻碍
802.11g	2.4 GHz	最高为 54 Mbit /s	OFDM	最高数据率较高，支持更多用户同时上网，信号传播距离最远，且不易受阻碍
802.11n	2.4GHz 或者 5.0GHz	最高为 600 Mbit /s	MIMO OFDM	最高数据率最高，支持范围最广

2. CSMA/CA 协议

CSMA/CD 协议已普遍应用于有线局域网，然而无线局域网却不能简单地照搬 CSMA/CD 协议。这里主要有以下两个原因。

（1）CSMA/CD 协议要求一个站点在发送本站数据的同时，还必须不间断地检测信道，但在无线局域网的设备中要实现这种功能就会花费过大。

（2）即使我们能够实现碰撞检测的功能，并且当我们在发送数据时检测到信道是空闲时，在接收端仍然有可能发生碰撞。当 A 和 C 检测不到无线信号时，都以为 B 是空闲的，因而都向 B 发送数据，结果发生碰撞。这种未能检测出媒体上已存在的信号的问题叫做隐蔽站问题（hidden station problem），如图 10-12 所示。

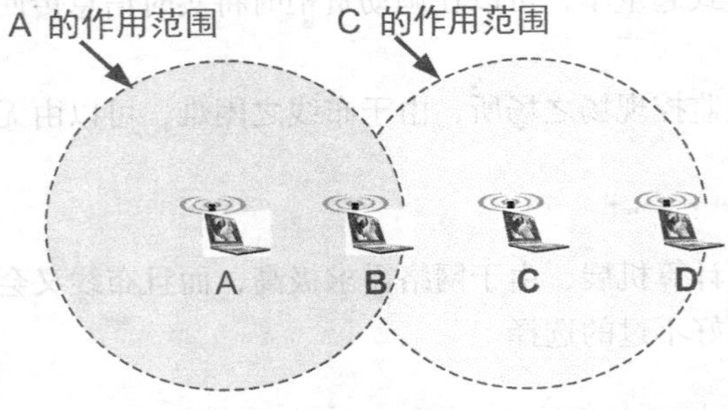

图 10-12　隐蔽站问题（A 和 C 同时向 B 发送信号，发生碰撞）

当 B 向 A 发送数据，而 C 又想和 D 通信。C 检测到媒体上有信号，于是就不敢向 D 发送数据。其实 B 向 A 发送数据并不影响 C 向 D 发送数据，这就是暴露站问题(exposed station problem)，如图 10-13 所示。

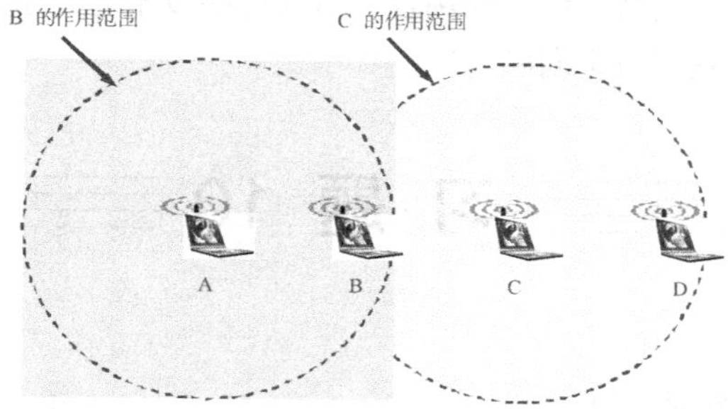

图 10-13　暴露站问题（B 向 A 发送信号，使 C 停止向 D 发送数据）

由此可见，无线局域网可能出现检测错误的情况。检测到信道空闲，其实并不空闲；检测到信道忙，其实并不忙。

因而无线局域网不能使用 CSMA/CD，而只能使用改进的 CSMA 协议。改进的办法是把 CSMA 增加一个碰撞避免（Collision Avoidance）功能。碰撞避免的思路是：协议的设计尽量减少碰撞发生的概率。802.11 就使用 CSMA/CA 协议。而在使用 CSMA/CA 的同时，还增加使用停止等待协议，即每发完一帧后要等到收到对方的确认才能继续发送下一帧。

3. Wi-Fi

1999 年工业界成立了 Wi-Fi 联盟，致力解决符合 802.11 标准的产品的生产和设备兼容性问题，在 2002 年 10 月正式改名为 Wi-Fi Alliance。Wi-Fi 为制定 802.11 无线网络的组织，并非代表无线网络。

Wi-Fi 原先是无线保真的缩写，Wi-Fi（wireless fidelity）在无线局域网的范畴是指"无线相容性认证"，实质上是一种商业认证，同时也是一种无线联网的技术，以前通过网线连接计算机，而现在则是通过无线电波来联网。常见的就是一个无线路由器，那么在这个无线路由器的电波覆盖的有效范围都可以采用 Wi-Fi 连接方式进行联网，如果无线路由器连接了一条 ADSL 线路或者别的上网线路，则又被称为"热点"。

目前，越来越多的设备诸如笔记本计算机、PDA、手机都支持 Wi-Fi 技术，Wi-Fi 技术也逐渐成为了无线局域网的代名词。

4. 蓝牙

蓝牙（IEEE 802.15）是一项最新标准，对于 802.11 来说，它的出现不是为了竞争而是相互补充。蓝牙是一种近距离无线数字通信的技术标准，其目标是实现最高数据传输速度 1Mbit/s（有效传输速率为 721kbit/s）、最大传输距离为 0.1～10m，通过增加发射功率可达到 100m。

5. IrDA

IrDA 是一种利用红外线进行点对点通信的技术，其相应的软件和硬件技术都已比较成熟。它的主要优点是体积小、功率低，适合设备移动的需要。传输速率高，可达 16Mbit/s；成本低，应用普遍。目前有 95%的手提计算机上安装了 IrDA 接口，最近市场上还推出了可以通过 USB 接口与 PC 相连接的 USB-IrDA 设备。但是，IrDA 也有其不尽如人意的地方。首先，IrDA 是一种视距传输技术，也就是说两个具有 IrDA 端口的设备之间如果传输数据，中间就不能有阻挡物。这在两个设备之间是容易实现的，但在多个设备间就必须彼此调整位置和角度，这是 IrDA 的致命弱点。其次，IrDA 设备中的核心部件——红外线 LED 不是一种十分耐用的器件，如果经常用装配 IrDA 端口的手机上网，器件可能很快就不堪重负了。

总地来讲，IEEE 802.11 系列标准比较适于办公室中的企业无线网络，蓝牙技术和 IrDA 则可以应用于任何可以用无线方式替代线缆的场合。目前这些技术还处于并存状态，从长远看，随着产品与市场的不断发展，它们将走向融合。

习 题 10

一、填空题

1. 网络按地理覆盖范围分为________、________、________。
2. 常用的网络拓扑结构有________、________、________、________、________。
3. 网络按计算机系统功能可划分为____和____两部分。
4. 计算机网络是________与________密切结合的产物。
5. 计算机之间要通信，要交换信息，彼此就需要有某些约定和规则，这些约定和规则就是______。

二、选择题

1. Internet 的拓扑结构是（　）。

   A. 总线型　　B. 星型　　C. 环型　　D. 网状型

2. 下列哪些是计算机网络正确的定义？（　）

   A. 计算机网络仅仅只是计算机的集合

   B. 计算机网络的目的是相互共享资源

   C. 计算机网络只是通过网线来实现计算机之间的连接

   D. 计算机网络中的一台计算机不可以参与另一台计算机的工作

3. 下列哪一个描述是 Internet 的不正确的定义？（　）

   A. 互联网　　B. 一个由许多个网络组成的网络

   C. 是网状的拓扑结构　　D. 采用 CSMA/CD 协议

三、简答题

1. 简述通信子网与资源子网主要负责的工作。
2. 请分别说出总线型、星型和环型结构的优缺点。
3. 简述计算机网络的分层思想。
4. 简述 OSI/RM 七层结构的各层功能。
5. 简述 TCP/IP 四层结构与 OSI/RM 七层结构的相同点与不同点。

第11章 笔记本电脑及掌上电脑

11.1 笔记本电脑基础知识

11.1.1 什么是笔记本电脑

笔记本计算机（NoteBook），俗称笔记本电脑。portable、laptop、notebook computer，简称NB，又称手提电脑或膝上型电脑，是一种小型、可携带的个人电脑，通常重 1～3 公斤。其发展趋势是体积越来越小，重量越来越轻，而功能却越发强大。像 Netbook，也就是俗称的上网本，跟 PC 的主要区别在于其便携带方便。

11.1.2 笔记本电脑的优点

1. 便携

相信大家也是为了方便携带才会对笔记本电脑感兴趣的，想象一下手里轻松地拿着一款轻便的笔记本电脑，无论是到外地工作还是旅游都会成为很不错的伴侣。台式机体积大不利于便携，对于商务人士来说肯定是不适合的，所以购买笔记本电脑是比较合理的选择，这样不仅能够轻松地存储自己所需要的数据，还容易携带，对于商务机器来说这些笔记本电脑才是最合适的选择。

2. 高效

笔记本电脑是非常高效的，通过处理器直接将先进的技术（如虚拟化技术、主动管理技术、I/O 加速技术和按需配电技术）应用于微处理器、平台芯片或软件中。这些技术会带来提升能效、安全性、多任务处理、虚拟化、移动性、可管理性、可靠性、灵活性等特性。通过英特尔的迅驰移动计算技术体现计算机的高能效表现及扩展的能力并与高效节能优势的完美结合。用户对于更高性能的追求是永无止境的，而现在用户也对产品提出了更多高能效的需求。英特尔通过微体系架构、芯片、平台技术和软件多层面的创新来满足这一需求，带来持续不断的节能效果。

3. 空间

与体形硕大的台式机相比，笔记本电脑的优势自不必说，单是节约桌面空间的优点就足以让千万消费者为之心动，笔记本电脑的占用的空间很小，无论你走到哪里，只要手里捧着笔记本就可以随地操作了，没有占任何地方。12 寸的笔记本电脑就好象一张 A4 的纸张一般大，和台式机相比笔记本电脑占用更少的空间。

4. 娱乐

笔记本电脑的身躯虽然少，但是其功能却非常强悍。在娱乐方面的性能也不差，既能够用于工作也能用于娱乐，一举两得，真的是非常方便，很多笔记本电脑配备独立显卡，娱乐性能非常突出。有些机器的屏幕比较大，在玩游戏的时候视觉效果非常好。有些机器配置的音响非常不错，音质非常好，这些机器在娱乐方面的性能是比较不错的。同时，这些机器处理图形和文字的性能也不赖。

5. 省电

台式机在无电源的情况下是开不了机的，没有电源根本就无法工作，而笔记本电脑可以通过内置的电池在无交流电的情况下继续使用几个小时，就算到了没有电源的地方也仍然可以工作，不会为电源问题而担心。笔记本电脑的优点还可以表现在其功耗上面，台式机的功耗为 260W 左右，而笔记本的最大功耗也就 60W 左右。

11.1.3 笔记本电脑的组成

1. 外壳

笔记本电脑的外壳既是保护机体的最直接的方式，也是影响其散热效果、“体重”、美观度的重要因素。笔记本电脑常见的外壳用料有：合金外壳有铝镁合金与钛合金，塑料外壳有碳纤维、聚碳酸酯 PC 和 ABS 工程塑料。

2. 显示屏

显示屏是笔记本的关键硬件之一，约占成本的四分之一左右。显示屏主要分为 LCD 与 LED。

（1）笔记本液晶屏分类

LCD（液晶显示屏）主要有 TFT、UFB、TFD、STN 等几种类型。

LED（Light Emitting Diode，发光二极管）的应用可分为两大类：一是 LED 单管应用，包括背光源 LED、红外线 LED，另外就是 LED 显示屏。LED 显示屏是由发光二极管排列组成的显示器件。它采用低电压扫描驱动，具有耗电量小、使用寿命长、成本低、亮度高、故障少、视角大、可视距离远等特点。

（2）LCD 与 LED 的主要区别

LED 显示器与 LCD 显示器相比，LED 在亮度、功耗、可视角度和刷新速率等方面，都更具优势。LED 与 LCD 的功耗比大约为 1:10，而且更高的刷新速率使得 LED 在视频方面有更好的性能表现，能提供宽 160° 的视角，可以显示各种文字、数字、彩色图像及动画信息，也可以播放电视、录像、VCD、DVD 等彩色视频信号，而且 LED 显示屏的单个元素反应速度是 LCD 液晶屏的 1000 倍，在强光下也可以很清楚地看到画面，并且适应零下 40 度的低温。利用 LED 技术，可以制造出比 LCD 更薄、更亮、更清晰的显示器，拥有广泛的应用前景。LCD 与 LED 是两种不同的显示技术，LCD 是由液态晶体组成的显示屏，而 LED 则是由发光二极管组成的显示屏。

3. 处理器

处理器可以说是笔记本电脑最核心的部件，一方面它是许多用户最为关注的部件，另一方面它也是笔记本电脑成本最高的部件之一（通常占整机成本的 20%）。笔记本电脑的处理器，基本上是由 4 家厂商供应的：Intel、AMD、VIA 和 Transmeta，其中 Transmeta 已经逐步退出笔记本电脑处理器的市场，在市面上已经很少能够看到。在剩下的 3 家中，Intel 和 AMD 又占据着绝大部分的市场份额。

下面介绍一下 Intel 和 AMD 公司的笔记本电脑处理器。

（1）Intel 处理器

酷睿 i7 是面向高端发烧用户的 CPU 家族标识，Core i7 3870X 采用 LGA 2011 接口，6 核/12 线程设计，15MB 三级缓存，支持四通道 DDR3-1600 内存，功耗 150W，i7-3870X 默认频率 3.5GHz。

（2）AMD 处理器

AMD 六核型号是 Phenom（羿龙）II X6 1055T，主频为 2.8G，采用 45nm 制作工艺，拥有 6MB 三级缓存，AM3 接口封装，支持双通道 DDR3-1333 内存，功耗为 95W。

4. 硬盘

硬盘的性能对系统整体性能有至关重要的影响。笔记本电脑所使用的硬盘一般是 2.5 英寸，而台式机为 3.5 英寸，笔记本电脑硬盘是笔记本电脑中为数不多的通用部件，基本上所有笔记本电脑硬盘都是可以通用的。

5. 内存

由于笔记本电脑整合性高、设计精密，所以对内存的要求比较高，笔记本内存必须符合小巧的特点，需采用优质的元件和先进的工艺，拥有体积小、容量大、速度快、耗电低、散热性好等特性。大部分笔记本电脑最多只有两个内存插槽。由于笔记本的内存扩展槽很有限，因此单位容量大一些的内存会显得比较重要。而且这样做还有一点好处，就是单位容量大的内存在保证相同容量的时候，会有更小的发热量。金士顿 4G DDRIII 采用 DDR3 类型的存储颗粒，工作频率为 1333MHz，采用双面封装设计，204pin 插脚数目，颗粒采用 FBGA 封装，工作电压为 1.5V。

6. 电池

使用可充电电池是笔记本电脑相对台式机的优势之一，它可以极大地方便在各种环境下使用。最早推出的电池是镍镉电池（NiCd），但这种电池具有“记忆效应”，每次充电前必须放电，使用起来很不方便，不久就被镍氢电池（NiMH）所取代，NiMH 不仅没有“记忆效应”，而且每单位重量可多提 10% 的电量。锂电池是现在笔记本电脑标配的电池。下面简单介绍一下这三种电池。

（1）镍镉（NiCd）电池

镍镉（NiCd）电池是笔记本电脑中常见的一种电池类型，较早的笔记本电脑可能仍在使用它。充满电后的持续使用时间在两小时左右，然后就需要再次充电。但是，由于存在记忆效应，电池的持续使用时间会随着充电次数的增加而逐渐降低。

（2）镍氢（NiMH）电池

镍氢（NiMH）电池是介于镍镉电池和后来的锂离子电池之间的过渡产品。充满电后的持续使用时间更长，但也存在记忆效应，受影响的程度比镍镉电池轻。

（3）锂电池

锂电池是当前笔记本电脑的标准电池。它们不但重量轻，而且使用寿命长。锂电池不存在记忆效应，可以随时充电。此外，锂电池比上面两种电池都薄，因此是超薄型笔记本的理想选择。锂离子电池的充电次数在 950～1200 次之间。

7. 声卡

大部分的笔记本电脑的声卡都在主板上集成了声音处理芯片，并且配备小型内置音箱。但是，笔记本电脑内部的狭小空间通常不足以容纳顶级音质的声卡或高品质音箱。游戏发烧友和音响爱好者可以利用外部音频接口连接外置音箱来弥补笔记本电脑在声音品质上的不足。

8. 显卡

显卡主要分为两大类：集成显卡和独立显卡，性能上独立显卡要好于集成显卡。

（1）集成显卡

集成显卡是将显示芯片、显存及其相关电路都集成在主板上，与主板融为一体；集成显卡的显示芯片有单独的，但大部分都集成在主板的北桥芯片中；一些主板集成的显卡也在主板上单独安装了显存，但其容量较小，集成显卡的显示效果与处理性能相对较弱，集成显卡的优点是功耗低、发热量小，如果只是日常办公不运行游戏或3D设计的话，集成显卡足以应付日常的应用。

（2）独立显卡

独立显卡是指将显示芯片、显存及其相关电路单独做在一块电路板上，自成一体而作为一块独立的板卡存在，它需占用主板的扩展插槽（AGP或PCI-E）。独立显卡单独安装有显存，一般不占用系统内存，在技术上也较集成显卡先进得多，比集成显卡能够得到更好的显示效果和性能，其缺点是系统功耗有所加大，发热量也较大。

独立显卡主要分为两大类：Nvidia通常说的“N”卡 和ATI通常说的“A”卡。通常，“Nvidia”显卡主要倾向于游戏方面，“ATI” 显卡主要倾向于影视图像方面。但是，在非专业级别的测试上，这种倾向是较小的。随着画面的特效进入DX10.1时代，显卡也在进行相应的升级。两大显卡厂商Nvidia和ATI相继推出新型显卡以满足动画设计及游戏软件的要求，它们全部支持DX10.1的特效处理。

11.2 主流笔记本电脑推荐

11.2.1 神舟笔记本电脑

神舟精盾K480N-i5如图11-1所示，配备了intel core i5-3210M双核处理器和NVIDIA GeFroce GT640M独立显卡，整机性价比非常高。

图11-1 神舟精盾

神舟K480N依旧选用了14.0英寸的LED背光镜面屏，最大分辨率1366×768，屏幕比例16:9。屏幕上方集成了摄像头和麦克风，能方便视频和语言聊天会议。机身重量为2.186kg。神舟K480N的扩展能力比较强，机身右侧有2×USB2.0，一组音频输入输出孔、DVD光驱；机身左侧是USB3.0、HDMI、VGA、RJ-45和电源锁孔等，它的内存卡扩展卡槽在机身前端。内存是4G DDR3 1333，硬盘是500GB 5400转速机械硬盘，读写速度最大值达到了108MB/s，标配的4400mAh锂离子能提供大约4小时的续航时长。对于在意性价比的用户，这款笔记本电脑可以轻松满足家庭影音娱乐方面的需求。

11.2.2 联想笔记本电脑

联想 ThinkPad T430 如图 11-2 所示，采用了 Intel Core i5 3360M 双核四线程处理器（主频 2.8GHz）和 HD4000 核芯显卡，同时搭配了 NVIDIA NVS 5400M 商用级显卡、4GB DDR3 1600HMz 内存以及 32GB SSD + 500GB HDD 的组合。

图 11-2 联想 ThinkPad T430

ThinkPad T430 的顶盖采用铝镁合金材质制成，显示屏采用了 14 英寸 LED 背光雾面屏，分辨率为 1600 × 900，屏幕上方摄像头位置还配有键盘灯，方便使用者在光线不足的环境下使用。T430 的屏幕最大开合角度同样达到了 180°，它的机身厚度约为 29mm，整机重量为 2.225kg，在机身两侧的接口有 VGA 接口、耳机麦克风复合接口、mini DP、两个 USB3.0 接口、多合一读卡器、USB2.0 接口以及安全锁孔等。六芯锂电池的续航时间可以达到 5 个多小时，这款笔记本电脑非常适合商务人士使用。

11.2.3 华硕笔记本电脑

图 11-3 华硕 G75V

华硕 G75V 如图 11-3 所示，华硕 G75V 采用了 17 寸 IPS 显示屏，最佳显示分辨率 1920 × 1080，采用英特尔三代高端 i7-3610QM 四核处理器，主频 2.3GHz，标配 8GB 内存及 750GB 机械硬盘。

机身接口有 4 个 USB3.0、HDMI、VGA 接口、耳机麦克风复合接口、多合一读卡器、USB2.0 接口以及安全锁孔等，整机重量 4.318kg。内置 NVIDIA GeForce GTX 670M 高端独立显卡配合 HD4000 可实现双显卡智能切换，轻松满足影音发烧友对高清画质的需求，游戏体验也更显不同。

11.3 笔记本电脑选购指南

11.3.1 进行开箱检查

1. 核对标签上的序列号

认真检查一下笔记本电脑外包装箱上的序列号是否与机器机身上的序列号相符合。机身上的序列号一般都在笔记本电脑机身的底座上，在查序列号的同时，还要检查其是否有过被涂改、被重贴过的痕迹。也可以通过上网或拨打电话核对一下序列号。

2. 检查配件

一般笔记本电脑拆开包装后，里面还有电源适配器、相关配件、产品说明书、联保凭证（号码与笔记本编号相同）、保修证记录卡等，另外还要注意操作系统恢复盘、安装盘是否与机器上的操作系统相符。

3. 检查外观

检查一下笔记本电脑的外观是否有碰、擦、划、裂等伤痕，液晶显示屏是否有划伤、坏点、波纹，螺丝是否有掉漆等现象。在选购时应尽量找没有坏点的机器，开机试机时主要观察电脑屏幕有没亮点（就是和你屏幕颜色不一样的特别亮的点），最好用全红、全黑、全绿的壁纸试一下，亮点最多不能超过三个。

4. 检查电池

新笔记本电脑的电池的触点是没有划痕的，而且一般试机的时候经销商都不会插入电池，而是直接接在电源插座上。如电池被用过的话，通过电池管理软件能看出电池充过的次数。

11.3.2 检查主机

（1）把笔记本电脑放置平稳，接通电源，启动笔记本电脑。在启动过程中仔细侦听硬盘和光驱等部件有无异常响声，有则不正常。另外，新系统的笔记本电脑进入系统时会出现提示用户注册的信息，如果没有此信息则说明该笔记本电脑已经被人用过或者安装了非正版操作系统。

（2）测试键盘和鼠标时，可以通过输入文字，试试键盘的手感，看看键盘功能是否良好，鼠标是否灵活准确。

（3）测试笔记本电脑光驱时，首先要检查光驱里边是否有过多的灰尘，然后用几张不同的光盘测试一下光驱的读盘能力。

（4）打开笔记本电脑中的音乐文件，测试一下笔记本电脑的音效，检查音箱是否正常。

（5）打开笔记本电脑的电池管理软件，查看电池的充电次数或者循环次数，一般新笔记本电脑充电次数不超过 3 次。

11.3.3 鉴别水货与行货

（1）首先看产品的外包装。行货笔记本电脑的外包装箱上为简体中文标识，而水货笔记本电脑一般为英文或繁体中文标识。

（2）其次看产品的随机资料，如说明书或其他配件。如果配件不全，那就有可能是水货。

（3）看机器的操作系统。行货笔记本电脑使用的均为微软的简体中文版，水货笔记本电脑使用的为非简体中文版本。

（4）看笔记本电脑的外包装箱、质保书、机器底部的机器序列号是否相同，如果不一致的话，那肯定就是水货。

（5）通过机器键盘上的印刷字符来鉴别行货还是水货。行货笔记本电脑的键盘一般都是简体中文键盘或英文键盘，而部分来自日本或香港的水货笔记本电脑键盘为日文或繁体中文。

（6）凡是正规渠道进口的行货笔记本电脑在机身背面上都会有一个“3C”标志，这是国家对进口产品通过质量等方面的严格检查后才出具的，水货没有“3C”标志。

（7）最后一个方法，也是最具权威的的方法，就是到厂商的官方网站，通过输入机器序列号来查询机器的身份是否合法。

11.4　掌上电脑

11.4.1　什么是掌上电脑

PDA（Personal Digital Assistant，个人数字助理）就是辅助个人工作的数字工具，主要提供记事、通讯录、名片交换及行程安排等功能。按使用场合来分类，分为工业级 PDA 和消费品 PDA。工业级 PDA 主要应用在工业领域，常见的条码扫描器、POS 机等都可以称作 PDA；消费品 PDA 包括得比较多，智能手机、平板电脑、手持的游戏机等。

11.4.2　主流掌上电脑介绍

苹果 iPad2（16GB/Wifi）是一款十分霸气的实力平板电脑，该机拥有比上一代产品更加纤薄的机身，整机显得更加轻巧，便携性也更加优越，该机在性能上也表现的十分强悍，并且拥有前置摄像头，整机表现更显人性化。采用了 A5 双核处理器，带来相当优越的操作体验，可玩性也十分之高。

苹果 iPad 2（16GB/Wifi）外观上采用简约时尚的设计风格，背板采用不锈钢材质，磨砂的表面处理使其触感更佳，四周边角采用圆滑处理，颇具时尚感。苹果 iPad 2（16GB/Wifi）机身尺寸 241.2 mm × 185.7 mm × 8.8mm，重约 0.601kg，整体机身轻盈，便携性强。机身正面配备 9.7 英寸 LED 背光电容式触摸屏，分辨率 1024 像素 × 768 像素，显示效果清晰，色彩艳丽。机身上还增加了两个摄像头，方便视频通话。

苹果 iPad 2（16GB/Wifi）如图 11-4 所示。在配置上，它采用 1GHz A5 双核处理器，运算性能较前代产品提升两倍，图像处理提升 9 倍。系统内存 512MB，存储容量 16GB，支持 Wifi 功能，续航能力强，充满电后可持续使用 10 小时，同时还具有 Facetime 功能、VoiceOver 屏幕阅读器，轻轻触碰即可控制视频或静态照片的曝光度。

图 11-4　iPad 2

iPad 2 在硬件上各方面都有所提升，特别是 CPU 和 GPU 部分，都有质的提升。虽然耗电部分的性能都提升了，但是续航能并没有因此缩短，还是保持 10 小时的续航时间，实在是为我们平时的生活带来了方便。

11.4.3 掌上电脑选购技巧

从 1971 年世界上第一台 PC 利用 4 位处理器 Intel 4004 组成的 MCS-4 问世至今，我们经历了从个人计算机（Personal Computing）到网络计算机（Networks Computing）的进化历程。在新千年中，移动计算机把前两者的优点结合起来，将成为我们生活和工作不可或缺的一部分，而掌上电脑则是移动计算的绝对主角。

购买掌上电脑需考虑以下几个因素。

1. 操作系统

目前市面上的主流掌上 PC 按采用的操作系统不同可分为基于 Windows、Andorid、iOS 的掌上 PC。掌上电脑的生产厂商包括联想、海信、微软、惠普、康柏、苹果、三星等，产品特点是基于图形界面，支持数据存储容量大，处理能力强，可以胜任图像、音频及动态视频数据的处理及回放。随着软硬件技术的发展完善，其尺寸、功耗也在不断下降。

2. 硬件方面

掌上 PC 的通常硬件组件包括外壳、显示屏、处理器、内存、外围接口等。iPad，是一款苹果公司于 2010 年发布的平板电脑，定位介于苹果的智能手机 iPhone 和笔记本电脑产品之间，通体只有四个按键，与 iPhone 布局一样，提供浏览互联网、收发电子邮件、观看电子书、播放音频或视频等功能。

处理器、内存、外围接口的配置情况与掌上 PC 的功能密切相关。除了诸如文字处理、日程安排、记事、通信、收发电子邮件及电子词典等功能之外，有实力的厂商还会通过增强处理器、内存、外围接口的硬件配置来为用户提供更多的功能。以 iPad 为代表的掌上电脑，其配置为 1GHz 苹果自制 CPU，厚度 1.27cm，重量 0.681kg，显示屏 9.7 英寸，IPS 显示屏支持多点触控，通信 802.11n WIFI，2.1 + EDR 蓝牙，容量 16GB、32GB、64GB，电池正常使用最长 10 小时，待机可达一个月。

习题 11

一、填空题

1. 笔记本电脑的英文名称为________。
2. 笔记本电脑常见的外壳用料有________、________和________。
3. 液晶显示屏主要分为________、________。
4. 笔记本电脑的处理器，主要供应商有________、________、________和________。

二、简答题

1. LCD 屏幕与 LED 屏幕的主要区别。
2. 笔记本电脑与台式机的区别。
3. 笔记本电脑的优点和缺点。
4. 简述笔记本电脑的组成。
5. 写一份目前主流笔记本电脑的配置清单。

第 12 章 计算机常见故障与维护

12.1 磁盘的维护

12.1.1 磁盘垃圾的清理

系统在工作一段时间后，就会产生许多垃圾文件，有程序安装时产生的临时文件、上网时留下的缓冲文件、删除软件时剩下的 DLL 文件或强行关机时产生的错误文件等。使用磁盘的时候应该注意数据量占容量的比例，因系统默认的回收站大小为磁盘空间的 10%，当系统盘使用空间接近 10%左右可能出现有些文件打不开、假死机、机器启动不了、系统提示磁盘容量不足等现象。因此建议经常对磁盘进行清理。

1. 系统自带磁盘清理

运行“磁盘清理程序”可以释放临时文件、Internet 缓存文件和安全删除不需要的文件所占用的磁盘空间。

（1）选“开始”→“程序”→“附件”→“系统工具”→“磁盘清理”命令，打开“磁盘清理”对话框，如图 12-1 所示。

图 12-1 磁盘清理程序

（2）单击“确定”按钮，打开“C：磁盘清理程序”对话框，或者单击“磁盘清理按钮”，打开“C:”磁盘清理程序对话框，如图 12-2 所示。

（3）启用“要删除的文件”列表框中的几个复选框，单击“确定”按钮，打开“C：磁盘清理程序”对话框，如图 12-3 所示。

（4）单击“是”按钮，开始进行磁盘清理操作，磁盘清理操作结束后，“磁盘清理程序”对话框会自动消失，如图 12-4 所示。

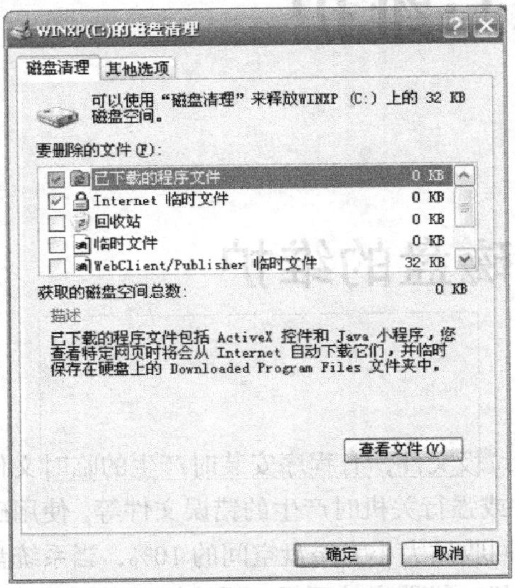

图 12-3　C 盘磁盘清理

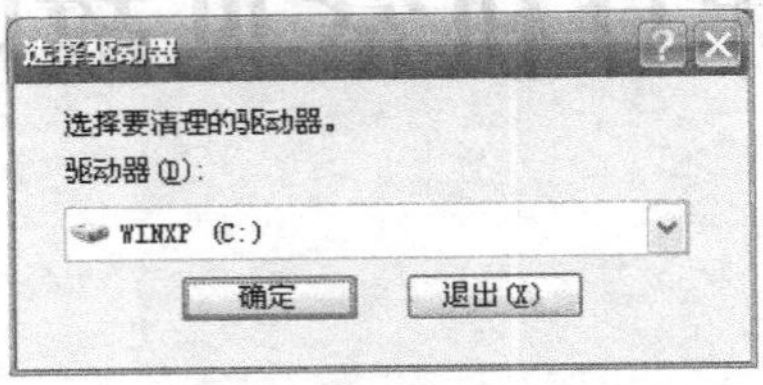

图 12-2　磁盘清理程序对话框

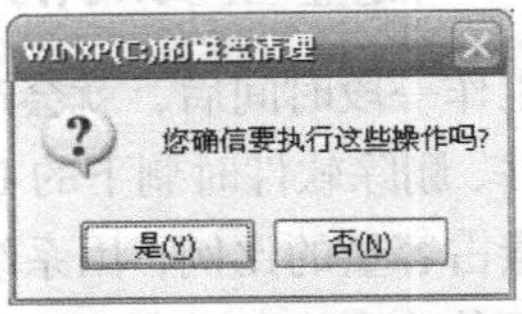

图 12-4　开始进行磁盘清理操作

2. 360 杀毒

安装 360 杀毒，双击图标打开程序。选择“选择自定义扫描”，再选择要扫描的盘符，如图 12-5 所示。

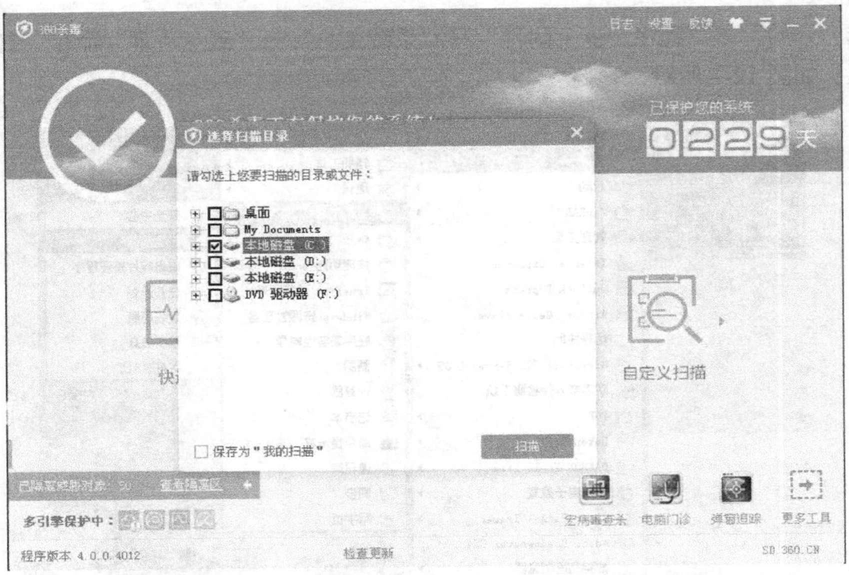

图 12-5　垃圾文件清理

单击“扫描”按钮，扫描完毕后出现以下画面，此时点击“立即处理”，如图 12-6 所示。

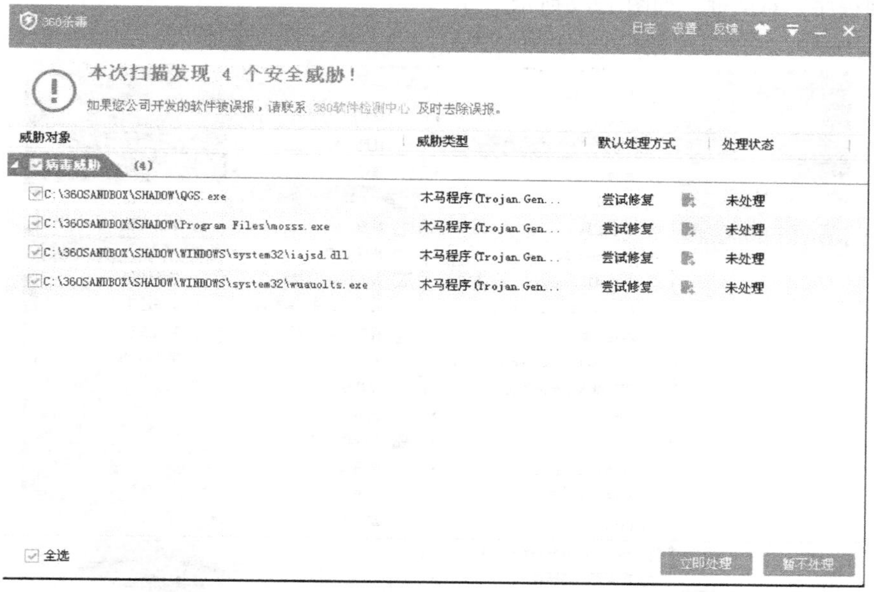

图 12-6　立即处理

12.1.2　磁盘碎片的清理

磁盘工作时，因经常地写入或删除文件，会产生大量的磁盘碎片，它占用硬盘大量的空间并影响运行速度。碎片一般不会影响系统运行，但文件碎片过多会引起系统性能下降，显著降低硬盘的存储速度，严重的还会缩短硬盘使用寿命。另外，过多的磁盘碎片还有可能导致存储文件的丢失。因此要经常对磁盘进行整理，以提高磁盘的空间和运行速度。产生磁盘碎片主要有以下几个原因：

（1）文件操作过程中，Windows 系统可能会调用虚拟内存来同步管理程序，这样就会导致各个程序对硬盘频繁读写，从而产生磁盘碎片。

（2）IE 浏览器浏览信息时生成的临时文件或临时文件目录的设置也会造成系统中形成大量的碎片。

（3）下载影音之类的大文件时，下载下来的影音文件被分割成若干个碎片存储于硬盘中。因此下载是产生碎片的一个重要源头。

碎片整理的方法如下：

Windows 自带有这样的程序：磁盘碎片整理程序（DiskDefragmenter）。用户可以从“开始”菜单中选择“程序/附件/系统工具/磁盘碎片整理程序”，弹出“选择驱动器”窗口，选择要整理的分区，然后单击“确定”即可开始整理，但此方法碎片整理过程非常耗时，建议在整理磁盘碎片的时候关闭其他所有的应用程序，不要对磁盘进行读写操作，一旦 Disk Defragment 发现磁盘的文件有改变，它将重新开始整理。 整理磁盘碎片的频率要控制合适，过于频繁的整理也会缩短磁盘的寿命。一般经常读写的磁盘分区一个月或二个月整理一次。

“磁盘扫描”程序通常用于检查磁盘文件、文件夹或磁盘扇区有无问题，如发现磁盘的问题，会自动加以修复。操作方法和步骤如下：

选“开始”→“程序”→“附件”→“系统工具”→“磁盘碎片整理程序”命令，打开“磁盘碎片整理程序”对话框，如图12-7所示。

图12-7　磁盘扫描程序

“磁盘扫描程序”默认对C盘进行“标准”扫描，而且会“自选动修复错误”。

单击“开始”按钮，进行磁盘扫描操作，按“分析”进行磁盘的碎片整理前的分析工作。分析好了之后按“碎片整理”开始整理磁盘碎片。如图12-8所示，整理结束后“碎片整理”窗口会自动消失。

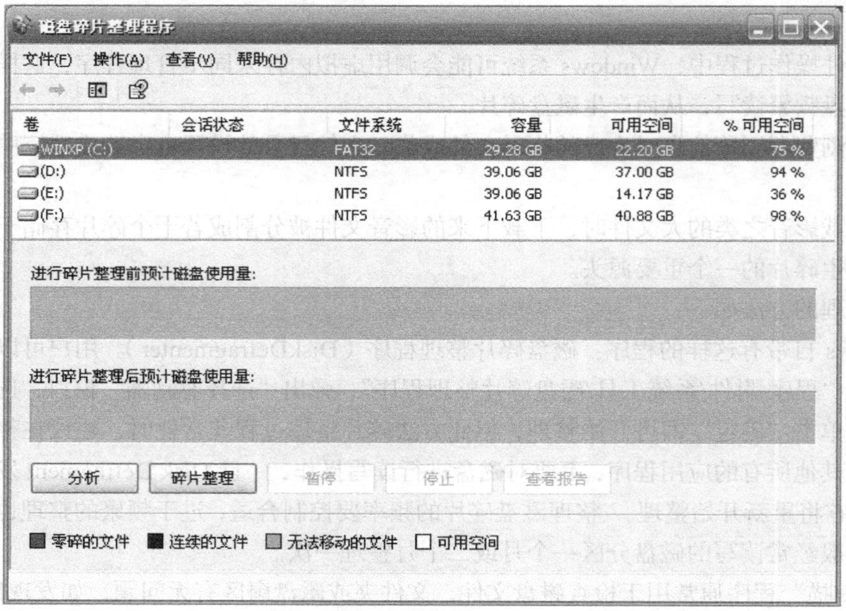

图12-8　碎片整理

12.2　数据备份与还原

12.2.1　使用 Windows 自带的备份工具

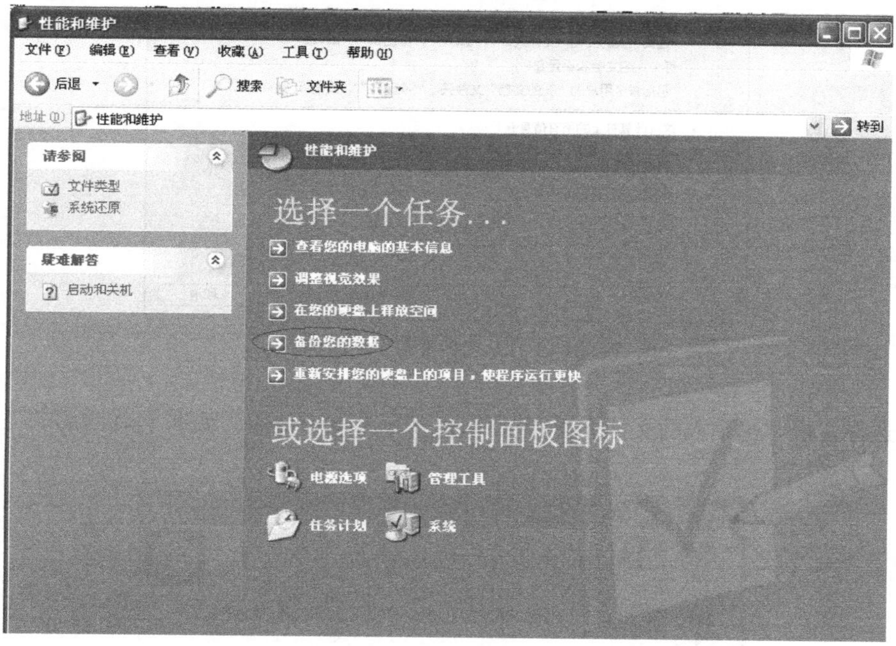

图 12-9　备份您的数据

通过“控制面板/性能和维护”，选择“备份您的数据”，也可以通过“开始”→“程序”→“附件”→“系统工具”→“系统备份”命令打开备份窗口，如图 12-9 所示。

进入“欢迎使用备份和还原向导”窗口，建议选择“总是以向导模式启动”单击“下一步”按钮，如图 12-10 所示。

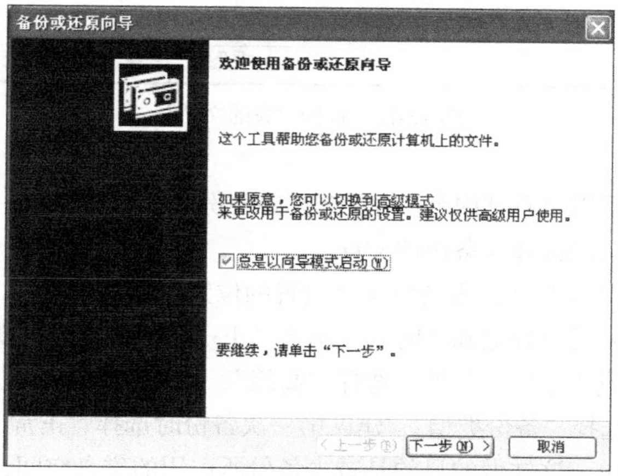

图 12-10　总是以向导模式启动

进入“备份或还原”窗口，备份项有四个，分别是我的文档和设置、每个人的文档和设置、这台计算机上的所有信息、让我选择要备份的内容，如图 12-11 所示。

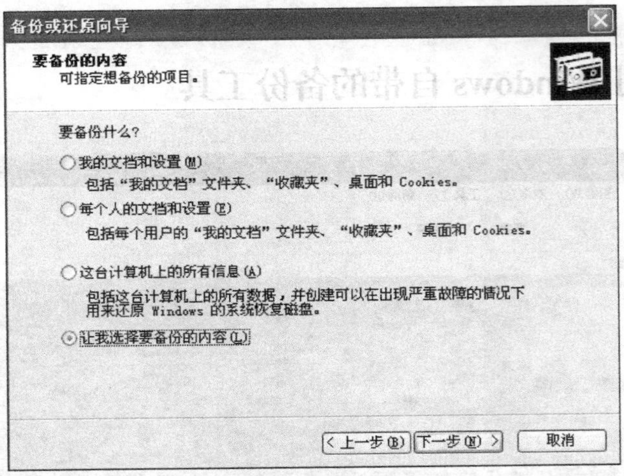

图 12-11　选择要备份的内容

此处选择备份“每个人的文档和设置”，单击“下一步”按钮，如图 12-12 所示。

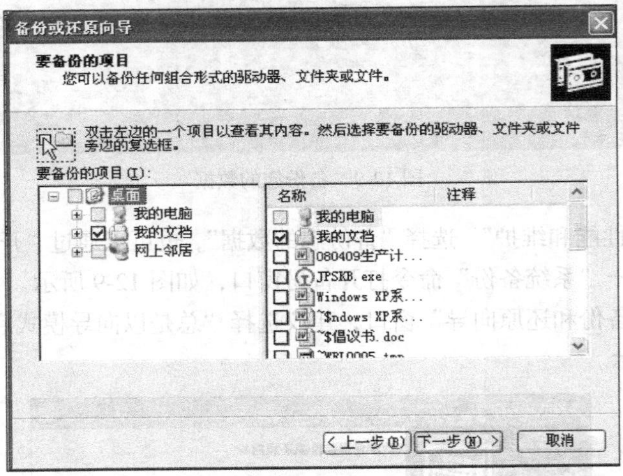

图 12-12　备份“我的文档”

双击左边的一个项目以查看其内容。然后选择要备份的驱动器、文件夹或文件旁边的复选框。这里选择我的文档，在右侧选择要备份的文件。

“备份类型、目标和名称”处设定备份文件放置的位置和备份文件名，备份文件名建议使用日期形式，目的是为了恢复时更好地确认时间。单击“下一步”按钮，如图 12-13 所示。

在“正在完成备份或还原向导”处，选择“高级”，如图 12-14 所示。

在“高级”中可以选择“备份类型”，建议第一次备份时选择“正常”，“正常”备份之后，下一次可选择“增量”备份。这样做的目的是减少备份所占用的磁盘空间，如图 12-15 所示。

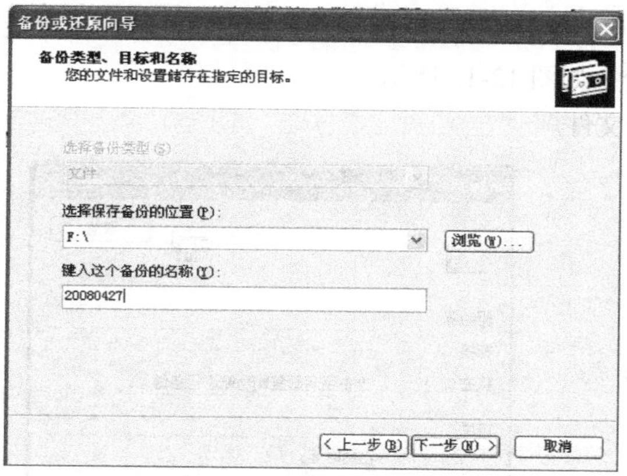

图 12-13　备份路径及备份名称

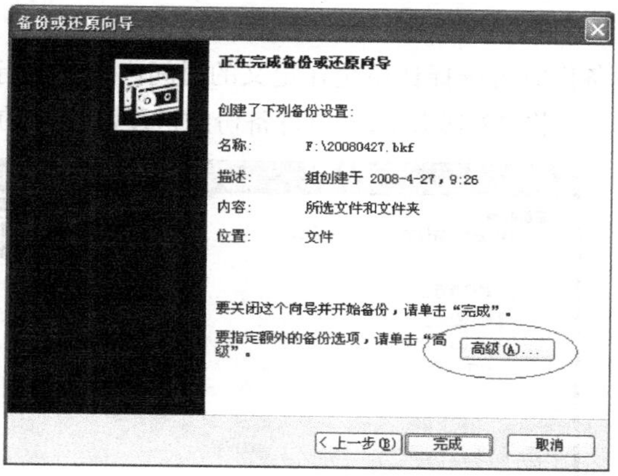

图 12-14　高级选项

“如何备份”处选择“备份后验证数据”，还有两个选项是硬件压缩和停用卷阴影复制，这里根据备份的实际情况进行选择，如图 12-16 所示。

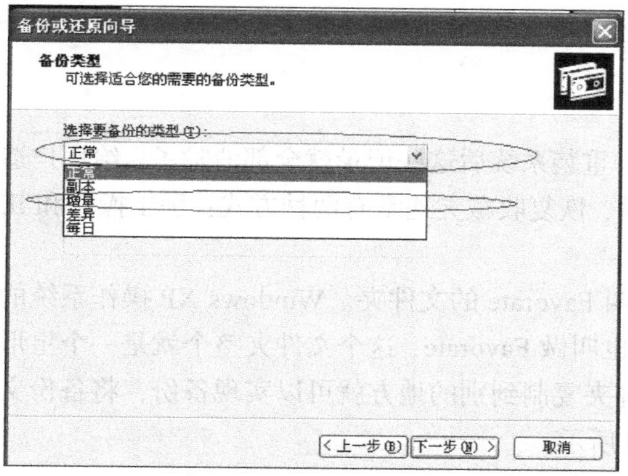

图 12-15　选择备份类型

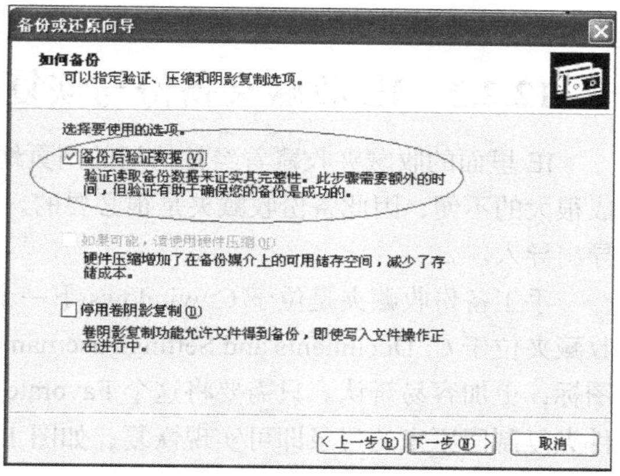

图 12-16　备份后验证数据

“备份选项”处可根据实际情况选择，为了安全建议选择“将这个备份附加到现有备份”，另一项是替换现有的备份，就是对之前的备份进行覆盖备份，如图 12-17 所示。

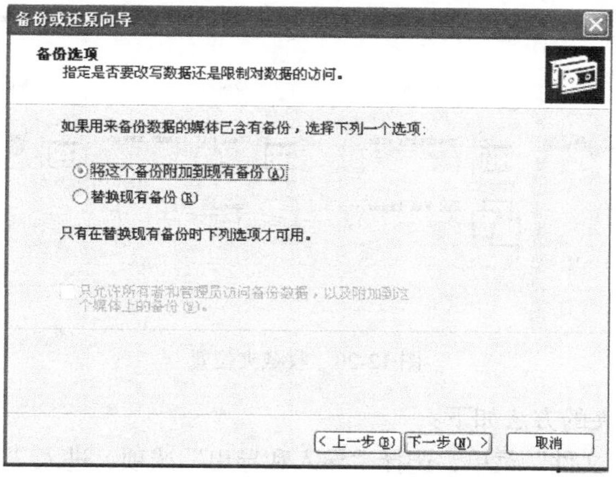

图 12-17　备份选项

“备份时间”处定义备份方式和备份时间。第一次备份应选择“现在”（立即）备份，在增量备份时可选择让系统在定义的时间内自动执行备份，如图 12-18 所示。

图 12-19 所示为执行备份的进度和生成的备份文件。

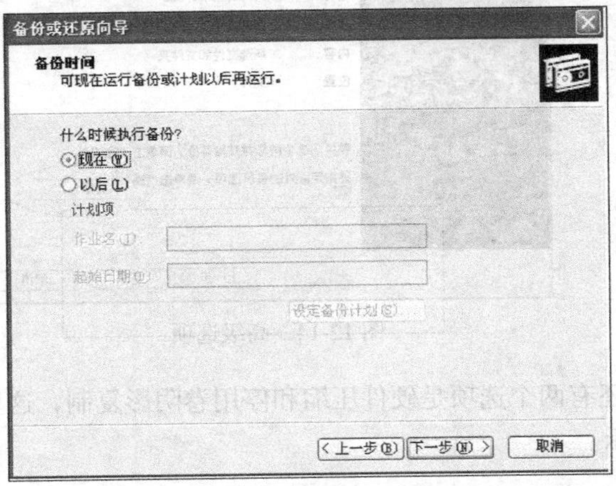

图 12-18　备份时间

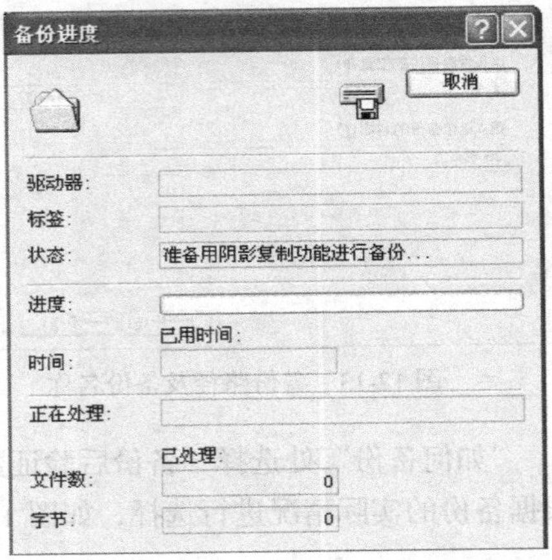

图 12-19　生成备份文件

12.2.2　IE 收藏夹备份与恢复

IE 里面的收藏夹收藏着经常访问的网页地址，重装系统后这些记录就全部清除了，给用户造成很大的不便，因此备份收藏夹是很必要的。备份、恢复收藏夹通常有两种方式：手工操作和 IE 导出导入。

手工备份收藏夹是位于 C:\windows\下一个名叫 Favorate 的文件夹。Windows XP 操作系统的收藏夹位于 C:\Documents and Settings\username\，也叫做 Favorate，这个文件夹整个就是一个星形图标，更加容易辨认。只需要将这个 Favorate 文件夹复制到别的地方就可以实现备份，将备份文件夹复制回原来的目录即可实现恢复，如图 12-20 所示。

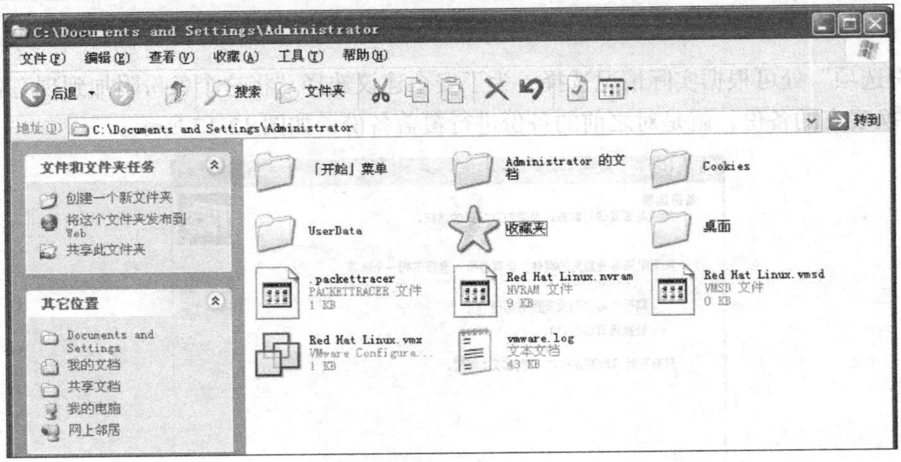

图 12-20　收藏夹位置

IE 导出和导入收藏夹的方法如下：

1．打开 IE，单击“文件”菜单，选择“导入和导出”选项，进入“导入/导出向导”对话框，单击“下一步”按钮，如图 12-21 所示。

2. 选择“导出收藏夹”选项，单击“下一步”按钮，如图 12-22 所示。

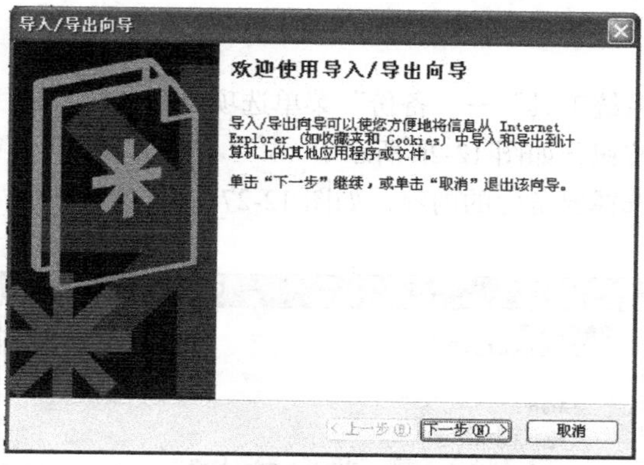

图 12-21　导入/导出向导”对话框

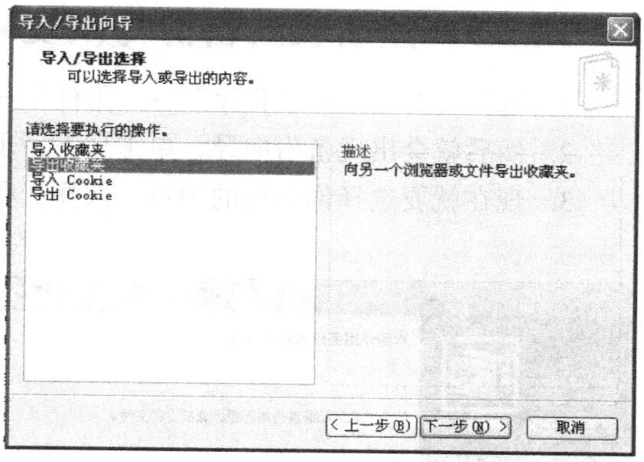

图 12-22　选择“导出收藏夹”选项

3. 选择从哪个文件夹导出，选择好以后单击“下一步”按钮，如图 12-23 所示。

4. 选择好备份文件的保存目录和名字以后，单击“下一步”按钮，如图 12-24 所示。

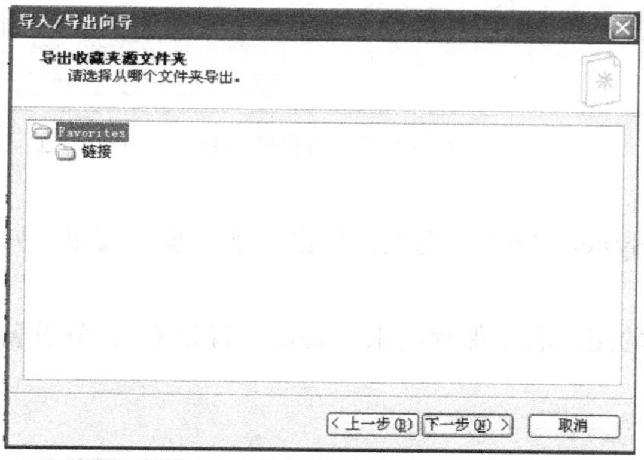

图 12-23　选择导出的地方

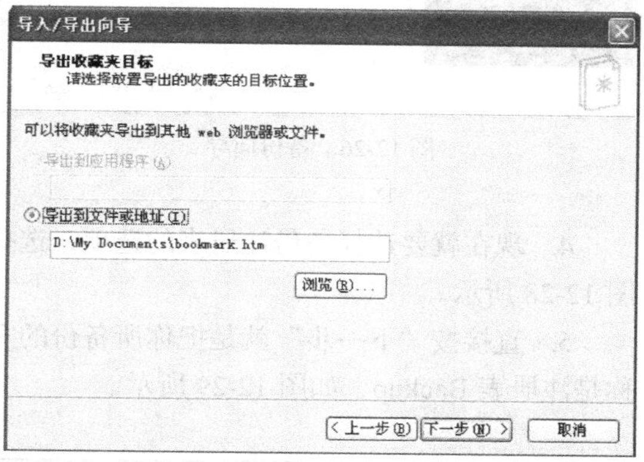

图 12-24　选择保存目录

5. 向导提示导出即将完成。单击“完成”按钮退出向导，如图 12-25 所示。

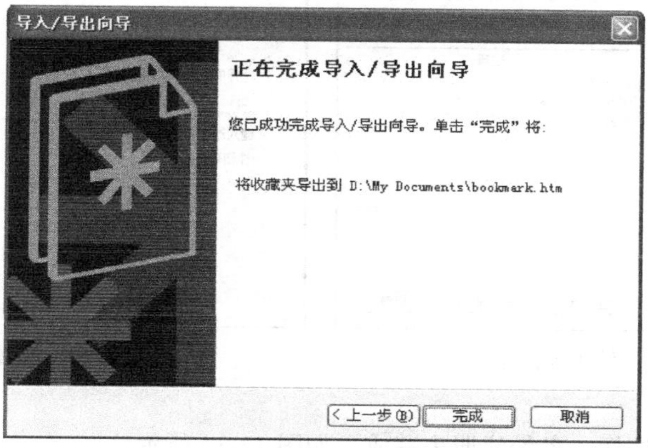

图 12-25　完成向导

导入和导出的操作类似，选择“导入收藏夹”选项，单击“下一步”按钮，然后选择要导入的备份文件，单击“下一步”按钮，然后根据提示进行操作，跟导出类似。

12.2.3　注册表的备份与恢复

1. 选择“开始”→“程序”→“附件”→“系统工具”→“备份”菜单选项。
2. 然后就会出现备份向导，单击“下一步”按钮，如图 12-26 所示。
3. 现在就要选择你备份的项目，选择让我来选择要备份的内容，如图 12-27 所示。

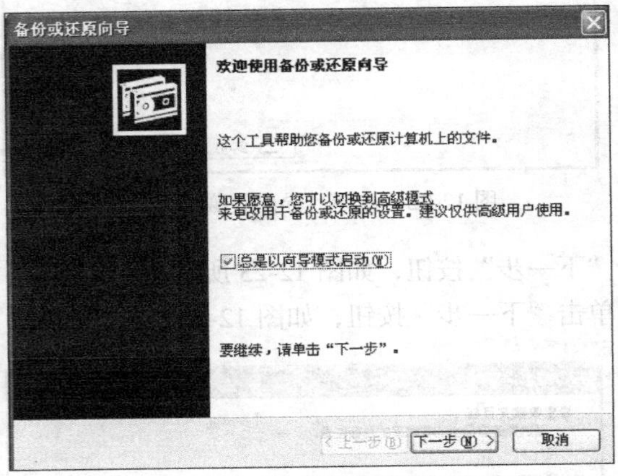

图 12-26　备份向导

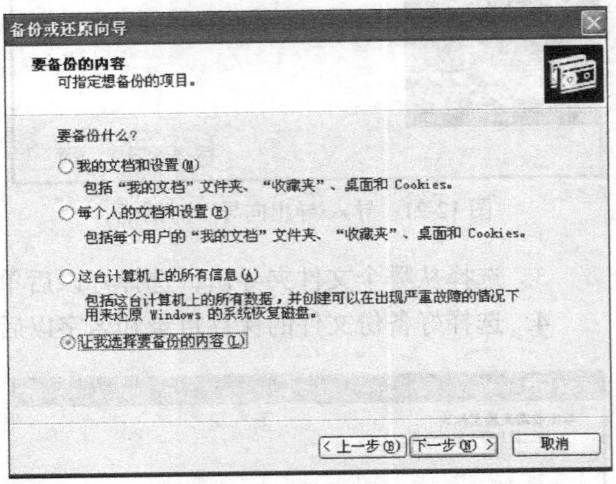

图 12-27　备份的项目

4. 现在就要选择备份注册表的选项，选择“System State”选项，单击“下一步”按钮，如图 12-28 所示。

5. 直接按“下一步”就是把你所备份的文件的路径名字保存起来。备份位置是 C:\，备份名称是注册表 Backup，如图 12-29 所示。

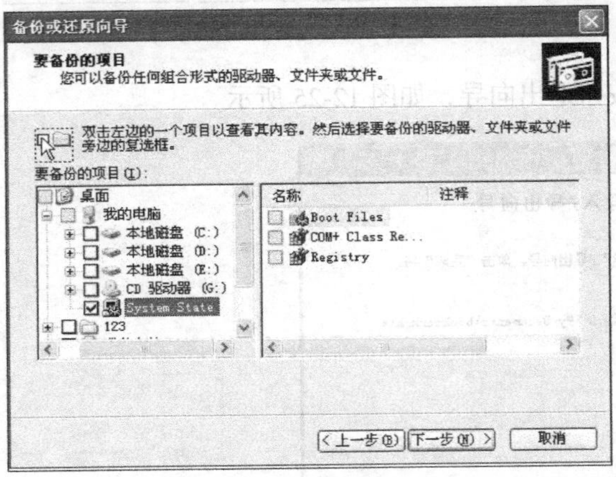

图 12-28　备份注册表选项

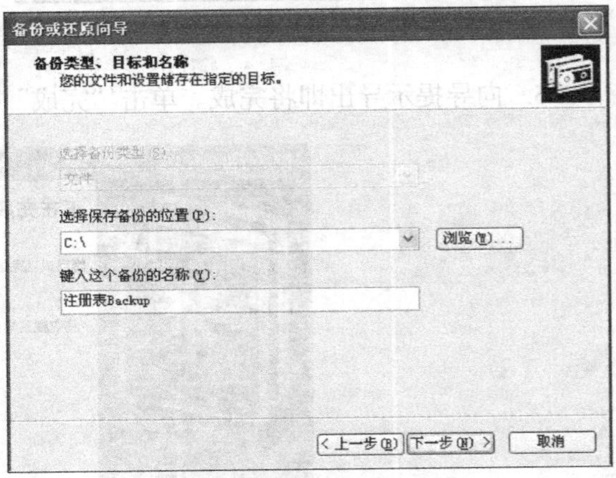

图 12-29　备份路径及名称

6. 单击“完成”按钮，备份注册表完成，如图 12-30 所示。

7. 如果你不想现在开始备份的话就要选择“高级”选项，选择正常备份，单击“下一步”按钮，如图 12-31 所示。

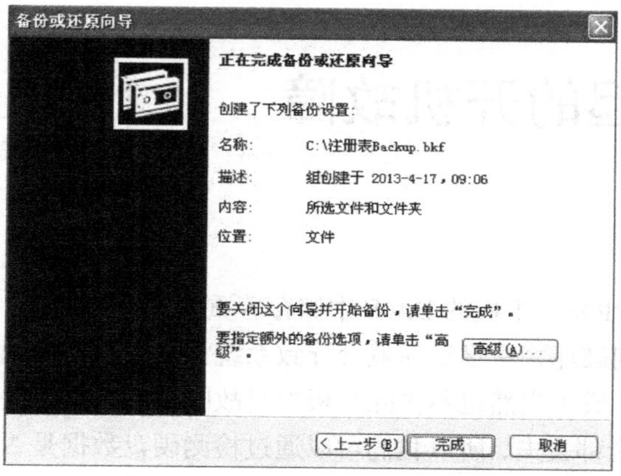

图 12-30　备份注册表完成

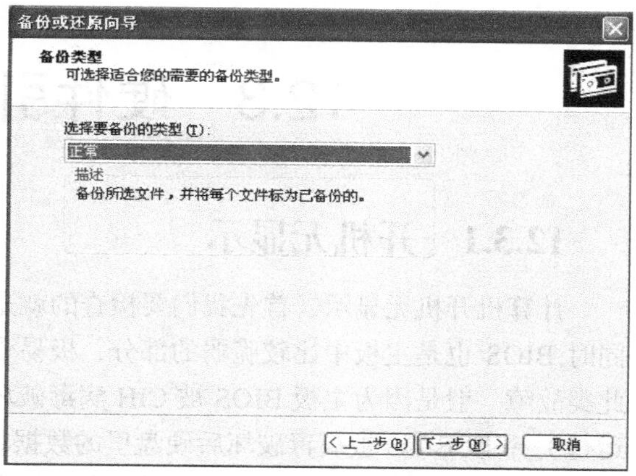

图 12-31　备份类型选项

8. 下一步就要选择如何备份的选项，选择备份后验证数据，单击“下一步”按钮，如图 12-32 所示。

9. 接下来就是你想什么时候备份就要把时间填好，这里选择现在备份，如图 12-33 所示。

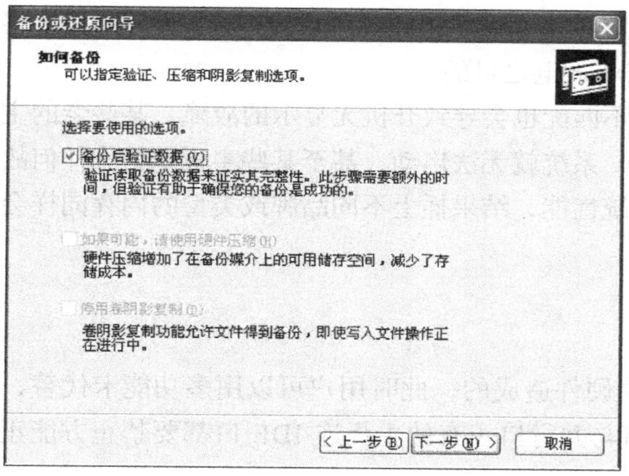

图 12-32　替换现有备份

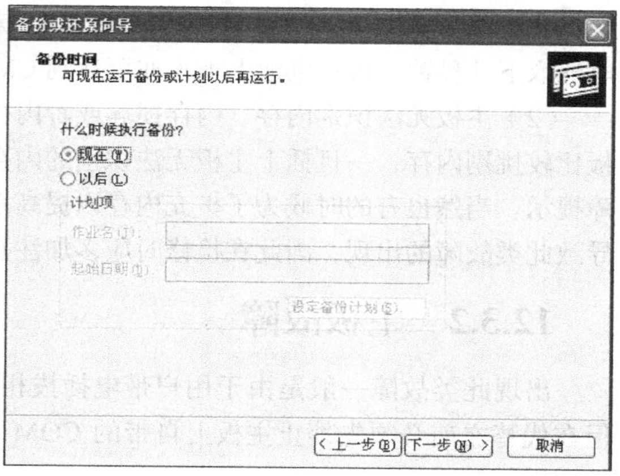

图 12-33　备份时间

10. 备份成功后，就不用担心注册表丢失或者被病毒破坏，如图 12-34 所示。

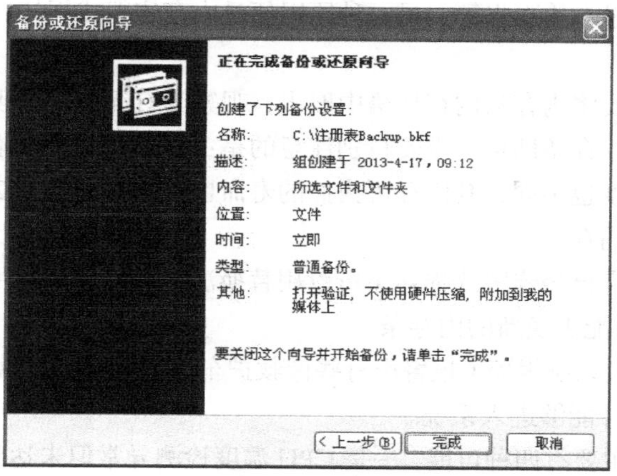

图 12-34　备份成功

12.3 硬件引起的开机故障

12.3.1 开机无显示

计算机开机无显示，首先我们要检查的就是 BIOS。主板的 BIOS 中储存着重要的硬件数据，同时 BIOS 也是主板中比较脆弱的部分，极易受到破坏，一旦受损就会导致系统无法启动，出现此类故障一般是因为主板 BIOS 被 CIH 病毒破坏造成（当然也不排除主板本身故障导致系统无法运行）。一般 BIOS 被病毒破坏后硬盘里的数据将全部丢失，所以我们可以通过检测硬盘数据是否完好来判断 BIOS 是否被破坏，如果硬盘数据完好无损，那么还有以下两种原因会造成开机无显示的现象。

（1）因为主板扩展槽或扩展卡有问题，导致插上诸如声卡等扩展卡后主板没有响应而无显示。免跳线主板在 CMOS 里设置的 CPU 频率不对，也可能会引发不显示故障，对此，只要清除 CMOS 即可予以解决。清除 CMOS 的跳线一般在主板的锂电池附近，其默认位置一般为 1、2 短路，只要将其改跳为 2、3 短路几秒钟即可解决问题，对于以前的老主板如果用户找不到该跳线，只要将电池取下几秒钟，再将电池上上去亦可达到 CMOS 放电之目的。

（2）主板无法识别内存、内存损坏或者内存不匹配也会导致开机无显示的故障。某些老的主板比较挑剔内存，一旦插上主板无法识别的内存，系统就无法启动，甚至某些主板不给你任何故障提示。当然也有的时候为了扩充内存以提高系统性能，结果插上不同品牌或类型的内存同样会导致此类故障的出现，因此在检修时应多加注意。

12.3.2 主板故障

出现此类故障一般是由于用户带电插拔相关硬件造成的，此时用户可以用多功能卡代替，但在代替之前必须先禁止主板上自带的 COM 口与并行口（有的主板连 IDE 口都要禁止方能正常使用）。

（1）故障表现：计算机无法开机，机箱喇叭出现报警。

故障排除：这种故障主要是因为内存松动、安装时插不到位导致内存的金手指与内存插槽接触不良，开机时无法通过自检而报警。另一种原因便是内存烧毁或损坏，导致系统无法通过自检而报警。

对于前者，我们只要将内存从内存插槽中取出，观察其有无氧化的现象，并清理内存插槽上的灰尘，然后重新装入内存条即可。需要特别注意的是：内存条的金手指的镀金工艺不同，内存条金手指的镀金层的厚度也不同，其内存可拔插的寿命也不同，一般在 200 次左右，所以一般情况下我们不要经常拔插内存。

对于后者，由于内存已经烧毁或损坏（可以用替换法排除，也就是用相同规格的内存插到机器上进行测试），那么只能更换新的内存条。

（2）故障表现：开机系统报警（报警声有些像救护车的报警），但计算机能够正常启动，并且显示器显示一切正常，并能够进入系统。

故障原因：此故障主要有四种可能，一是 CPU 温度检测异常但未达到立即关机程度；二是开关电源输出电压异常，或是不稳定，偏高或偏低；三是主板本身有缺陷，开机后有时会出现救护车的报警声，但有时却能够正常启动，并能够进入系统；四是内存条异常，或是其中一条内存已经损坏。

故障排除：出现以上故障后往往要逐一对电源的散热系统、电源和主板进行检测，一般方法是采用替换法，直到找出问题的根源所在。这种现象最常发生在主板本身的缺陷上，如果检测到的确是主板故障，那么就只有更换主板。

12.3.3　开机后 CPU 风扇转动但显示器不亮

故障现象：开机后 CPU 风扇转动但显示器不亮。

故障排除：检查显示器是否连接电源并且打开，检查显示器与主机的连接是否正确，检查主板上的 CPU 供电接口是否连接。主板的供电连接了，但没有连接 CPU 供电接口，这种情况就会导致 CPU 风扇转动，计算机看似启动但实际不工作的现象。

12.3.4　各种 BIOS 报警声含义

Award BIOS 报警：

1 短：系统正常启动。机器没有任何问题。

2 短：常规错误，请进入 CMOS Setup，重新设置不正确的选项。

1 长 1 短：内存或主板出错。换一条内存试试，若还是不行，只能更换主板。

1 长 2 短：显示器或显示卡错误。

1 长 3 短：键盘控制器错误。检查主板。

1 长 9 短：主板 Flash RAM 或 EPROM 错误，BIOS 损坏。换块 Flash RAM 试试。

不断地响（长声）：内存条未插紧或损坏。重插内存条，若还是不行只有更换一条内存。

不停地响：电源、显示器未与显示卡连接好。检查一下所有的插头。

1 短 1 短 3 短：CMOS 或电池失效。

1 短 1 短 4 短：ROM BIOS 校验错误。

1 短 2 短 1 短：系统时钟错误。

1 短 2 短 2 短：DMA 初始化失败。

1 短 2 短 3 短：DMA 页寄存器错误。

1 短 3 短 1 短：RAM 刷新错误。

1 短 3 短 2 短：基本内存错误。

1 短 3 短 3 短：基本内存错误。

1 短 4 短 1 短：基本内存地址线错误。

1 短 4 短 2 短：基本内存校验错误。

1 短 4 短 3 短：EISA 时序器错误。

1 短 4 短 4 短：EISA：NMI 口错误。

2 短 1 短 1 短：前 64KB 基本内存错误。

3 短 1 短 1 短：DMA 寄存器错误。

3 短 1 短 3 短：主中断处理寄存器错误。

3 短 1 短 4 短：从中断处理寄存器错误。

3 短 2 短 4 短：键盘控制器错误。

3 短 4 短 3 短：时钟错误。

4短2短2短：关机错误。

4短2短3短：A20门错误。

4短2短4短：保护模式中断错误。

4短3短1短：内存错误。

4短3短3短：时钟2错误。

4短3短4短：时钟错误。

4短4短1短：串行口错误。

4短4短2短：并行口错误。

4短4短3短：数字协处理器错误。

12.3.5 主板电池供电不足导致计算机无法启动

故障现象：

CMOS参数丢失，开机后出现了“CMOS Battery Low”的提示信息，有时可以启动，但使用一段时间后就会死机。

故障解决：

这种故障一般是由于主板电池供电不足而引起的。如果是焊接式电池，可以用电烙铁重新焊上一颗新电池。如果是纽扣式电池，可以直接更换。如果是芯片式电池，可以更换此芯片，最好采用相同型号的芯片替换。如果更换电池后，时间不长又出现了同样现象的故障，那么很有可能是主板漏电，需要检查主板上的二极管或者电容是否损坏了，也可以通过设置跳线使用外接电池。

12.3.6 内存损坏导致开机报警

故障现象：

听到的不是平时“嘀”的一声，而是“嘀，嘀，嘀……”响个不停，显示器也没有图像显示。这种故障多数时候是因为计算机的使用环境不好，湿度过大，在长时间使用过程中，内存的金手指表面氧化，造成内存金手指与内存插槽的接触电阻增大，阻碍电流通过，因而内存自检错误。表现为一开机就“嘀嘀”的响个不停，也就是我们通常所说的“内存报警”。

故障排除：

取下内存，使用橡皮将内存两面的金手指仔细的擦干净，再插回内存插槽就可以了。注意：在擦金手指时，一定不要用手直接接触金手指，因为手上汗液会附着在金手指上，在使用一段时间后会再次造成金手指氧化，重复出现同样的故障。不过，此类内存报警还有其他几种原因：

（1）内存与主板兼容性不好。把内存插在其他主板上，长时间运行稳定可靠；把其他内存插在故障主板上也运行可靠稳定，没有报警出现。但是把二者放在一起，就出现“嘀嘀”的报警声。此类故障只能更换内存来解决。

（2）主板的内存插槽质量低劣。表现为更换多个品牌内存都出现“嘀嘀”的报警声，偶尔有某一个内存不报警，但可能关机重启后又会报警。此类故障主要出现在低档的主板上，原因是主板的价格低，使用的内存插槽质量也差，只能更换主板来解决。

（3）其他故障造成的内存报警。这类故障不常见，有可能是主板故障或CPU故障，造成内存报警，只能用排除法逐一替换解决。

习 题 12

一、填空题

1. 常见的计算机故障主要有________、________，但是________要多一些。
2. 判断硬件故障的方法主要有________、________、________、________和________。
3. BIOS 是英文________的缩写。

二、简答题

1. 下载并安装一款杀毒软件，并对计算机进行全盘查杀病毒操作。
2. 拆卸一台计算机的主机箱，然后使用正确的方法对其组件进行清洁维护。
3. 对当前系统下的 IE 浏览器的收藏夹进行备份。
4. 常见的硬件故障有哪些？怎样处理这些故障？
5. 如何排除内存和显卡金手指造成的故障？
6. 主板常见的故障和处理的方法有哪些？
7. 容易由于散热问题引起故障的硬件设备有哪些？

第 13 章 Windows 7 操作系统

13.1 Windows 7 概述

Windows 7 是由微软公司（Microsoft）开发的操作系统，核心版本号为 Windows NT 6.1。Windows 7 可供家庭及商业工作环境、笔记本电脑、平板电脑、多媒体中心等使用。2009 年 7 月 14 日 Windows 7 RTM（Build 7600.16385）正式上线，2009 年 10 月 22 日微软于美国正式发布 Windows 7。Windows 7 同时也发布了服务器版本——Windows Server 2008 R2。

13.1.1 Windows 7 的产生

以加拿大滑雪圣地 Blackcomb 为开发代号的 Windows 作业系统最初被计划为 Windows XP 和 Windows Server 2003 的后续版本。Blackcomb 计划的主要特性是强调数据的搜索查询和与之配套名为 WinFS 的高级文件系统。但在 2003 年，随着开发代号为 Longhorn 的过渡性简化版本的提出，Blackcomb 计划被延后。

2003 年中，Longhorn 具备了一些原计划在 Blackcomb 中出现的特性。2003 年，三个在 Windows 操作系统上造成严重危害的病毒暴发后，微软改变了它的开发重点，把一部分 Longhorn 上的主要开发计划搁置，转而为 Windows XP 和 Windows Server 2003 开发新的服务包。Windows Vista 的开发工作被“重置”了，或者说在 2004 年 9 月推迟，许多特性被去掉了。

2006 年初，Blackcomb 被重命名为 Vienna，然后又在 2007 年改称 Windows Seven。2008 年，微软宣布将 7 做为正式名称，成为现在的最终名称——Windows 7。

2008 年 1 月，对选中的微软合作伙伴发布第一个公布版本 Milestone 1，组建 6519。在 2008 年的 PDC（Professional Developers Conference，专业开发人员会议）上，微软发表了 Windows 7 的新工作列以及开始功能表，并在会议结束时发布了组建 6801，但是所发表的新工作列并没有在这个版本中出现。

2008 年 12 月 27 日，Windows 7 Beta 透过 BitTorrent 泄漏到网络上。ZDNet 针对这个版本做了运行测试，它在多个关键处都胜过了 Windows XP 和 Windows Vista，包括开机和关机的耗时、档案和文件的开启；2009 年 1 月 7 日，64-bit 的 Windows 7 Beta（组建 7000）被泄漏到网络上，并在不少的 torrent 档案中附带了特洛伊木马病毒。在 2009 年的国际消费电子展（CES）上，微软的首席执行官史蒂夫·巴尔默（Steve Ballmer）公布 Windows 7 Beta 已提供 ISO 映像档给 MSDN 以及 TechNet 的使用者下载；该版本亦于 2009 年 1 月 9 日开放给大众下载。微软预计当日的下载次数能达到 250 万人次，但由于流量过高，下载的时间就因而拖延了。一开始，微软将下载期限延长至 1 月 24 日，后来又延至 2 月 10 日。无法在 2 月 10 日前下载完成的人会有两天的延长期限。2 月 12 日之后，未完成的下载工作将无法继续，但已下载完成的人仍然可以从微软的网站上取得产品序号。这个预览版本会自 2009 年 7 月 1 日起开始每隔数小时自动关机，并于同年 8 月 1 日过期失效。2009 年 4 月 30 日，RC（Release Candidate）版本（组建 7100）提供给微软开发者网络以及 TechNet 的付费使用者下载；5 月 5 日开放大众下载。它亦有透过 BitTorrent 被泄漏到网络上。RC 版本提供五种语言，会自 2010 年 3 月 1 日起开始每隔两小时自动关机，并于同年 6 月 1 日过期失效。根据微软消息，Windows 7 的最终版本于 2009 年的假期消费季发布。2009 年 6 月 2 日，微软证实 Windows 7 将于 2009 年 10 月 22 日发行，并同时发布 Windows Server 2008 R2。2009 年 7 月下旬，Windows 7 零售版提供给制造商作为随机作业系统销售或是测试之用，并于 2009 年 10 月 22 日上午 11 时（UTC-4）由微软首席执行官史蒂夫·巴尔默正式在纽约展开发布会。

2007 年 12 月 20 日：M1（Build 6519.1）正式上线。

2008 年 12 月 12 日：Beta（Build 7000）正式上线。

2009 年 4 月 9 日：Preview1（Build 7106）正式上线。

2009 年 4 月 21 日：RC1（Build 7100）正式上线。

2009 年 5 月 29 日：RC2（Build 7200）正式上线。

2009 年 6 月 8 日：Build 7231 正式上线。

2009 年 6 月 18 日：Build 7260 正式上线。

2009 年 6 月 22 日：Build 7264 正式上线。

2009 年 7 月 14 日：RTM（Build 7600.16385）正式上线。

2011 年 2 月 22 日：RTM SP1（Build 7601.17514.101119-1850）正式上线。

13.1.2 Windows 7 的特点

1. 系统运行更加快速

微软在开发 Windows 7 的过程中，始终将性能放在首要的位置。Windows 7 不仅仅在系统启动时间上进行了大幅度的改进，并且连从休眠模式唤醒系统这样的细节也进行了改善，使 Windows 7 成为一款反应更快速、令人感觉清爽的操作系统。

2. 革命性的工具栏设计

进入 Windows 7，你一定会在第一时间注意到屏幕的最下方经过全新设计的工具栏。这条工具栏从 Windows 95 时代沿用至今，终于在 Windows 7 中有了革命性的颠覆，工具栏上所有的应用程序都不再有文字说明，只剩下一个图标，而且同一个程序的不同窗口将自动群组。鼠标移到图标上时会出现已打开窗口的缩略图，再次点击便会打开该窗口。在任何一个程序图标上单击右键，会出现一个显示相关选项的选单，微软称之为 Jump List。在这个选单中除了更多的操作选项之外，还增加了一些强化功能，可让用户更轻松地实现精确导航并找到搜索目标，如图 13-1 所示。

3. 更个性化的桌面

在 Windows 7 中，用户能对自己的桌面进行更多的操作和个性化设置。首先，在 Windows Vista 中有的侧边栏被取消，而原来依附在侧边栏中的各种小插件现在可以任用户自由放置在桌面的任何角落，不仅释放了更多的桌面空间，视觉效果也更加直观和个性化。此外，Windows 7 中内置主题包带来的不仅是局部的变化，而且整体风格统一的壁纸、面板色调，甚至系统声音都可以根据用户喜好选择定义。令人喜欢的桌面壁纸有很多，到底该选哪一张？不用再纠结，现在用户可以同时选中多张壁纸，让它们在桌面上像幻灯片一样播放，要快要慢由你决定！最精彩的是中意的壁纸、心仪的颜色、悦耳的声音、有趣的屏保统统选定后，用户可以保存为自己的个性主题包，如图 13-2 所示。

图 13-1　Windows 7 工具栏

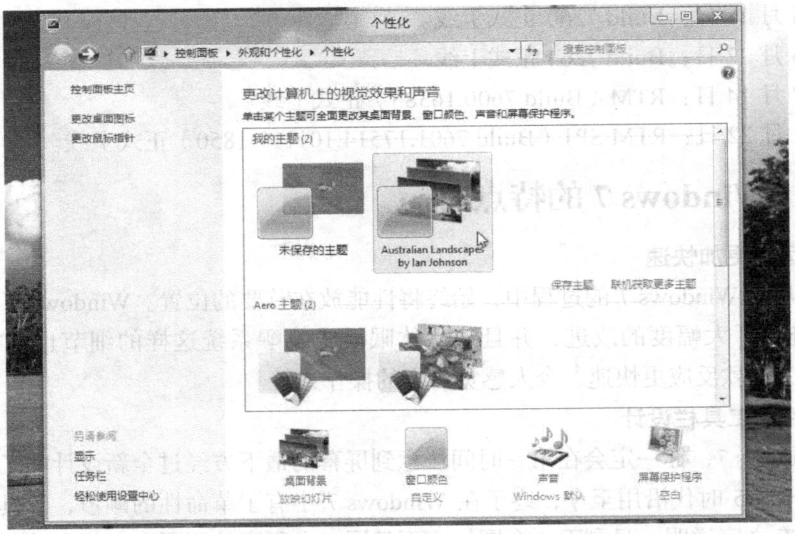

图 13-2　个性化桌面

4. 智能化的窗口缩放

半自动化的窗口缩放是 Windows 7 的另外一项有趣功能。用户把窗口拖到屏幕最上方，窗口就会自动最大化；把已经最大化的窗口往下拖一点，它就会自动还原；把窗口拖到左右边缘，它就会自动变成 50%宽度，方便用户排列窗口。这对需要经常处理文档的用户来说是一项十分实用的功能，他们终于可以省去不断在文档窗口之间切换的麻烦，轻松直观地在不同的文档之间进行对比、复制等操作。另外，Windows 7 拥有一项贴心的小设计：当用户打开大量文档工作时，如果用户需要专注在其中一个窗口，只需要在该窗口上按住鼠标左键并且轻微晃动鼠标，其他所有的窗口便会自动最小化；重复该动作，所有窗口又会重新出现。虽然看起来这不是什么大功能，但是的确能够帮助用户提高工作效率。

5. 无缝的多媒体体验

Windows 7 中的这项远程媒体流控制功能能够帮助你解决这个问题。它支持从家庭以外的 Windows 7 个人计算机安全地从远程互联网访问家中 Windows 7 计算机中的数字媒体中心，随心欣赏保存在家庭计算机中的任何数字娱乐内容。有了这样的创新功能，即使深夜一个人加班也不会感觉孤独。

而 Windows 7 中强大的综合娱乐平台和媒体库——Windows Media Center 不但可以让用户轻松管理计算机硬盘上的音乐、图片和视频，而且更是一款可定制化的个人电视。只要将计算机与网络连接或是插上一块电视卡，就可以随时随处享受 Windows Media Center 上丰富多彩的互联网视频内容或者高清的地面数字电视节目。同时也可以将 Windows Media Center 计算机与电视连接，给电视屏幕带来全新的使用体验。

13.1.3 Windows 7 的系统特色

1. 易用

Windows 7 做了许多方便用户的设计，如快速最大化、窗口半屏显示、跳转列表（Jump List）、系统故障快速修复等。

2. 快速

Windows 7 大幅缩短了 Windows 的启动时间，据实测，在 2008 年的中低端配置下运行，系统加载时间一般不超过 20 秒，这与 Windows Vista 的 40 余秒相比，是一个很大的进步。（系统加载时间是指加载系统文件所需的时间，而不包括计算机主板的自检以及用户登录时间，并且是在没有进行任何优化时所得出的数据，实际时间可能根据计算机配置、使用的情况的不同而不同）

3. 简单

Windows 7 将会让搜索和使用信息更加简单，包括本地、网络和互联网搜索功能，直观的用户体验将更加高级，还会整合自动化应用程序提交功能和交叉程序数据透明性。

4. 安全

Windows 7 包括了改进了的安全和功能合法性，还会把数据保护和管理扩展到外围设备。Windows 7 改进了基于角色的计算方案和用户账户管理，在数据保护和坚固协作的固有冲突之间搭建沟通桥梁，同时也会开启企业级的数据保护和权限许可。

5. 特效

Windows 7 的 Aero 效果华丽，有碰撞效果、水滴效果，还有丰富的桌面小工具。这些都比 Vista 增色不少。

6. 效率

Windows 7 中，系统集成的搜索功能非常的强大，只要用户打开开始菜单并开始输入搜索内容，无论要查找应用程序、文本文档等，搜索功能都能自动运行，给用户的操作带来极大的便利。

7. 高效搜索框

Windows 7 系统资源管理器的搜索框在菜单栏的右侧，可以灵活调节宽窄。它能快速搜索 Windows 中的文档、图片、程序、Windows 帮助甚至网络等信息。Windows 7 系统的搜索是动态的，当我们在搜索框中输入第一个字的时刻，Windows 7 的搜索工作就已经开始，大大提高了搜索效率。

8. 迄今为止最绿色且最节能的 Windows

微软总裁称，Windows 7 将成为最绿色、最节能的系统。说起 Windows Vista，很多普通用户的第一反应大概就是新式的半透明窗口 AeroGlass。虽然人们对这种用户界面褒贬不一，但其能利用 GPU 进行加速的特性确实是一个进步，Windows 7 也继续采用了这种形式的界面，并且全面予以改进，包括支持 DX10.1。

Windows 7 及其桌面窗口管理器（DWM.exe）能充分利用 GPU 的资源进行加速，而且支持 Direct3D 10.1 API。这样做的好处主要有：

（1）从低端的整合显卡到高端的旗舰显卡都能得到很好地支持，而且有同样出色的性能。

（2）流处理器将用来渲染窗口模糊效果，即俗称的毛玻璃。

（3）每个窗口所占内存（相比 Vista）能降低 50%左右。

（4）支持更多、更丰富的缩略图动画效果，包括“Color Hot-Track”——鼠标滑过任务栏上不同应用程序的图标的时候，高亮显示不同图标的背景颜色也会不同。而且，执行复制程序的状态指示也会显示在任务栏上，鼠标滑过同一应用程序图标时，该图标的高亮背景颜色也会随着鼠标的移动而渐变。

Windows 7 的控件有几个来源，和传统的桌面应用程序开发或 Web 开发一样，有默认提供的控件和第三方开者发布的第三方控件。一般而言，如果不是过于复杂的界面布局，使用默认控件就足矣。

MSDN 列出了 Windows 应用程序平台中可用的广泛控件集，如基本控件、全景控件、Pivot 控件以及 WebBrowser 控件。当这些默认提供的控件无法满足需求时，用户就可以自定义控件或是寻求第三方控件。随着新型手机的流行，已经有很多类似的 Windows 的控件，如 ComponentOne Studio，有 UI 控件、表格控件，用于数据显示、文本编辑、布局控制、导航操作等。

13.2 Windows 7 的分类

1. Windows 7 简易版

Windows 7 简易版可以加入家庭组（Home Group），任务栏有不小的变化，也有 JumpLists 菜单，但没有 Aero。

缺少的功能：玻璃特效功能、家庭组（HomeGroup）创建、完整的移动功能。

可用范围：仅在新兴市场投放（发达国家中澳大利亚在部分上网本中有预装），仅安装在原始设备制造商的特定机器上，并限于某些特殊类型的硬件。

2. Windows 7 家庭普通版

Windows 7 家庭普通版主要新特性有无限应用程序、增强视觉体验（没有完整的 Aero 效果）、高级网络支持（ad-hoc 无线网络和互联网连接支持 ICS）、移动中心（Mobility Center），如图 13-3 所示。

3. Windows 7 家庭高级版

Windows 7 家庭高级版有 Aero Glass 高级界面、高级窗口导航、改进的媒体格式支持、媒体中心和媒体流增强（包括 Play To）、多点触摸、更好的手写识别等，如图 13-4 所示。

图 13-3　Windows 7 家庭普通版

图 13-4　Windows 7 家庭高级版

4. Windows 7 企业版

Windows 7 企业版提供一系列企业级增强功能：BitLocker，内置和外置驱动器数据保护；AppLocker，锁定非授权软件运行；DirectAccess，无缝连接基于的企业网络；BranchCache，Windows Server 2008 R2 网络缓存，等等。

包含功能：Branch 缓存、DirectAccess、BitLocker、AppLocker、Virtualization Enhancements（增强虚拟化）、Management（管理）、Compatibility and Deployment（兼容性和部署）、VHD 引导支持。

5. Windows 7 专业版

Windows 7 专业版是替代 Vista 下的商业版，支持加入管理网络（Domain Join）、高级网络备份等数据保护功能、位置感知打印技术（可在家庭或办公网络上自动选择合适的打印机）等。

包含功能：加强网络的功能，比如域加入、高级备份功能、位置感知打印、脱机文件夹、移动中心（Mobility Center）、演示模式（Presentation Mode）。

图 13-5　Windows 7 旗舰版

6. Windows 7 旗舰版

Windows 7 旗舰版拥有 Windows 7 家庭高级版和 Windows 7 专业版的所有功能，当然硬件要求也是最高的。

包含功能：以上版本的所有功能（除企业版），如图 13-5 所示。

13.2.1　Windows 7 的新技术

1. 开启虚拟 wifi

开启 Windows 7 的隐藏功能——虚拟 wifi 和 SoftAP（即虚拟无线 AP），就可以让电脑变成无线路由器，实现共享上网。步骤：

（1）按“Win + R”打开运行程序，输入 cmd 并回车打开命令指令符。

（2）在命令指令符中输入 netsh wlan set hostednetwork mode = allow ssid = ****** key = ****** 然后按“回车”键，其中的内容可以自己设定，ssid 是 wifi 名，key 是你连接 wifi 所需的密码。

（3）确保无线网络打开（一般笔记本电脑上会有无线网络打开的指示灯）。

（4）打开“控制面板”→“网络和 Internet” →“网络和共享中心”→“更改适配器设置”（在左上）。

选中你当前的宽带连接并右键“属性”→“共享”→“允许其他用户通过此计算机的 Internet 来连接”打勾，共享网络选择无线设置完后你的宽带连接会出现共享的字样。

（5）回到命令指令符，输入：netsh wlan start hostednetwork 并按“回车”键，显示承载网络，无线网络共享打开成功。这个共享网络每次关机后再开机都要输入指令再打开，如果嫌麻烦可以把 netsh wlan start hostednetwork 复制进 txt，然后将 txt 扩展名保存为 bat，文件可以重命名为打开无线共享等一目了然的名字。想打开的时候直接双击 bat 文件，就无需再打开命令指令输入命令了。

这时候无线网络连接 2 的红叉就不见了，成了一个正常的网络。接下来你就可以用其他设备搜索你设置的 ssid 网，并输入你设置的密码即可连接 wifi 了，连接好后就可以用 wifi 进行上网了。

2. 编辑本段隐藏功能

Windows 7 中的一个隐藏功能：在桌面或是其他地方创建一个新的文件夹，将这个新文件夹重命名为“GodMode.{ED7BA470-8E54-465E-825C-99712043E01C}”。

该文件夹的图标变成了控制面板的图标，打开可以查看控制面板和系统设置的所有选项，如图 13-6 所示。

图 13-6 GodMode

3. 上帝模式

其实这个所谓的“上帝模式”早在 Vista 中就存在，是 Windows 系统中很多没有特别说明的开发者功能之一，目的是为了方便开发人员更容易地控制各种内部设置。Windows 部门主管 Steven Sinofsky 在接受采访时表示，除了控制面板这个设置外，还有几个类似的微软没有明确指出的功能，从更改默认位置到电力管理等。“上帝模式”只是网络叫法，微软内部并没有如此称呼，而且这些也只是简单的开发者指令，并不是微软刻意隐瞒。

13.2.2 使用技巧

1. 快捷键

（1）按住右 Shift 八秒钟——启用和关闭筛选键。

（2）左 Alt + 左 Shift + PrntScrn（或 PrntScrn）——启用或关闭高对比度。

（3）左 Alt + 左 Shift + Num Lock——启用或关闭鼠标键。

（4）按 Shift 五次——启用或关闭粘滞键。

（5）按住 Num Lock 五秒钟——启用或关闭切换键。

（6）Windows 徽标键 + U——打开轻松访问中心。

（7）Ctrl + Alt + Del——显示常见选项。

2. Windows 徽标键

Windows 徽标键就是显示为 Windows 旗帜，或标有文字 Win 或 Windows 的按键。

（1）Windows 徽标键——打开或关闭“开始”菜单。

（2）Windows 徽标键 + Pause——显示“系统属性”对话框。

（3）Windows 徽标键 + D——显示桌面（XP/Vista 通用）。

（4）Windows 徽标键 + M——最小化所有窗口（XP/Vista 通用）。

（5）Windows 徽标键 + Shift + M——将最小化的窗口还原到桌面。

（6）Windows 徽标键 + E——打开“计算机”（XP/Vista 通用，XP 为打开“我的电脑”）。

（7）Windows 徽标键 + F——搜索文件或文件夹。

（8）Ctrl + Windows 徽标键 + F——搜索计算机（如果已连接到网络）。

（9）Windows 徽标键 + L——锁定计算机。

（10）Windows 徽标键 + R——打开“运行”对话框。

（11）Windows 徽标键 + T—— 循环切换任务栏上的程序。

（12）Windows 徽标键 + 数字 —— 启动锁定到任务栏中的由该数字所表示位置处的程序。如果该程序已在运行，则切换到该程序。

（13）Shift Windows 徽标键 + 数字 —— 启动锁定到任务栏中的由该数字所表示位置处的程序的新实例。

（14）Ctrl + Windows 徽标键 + 数字 ——切换到锁定到任务栏中的由该数字所表示位置处的程序的最后一个活动窗口。

（15）Alt + Windows 徽标键 + 数字 —— 打开锁定到任务栏中的由该数字所表示位置处的程序的跳转列表。

（16）Windows 徽标键 + Tab—— 使用 Aero Flip 3-D 循环切换任务栏上的程序。

（17）Ctrl + Windows 徽标键 + Tab——通过 Aero Flip 3-D 使用箭头键循环切换任务栏上的程序。

（18）Ctrl + Windows 徽标键 + B——切换到在通知区域中显示消息的程序。

（19）Windows 徽标键 + 空格键——预览桌面。

（20）Windows 徽标键 + 向上键—— 最大化窗口。

（21）Windows 徽标键 + 向左键——将窗口最大化到屏幕的左侧。

（22）Windows 徽标键 + 向右键——将窗口最大化到屏幕的右侧。

（23）Windows 徽标键 + 向下键——最小化窗口。

（24）Windows 徽标键 + Home——最小化除活动窗口之外的所有窗口。

（25）Windows 徽标键 + Shift + 向上键 ——将窗口拉伸到屏幕的顶部和底部。

（26）Windows 徽标键 + Shift + 向左键或向右键 ——将窗口从一个监视器移动到另一个监视器。

（27）Windows 徽标键 + P——选择演示显示模式。

（28）Windows 徽标键 + G——循环切换小工具。

（29）Windows 徽标键 + U——打开轻松访问中心（XP 为打开“辅助工具”）。

（30）Windows 徽标键 + X——打开 Windows 移动中心。

13.2.3 Windows 7 的设计主要围绕五个重点

- 针对笔记本电脑的特有设计；
- 基于应用服务的设计；
- 用户的个性化；
- 视听娱乐的优化；
- 用户易用性的新引擎。

跳跃列表、系统故障快速修复等，这些新功能令 Windows 7 成为最易用的 Windows。

13.3 Windows 7 的安全性

1. 改进版的用户帐户控制

用户帐户控制（UAC），其实很多人并不陌生，在 Windows Vista 中就有了，但一直受人诟病，因为只要用户对计算机系统稍作改变，它就会频繁弹出对话框来寻求用户的许可，同时屏幕变暗。这种方式虽然提高了系统的安全性，有力地防止病毒和木马对系统的破坏，但同时却让用户感觉到很繁琐，因此它成为了 Windows Vista 中最受人痛恨的一个功能。

在 Windows 7 中，开始让用户选择 UAC 的通知等级，UAC 最大的改进就是在控制面板提供了更多的控制选项，用户能根据自己需要选择适当的 UAC 级别。

进入控制面板的“系统和安全”，在“操作中心”里单击“更改用户账户控制设置”，Windows 7 下的 UAC 设置提供了一个滑块允许用户设置通知的等级，可以选择 4 种等级，大家可以根据个人喜好个性化选择，免去了老受弹出提示的骚扰之苦。

2. 强大的 Windows 防火墙

Windows 7 以前的系统一般也有自带的防火墙，但功能简单，一般被视为鸡肋，这次 Windows 7 的自带防火墙做了很大的改进，功能比较强大，打开控制面板里的“系统和安全”就可以看到 Windows 防火墙，它最大特点就是内外兼防，通过“家庭或者工作网络”和“公用网络”两个方面来对计算机进行防护。

尤其是“高级设置”里面功能更加全面，可以与一般的专业防火墙软件相媲美，通过入站与出站规则可以设置应用程序访问网络的情况，另外监视功能可以清晰反映出当前网络流通的情况 ，还可以设置自定义的入站和出站规则呢。相信 Windows 7 防火墙将会有更多用户来使用。

3. 家长控制功能

在 Windows 7 中有一个家长控制的功能，通过这个功能家长可以控制孩子对计算机的使用，如使用计算机的时间，使用计算机能玩什么样的游戏，能运行哪些运用程序，哪些程序不能运行，都可以进行个性化设置，保障孩子安全合理地使用计算机，下面介绍其方法。

先创建一个标准帐号，可以不设置密码，供孩子使用，然后把管理员帐号设置一个密码，防止孩子使用，打开“控制面板”里的“用户帐号和家庭安全”，选择“家长控制”，选择刚才创建好的用户，就可以为该用户设置家长控制，选择“启用，应用当前设置”，然后设置“时间限制”，可以设置一个星期内每天的任何时间段是否可以让孩子使用计算机，控制孩子使用计算机的时间段，还可以设置孩子能玩的游戏分级，以及阻止特定游戏。

另外还可以设置“允许或者阻止特定应用程序”选项，系统会弹出一个对话框，可以设置该用户只能允许运行的程序，则系统会自动列出当前电脑安装的所有应用程序，包括系统安装过程中自带的一些应用程序，如扫雷、纸牌等工具，一般情况下，系统会自动列出所有以 EXE 结尾的应用程序。这样就可以限制孩子不使用某些应用程序，如不允许孩子使用 QQ、不允许使用一些操作不当会破坏数据的程序等。

4. Windows BitLocker 驱动器加密保障文件安全

Windows BitLocker 驱动器加密是一种全新的安全功能，可以阻止没有授权的用户访问该驱动器下的所有文件，该功能通过加密 Windows 操作系统卷上存储的所有数据可以更好地保障计算机中的数据安全。无论是个人用户，还是企业用户，该功能都非常实用，打开“控制面板”里的“系统和安全”，选择“BitLocker 驱动器加密”，选择要加密的盘符，单击“启用 BitLocker”，然后，系统会提示正在初始化驱动器，然后设置驱动器加密的密码，单击“下一步”，为了防止忘记密码，还可以设置 BitLocker 恢复密钥文件，最后单击“启动加密”就可以了。这样，如果要访问该磁盘驱动器，则需要输入密码。

13.3.1　SDL 技术

1. SDL 发展历程

2002 年，比尔·盖茨在其“可信计算”备忘录提出，不安全的软件是对技术的一个战略性威胁，指令微软公司从最基础开始修复微软的软件安全问题。然后微软启动了“安全推进”计划，Windows XP SP2 作为其代表性成果。这是早期的 SDL。

2002—2003 年微软针对 Windows Server 2003 提出“安全推进”计划，之后该计划扩展到微软其他产品。

2004 微软公司批准在所有产品中采用 SDL。

2005—2007 年 SDL 增强模糊测试、代码分析、隐私、禁用 APIs、Windows Vista 成为第一个完全采用 SDL 开发的 OS。

2. 主要思想

SDL 是一个持续改进的过程，通过持续改进和优化，让 SDL 适应各种安全变化形式，并且能追求最优的效果。

SDL 是要将安全思想和意识嵌入到软件团队和企业文化中。

SDL 需要实现安全的可度量性。

SDL 应该是针对软件开发可以通用使用和有效的。

13.3.2　Windows 7 的安全性应用

1. 使计算机提速的方法

快速释放 Windows 7 系统资源让电脑更顺畅，单击 Windows 7 桌面左下角的“开始”菜单，在空白框中输入 regedit，打开注册表编辑器，依次展开“HKEY_CURRENT_USER\ControlPanel\Desktop”，在右侧窗格中找到“AutoEndTasks”字符串值，鼠标双击该字符，在弹出的“编辑字符串”对话框中将其数值数据由“0”修改为“1”，关闭注册表编辑器返回 Windows 7 桌面进行刷新操作后，该设置即可生效。当以后再遇到某个程序无响应的情况时，你的 Windows 7 系统就会自动将其关闭，不用再浪费时间等待了。

2. 蓝屏修复方法

如果你正在运行 Windows 7 SP1 或者 Windows Server 2008 R2 SP1，配置了自动连接无线网络，然后重新启动或者从休眠/睡眠模式中恢复，并开始通过有线或者无线网络与其他计算机传输数据，那么“恭喜”，你的 Windows 7 系统就有机会碰到 Windows 7 蓝屏了，如图 13-7 所示。蓝屏的时候会有以下的代码提示：

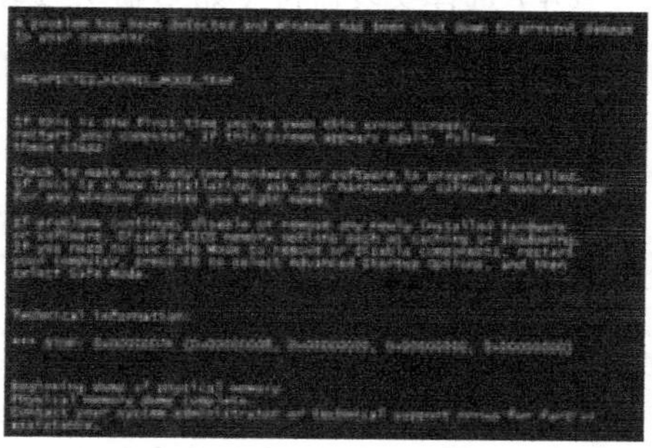

图 13-7　Windows 7 蓝屏

STOP：0x0000007F（parameter1，parameter2，parameter3，parameter4）UNEXPECTED_KERNEL_MODE_TRAP

另外，如果你的 Windows 7 SP1/Windows Server 2008 R2 SP 计算机安装过改善 TCP 延迟和 UDP 延迟的修复补丁 KB979612，也可能会碰到如上蓝屏问题。

微软公司的解释比较简单：操作系统没有定位足够的堆栈空间。

微软已经就此问题制作了一个编号 KB2519736 的热修复蓝屏补丁，但是因为问题并不是很普遍，并没有公开发布，有需要的用户可以自行索取。

当你的电脑出现蓝屏的时候，就可以下载微软最新的补丁来修复蓝屏问题了。

13.4 安装 Windows 7 操作系统

使用光盘安装

方法一：

（1）购买 Windows 7。

（2）在 Windows 系统下，放入购买的 Windows 7 光盘，运行 SETUP.EXE，选择“安装 Windows”。

（3）输入在购买 Windows 7 时得到的产品密钥（一般在光盘上找）。

（4）接受许可条款。

（5）选择“自定义”或“升级”。

（6）选择安装的盘符，如选择 C 盘，会提示将原系统移动至 windows.old 文件夹，确定即可（在第 5 步中选择”升级“的用户跳过此步。另外，这样操作会使你的计算机变成双系统）。

（7）到“正在展开 Windows 文件”这一阶段会重启，重启后继续安装并在“正在安装更新”这一阶段再次重启；如果是光盘用户，则会在“正在安装更新”这一阶段重启一次。

（8）完成安装。

方法二：

（1）按方法一的第 1 步进行。

（2）在 BIOS 中设置光驱启动，选择第一项即可自动安装到硬盘第一分区。有隐藏分区的品牌机建议手动安装。

（3）按方法一的第 3 步至第 4 步进行。

（4）选择安装盘符（如 C 盘），选择后建议单击“格式化安装”（不然会变成双系统）。

（5）开始安装。

（6）完成安装。

习 题 13

一、选择题

1. Windows 7 目前有几个版本（　　）。

   A. 3　　B. 4　　C. 5　　D. 6

2. 在 Windows 7 的各个版本中，支持的功能最多的是（　　）。

   A. 家庭普通版　　B. 家庭高级版　　C. 专业版　　D. 旗舰版

3. 在 Windows 7 操作系统中，显示桌面的快捷键是（　　）。

   A. “Win + D”　　B. “Win + P”　　C. “Win + Tab”　　D. “Alt + Tab”

4. 安装 Windows 7 操作系统时，系统磁盘分区必须为（　　）格式才能安装。

   A. FAT16　　B. FAT32　　C. NTFS　　D. FAT

5. 在 Windows 7 操作系统中，打开外接显示设置窗口的快捷键是（　　）。

A. “Win + D”　　B. “Alt + Tab”　　C. “Win + P”　　D. “Win + Tab”

二、判断题

1. 正版 Windows 7 操作系统不需要激活即可使用。（　　）
2. Windows 7 家庭普通版支持的功能最少。（　　）
3. 在 Windows 7 的各个版本中，支持的功能都一样。（　　）
4. 任何一台计算机都可以安装 Windows 7 操作系统。（　　）
5. 在 Windows 7 的各个版本中，支持的功能都一样。（　　）

三、填空题

1. 在安装 Windows 7 的最低配置中，内存的基本要求是________GB 及以上。
2. Windows 7 是由________公司开发，具有革命性变化的操作系统。
3. 在 Windows 操作系统中，“Ctrl + V”是________命令的快捷键。
4. 在 Windows 操作系统中，“Ctrl + C”是________命令的快捷键。
5. 在安装 Windows 7 的最低配置中，硬盘的基本要求是________GB 以上可用空间。

四、简答题

1. Windows 7 和 Windows XP 相比提高了哪些安全性？
2. Windows 7 的设计主要围绕哪五个重点？
3. Windows 7 和以前的 Windows XP 相比有哪些特点？
4. Windows 7 和以前的 Windows XP 相比改进了哪些新技术？

实 验 部 分

实验一
计算机硬件的组装

一、实验目的

1. 通过计算机的组装，认识计算机的硬件和结构，了解计算机的整个组装过程和注意事项。
2. 识别计算机的各个部件，能自己动手组装一台计算机。

二、安装前准备

静电手套、多功能螺丝刀、尖嘴钳等工具。

三、实验注意事项

1. 内存条未能装好会发出“嘟”的警报声，显卡未能装好会发出“嘟嘟”的警报声。

2. 在建立分区时，主分区和逻辑分区的特征要区分开：主分区的特性是在任何时刻只能有一个是活动的，当一个主分区被激活以后，同一硬盘上的其他主分区就不能再被访问，所以一个主分区中的操作系统不能再访问同一物理硬盘上其他主分区上的文件；而逻辑分区并不属于某个操作系统，只要它的文件系统与启动的操作系统兼容，则该操作系统就能访问它。

3. 检查计算机内部连接。

（1）电源开关能否正常通断，声音是否清晰，有无连键、接触不良现象。

（2）其他各按钮、开关通断是否正常。

（3）连接到外部的信号线是否有断路、短路等现象。

（4）主机电源是否已正确地连接在各主要部件（特别是主板）的相应插座中。

四、实验内容与步骤

1. 安装主板

首先打开机箱，去掉侧盖，由于相当数量的机箱主板底架是固定在机箱上的，应该先让机箱侧躺。如图 S1-1 所示，接着要把用来固定主板的铜柱拧紧到主板底架上。

在主板底架上通常都会有比实际需要更多的螺丝孔留在上面，这些都是按照标准位置预留的，与主板上的固定孔相对应。在安装前需要对比一下主板，决定金属铜柱要装的位置。

把定位螺丝依照主板的螺丝孔固定在机箱上，之后把主板的 I/O 端口对准机箱的后部。主板上面的定位孔要对准机箱上的主板定位螺丝孔，用螺丝把主板固定在机箱上，注意上螺丝的时候拧到合适的程度就可以了，以防止主板变形，如图 S1-2 所示。

首先将主板 Socket 插座旁的把手轻轻向外拨一点，再向上拉起把手到垂直位置，如图 S1-3 所示，将 CPU 的第一脚（缺孔引脚）插入 CPU 插座，应注意将圆角对准后再插入，以防损坏，并压回把手，卡入把手定位卡固定，如图 S1-4 所示。

图 S1-1　机箱主板底架

图 S1-2　安装主板

图 S1-3　安装 CPU 前

图 S1-4　安装 CPU 后

2. 安装 CPU

注意：在安插过程中千万不要用力按压 CPU，所有的针脚应该是平顺地滑进插座中。认识主板上 CPU 的三种跳线和开关，第一步要先确认 CPU 的类型，比如是 Intel 还是 AMD 或者 Cyrix 等别的品牌。

3. 安装风扇

将风扇安装到 CPU 上，把风扇低弹性挂钩挂在 Socket 插座两端的挂钩上，将风扇的三孔电源插头插在主板的风扇电源插座上（一般在 CPU 附近）。一定要在 CPU 上涂散热膏或加块散热垫，这有助于将热量由处理器传导至散热装置上，如图 S1-5 所示。没有在处理器上使用导热介质可能会导致运行不稳定、频繁死机等问题。

图 S1-5　CPU 上涂抹散热膏

一些散热装置附带散热膏。常用的散热膏是导热硅脂，它能够很好地被填充到散热片和 CPU 之间的缝隙中。注意：不要涂抹得过多，因为这样反倒会影响散热效果。

现代 CPU 功耗高、发热量大，因此需要风扇这种主动散热装置。各类 CPU 使用的散热片和风扇的结构及安装方法各不相同，如图 S1-6 所示是 Socket 的散热风扇。

连接风扇电源的方法：风扇电源线的连接端一般有 3 条电线，其中两条用来连接电源，第三条则用来监控风扇的转速，因此 BIOS 能够监测风扇的转速，如图 S1-7 所示是连接 CPU 风扇电源。

图 S1-6　散热风扇

图 S1-7　散热风扇电源

4. 安装内存条

内存条底部的限位可确保内存条正确安装。在安装之前先将 RAM 对齐其插槽，内存条上的缺口与主板内存插槽缺口对齐，垂直向下压入插槽中，插槽两侧的白色固定夹“咔”的一声向上自动卡在内存条两侧的缺口上锁牢内存条，如图 S1-8 所示。

图 S1-8　安装内存条

5. 安装显卡

显卡通常采用 PCI-E 插槽，一般位于主板的中央，其他扩展卡一般采用 PCI 插槽，如声卡。PCI 插槽一般有若干个，理论上各个插槽都是相同的，可以随意选择，固定扩展卡一般使用细螺纹螺丝，安装扩展卡如图 S1-9 所示。

安装前，需要从机箱的背板去除适当的插槽挡板，将显卡的接口朝机箱后部插入插槽，将显卡固定在机箱上。

图 S1-9　安装显卡

6. 安装电源

在连接主机电源之前，一定要仔细检查各种设备的连接是否正确、接触是否良好，尤其要注意各种电源线是否有接错或接反的情况，检查确认无误后再连接机箱的电源线。

将电源放在机箱上，电源的风扇朝机箱后部并对准风扇孔，使电源后的螺丝孔和机箱上的螺丝孔一一对应，然后拧上螺丝即可，如图 S1-10 所示。

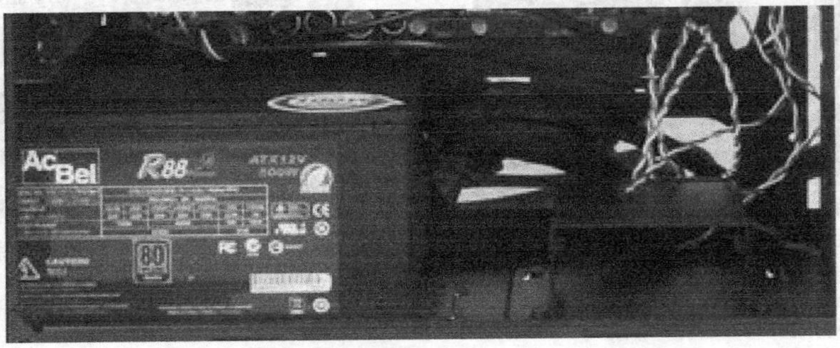

图 S1-10　安装电源

7. 安装硬盘、安装光驱

首先把硬盘固定在主机支架内（标签面向上，接线部分朝机箱内部），用螺栓固定。然后，将电源插头和硬盘的电源插座连接，用 SATA 数据线的一端接在硬盘上，如图 S1-11 所示。光驱的安装方法同硬盘。

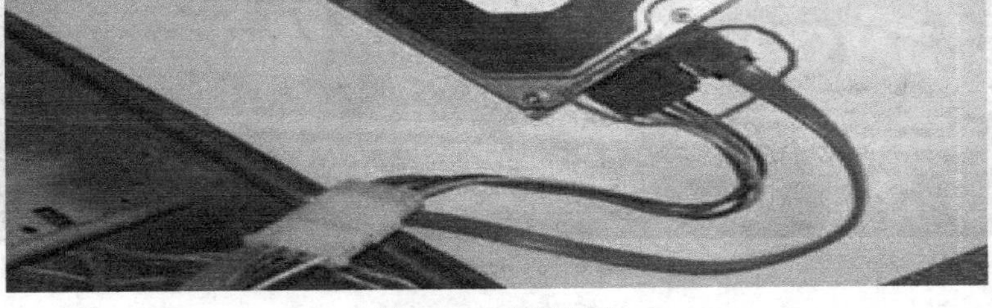

图 S1-11　安装硬盘

五、思考题

1. 装机的步骤有哪些？装机过程中需要注意哪些问题？
2. 如何识别内存和显卡未能装好？
3. 如果你自己配置一台电脑，写出一套配置方案。（要求性价比最合适）

实验二
BIOS 设置

一、实验目的

1. 掌握 CMOS 的含义及基本设置。
2. 了解 CMOS 与 BIOS 的区别和联系。

二、实验内容

1. 练习 CMOS 的各项设置。
2. 练习用放电法解除 CMOS 密码。
3. 练习用 DEBUG 程序去除口令。

三、AWARD BIOS 设置

1. 基本 CMOS 设置。

主板的 CMOS 记录计算机的日期、时间、硬盘参数、软驱情况及其他的高级参数。平常人们说的 BIOS 设置或 CMOS 设置指的就是这方面的内容。CMOS 能把这些信息保存下来，即使关机它们也不会丢失，所以以后你不必对它重新设置，除非你想改变计算机的配置或意外情况导致 CMOS 内容丢失。

（1）当开机后屏幕显示如下信息，马上敲一下“Delete”键，就进到了 CMOS 设置的主菜单。（有些计算机是按“Ctrl+Alt+Esc”组合键，有些是按“F10”键，具体要看屏幕上的提示）

（2）第一个是基本设置，用光标键把光条移到“STANDARD CMOS SETUP”一项，它包含硬件的基本设置情况，有“Date”、“Time”、硬盘设置情况，和前面关于 IDE 接口的内容是一致的：“Primary Master”和“Primary Slave”表示主 IDE 口上主盘和副盘，“Secondary Master”和“Secondary Slave”表示副 IDE 口上的主盘和副盘，还有“Drive A”和“Drive B”等设置。

2. 硬盘的检测及参数的设置。

3. 启动顺序设置。

4. 口令的设置和取消。

四、实验步骤

1. 进入 BIOS 设置和基本选项

开启计算机或重新启动计算机后，在屏幕显示“Waiting……”时，按下“Delete”键就可以进入 CMOS 的设置界面（图 S2-1）。要注意的是，如果按得太晚，计算机将会启动系统，这时只有重新启动计算机了。大家可在开机后立刻按住“Delete 键”直到进入 CMOS。进入后，可以用方向键移动光标选择 CMOS 设置界面上的选项，然后按“Enter”键进入副选单，用“ESC”键来返回父菜单，用“PAGE UP”和“PAGE DOWN”键来选择具体选项，用“F10”键保留并退出 BIOS 设置。

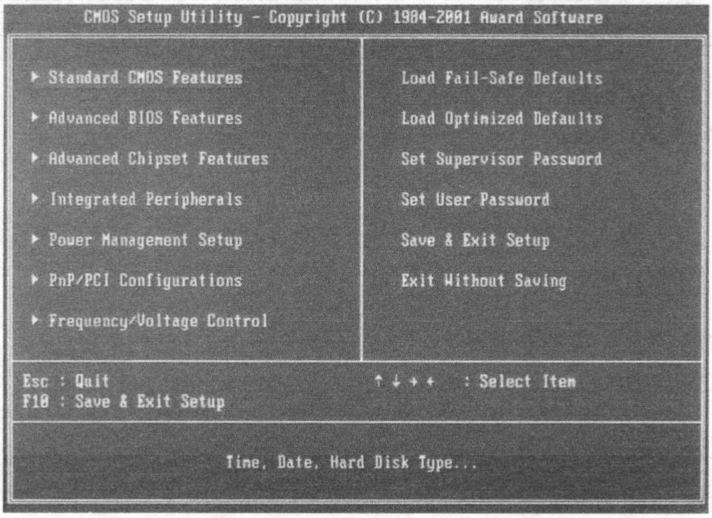

图 S2-1　CMOS 的设置界面

图 S2-1 是 AWARD BIOS 设置的主菜单。最顶一行标出了 Setup 程序的类型是 Award Software。项目前面有三角形箭头的表示该项包含子菜单。主菜单上共有 13 个项目，分别为：

Standard CMOS Features（标准 CMOS 功能设定），设定日期、时间、软硬盘规格及显示器种类。

Advanced BIOS Features（高级 BIOS 功能设定），对系统的高级特性进行设定。

Advanced Chipset Features（高级芯片组功能设定），设定主板所用芯片组的相关参数。

Integrated Peripherals（外部设备设定），使用此设定菜单对所有外围设备进行设定。

Power Management Setup（电源管理设定），设定 CPU、硬盘、显示器等设备的节电功能运行方式。

PNP/PCI Configurations（即插即用/PCI 参数设定），设定 ISA 的 PnP 即插即用界面及 PCI 界面的参数，此项仅在您系统支持 PnP/PCI 时才有效。

Frequency/Voltage Control（频率/电压控制），设定 CPU 的倍频，以及设定是否自动侦测 CPU 频率等。

Load Fail-Safe Defaults（载入最安全的默认值），使用此菜单载入工厂默认值作为稳定的系统使用。

Load Optimized Defaults（载入高性能默认值），使用此菜单载入最好的性能但有可能影响稳定的默认值。

Set Supervisor Password（设置超级用户密码），使用此菜单可以设置超级用户的密码。

Set User Password（设置用户密码），使用此菜单可以设置用户密码。

Save & Exit Setup（保存后退出），保存对 CMOS 的修改，然后退出 Setup 程序。

Exit Without Saving（不保存退出），放弃对 CMOS 的修改，然后退出 Setup 程序。

2. Standard CMOS Features（标准 CMOS 功能设定）项子菜单

在主菜单中用方向键选择“Standard CMOS Features”项然后“回车”键，即进入了“Standard CMOS Features”项子菜单，如图 S2-2 所示。

Standard CMOS Features”项子菜单中共有 13 个子项：

Date（mm:dd:yy）（日期设定），设定计算机中的日期，格式为“星期，月/日/年”。

Time（hh:mm:ss）（时间设定），设定计算机中的时间，格式为“时/分/秒”。

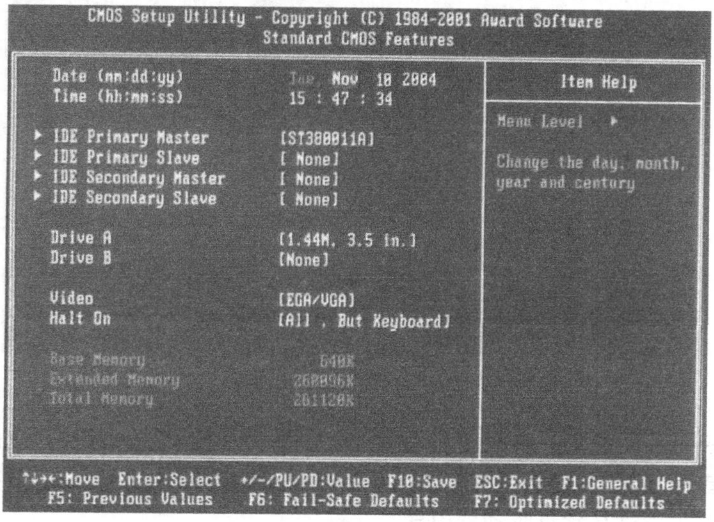

图 S2-2　标准 CMOS 设定

IDE Primary Master（第一主 IDE 控制器），设定主硬盘型号。按“PgUp”键或“PgDn”键选择硬盘类型：Press Enter、Auto 或 None。如果光标移动到“Press Enter”项按“回车”键后会出现一个子菜单，显示当前硬盘信息；Auto 是自动设定，None 是设定为没有连接设备。

IDE Primary Slave（第一从 IDE 控制器），设定从硬盘型号。设置方法参考上一设备。

IDE Secondary Master（第二主 IDE 控制器），设定主光驱型号。设置方法参考上一设备。

IDE Secondary Slave（第二从 IDE 控制器），设定从光驱型号。设置方法参考上一设备。

Drive A（软盘驱动器 A），设定主软盘驱动器类型。

Drive B（软盘驱动器 B），设定从软盘驱动器类型。（极少人连接两个软驱）

Video（设定计算机的显示模式），设定系统主显示器的视频转接卡类型。可选项有 EGA/VGA、CGA40/80 和 MONO。

3. Advanced BIOS Features（高级 BIOS 功能设定）项子菜单

在主菜单中用方向键选择“Advanced BIOS Features”项然后回车，即进入了“Advanced BIOS Features”项子菜单，如图 S2-3 所示。

Virus Warning（病毒报警），在系统启动时或启动后，如果有程序企图修改系统引导扇区或硬盘分区表，BIOS 会在屏幕上显示警告信息，并发出蜂鸣报警声，使系统暂停。CPU Internal Cache（CPU 内置高速缓存）设定，设置是否打开 CPU 内置高速缓存。External Cache（外部高速缓存）设定，设置是否打开外部高速缓存。CPU L2 Cache ECC Checking（CPU 二级高速缓存奇偶校验），设置是否打开 CPU 二级高速缓存奇偶校验。Quick Power On Self Test（快速检测）设定 BIOS 是否采用快速 POST 方式，也就是简化测试的方式与次数，让 POST 过程所需时间缩短。无论设成 Enabled 或 Disabled，当 POST 进行时，仍可按“Esc”键跳过测试，直接进入引导程序。

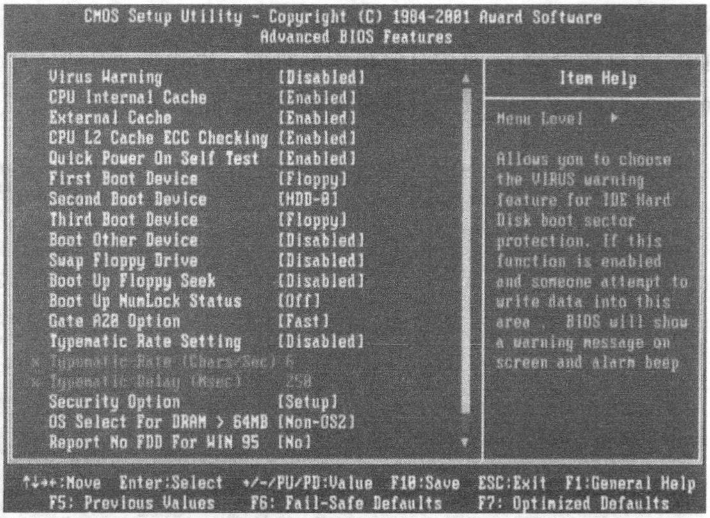

图 S2-3 高级 BIOS 功能设定

First Boot Device（设置第一启动盘），设定 BIOS 第一个搜索载入操作系统的引导设备。默认设为 Floppy（软盘驱动器），安装系统正常使用后建议设为（HDD-0）。设定值有：

Floppy 系统首先尝试从软盘驱动器引导。

LS120 系统首先尝试从 LS120 引导。

HDD-0 系统首先尝试从第一硬盘引导。

SCSI 系统首先尝试从 SCSI 引导。

CDROM 系统首先尝试从 CD-ROM 驱动器引导。

HDD-1 系统首先尝试从第二硬盘引导。

HDD-2 系统首先尝试从第三硬盘引导。

HDD-3 系统首先尝试从第四硬盘引导。

ZIP 系统首先尝试从 ATAPI ZIP 引导。

LAN 系统首先尝试从网络引导。

Disabled 禁用此次序。

Second Boot Device（设置第二启动盘），设定 BIOS 在第一启动盘引导失败后，第二个搜索载入操作系统的引导设备。

Third Boot Device（设置第三启动盘），设定 BIOS 在第二启动盘引导失败后，第三个搜索载入操作系统的引导设备。

Boot Other Device（其他设备引导），将此项设置为 Enabled，允许系统在从第一/第二/第三设备引导失败后，尝试从其他设备引导。

Boot Up NumLock Status（初始数字小键盘的锁定状态），此项是用来设定系统启动后，键盘右边小键盘是数字还是方向状态。当设定为“On”时，系统启动后将打开 Num Lock，小键盘数字键有效。当设定为“Off”时，系统启动后 Num Lock 关闭，小键盘方向键有效。

4. BIOS 与 COMS 的区别

BIOS 程序一般被固化在 CMOS 芯片上，一般说来 BIOS 是只读程序，不能改写，但现在由于 BIOS 程序每两周就会自动更新一次。考虑到 BIOS 升级的原因，现在许多的 BIOS 是可以改写的，但改写时必须使用相对应公司的升级工具。我们在使用计算机时一般都会将计算机的硬件配置参数记录并保存起来，存入计算机，以便计算机启动时能够读取这些数据，保证系统正常运行。这些设置参数都放在主板的 CMOS RAM 芯片中，一般不开机时由主板上的电池供电保存。如果主板上的电池断电就会丢失，这就是我们平时所说的掉电。

BIOS 是系统设置程序是完成参数设置的手段，而 COMS 芯片则是存放该设置参数的存放场所。由于它们和系统设置都密切相关，所以有 BIOS 设置和 COMS 设置的说法。

不过完整地讲应当是通过 BIOS 设置程序对 COMS 参数进行设置，一般所说的 BIOS 设置和 COMS 设置都是其简化叫法，指的都是同一回事。

5. BIOS 工作流程

（1）启动计算机电源，电源会发送一个信号给 CPU，CPU 有信号的激发下进入工作状态，开始读取 CMOS 中的程序也就是 BIOS。而这些程序代码大多和系统硬件测试有关。

（2）初始化系统硬件，初始化硬件中的寄存器。

（3）初始化能源管理机制。

（4）检测内存（RAM）。

（5）激活键盘。

（6）测试串、并行接口。

（7）初始化软盘、硬盘。

（8）通过上述测试后，如有错误会给出提示，否则将会显示系统硬件配置列表。

（9）寻找启动设备，找到后 BIOS 会将系统的控制权交给启动设备中的操作系统。

6. 需要重新设置 COMS 参数的情况

（1）在计算机中增加新的硬件时。

（2）进行计算机启动速度优化时。

（3）COMS 因故丢失时。（破坏性开关机、COMS 电池接触不良、COMS 电池电压不足、病毒破坏、COMS 跳线不当、软件及主板故障等到都会造成 CMOS 参数丢失）

7. 利用 BIOS 对系统进行优化

（1）将所有没有使用的 IDE 接口设置成为 None，这样系统在启动时就不会去检测这些端口。

（2）将 CPU 的 Intenal Cache 和 External Cache 设成 Enabled（打开），这样做的目的是打开 CPU 的一级、二级和扩展的缓存。

（3）将 Quick Power On Self Test 设为 Enabled，这样系统启动时就能跳过一些硬件，但同时这样做也会带来一定的风险，即降低了系统的查错能力。

（4）将 Sytem Boot Up speed 设为 High，使系统在启动时引导速度为高速。

（5）将 Video BIOS Shadow 设为 Enabled，使开机时系统 BIOS 映射到内存中，提高显示的速度。

（6）将 Cache Timing 设为 Fastset（最快）。

（7）将 SDRAM CAS Latency Time 设为 3，设置内存的延迟时间，原则上设置为 2 将比 3 快，但许多内存不支持延迟时间为 2，会造成系统不稳定。

（8）将 AGP Aperture Size 设置为一个适当的值，这项设置是将系统中的内存分给 AGP 显卡的设置，我们一般可以将内存的一半分给显卡，以加快显卡的显示速度。

（9）在进行这些设置之前应当对自己的主板有一定的了解，性能如何，否则一些主板进行上述设置后是不能开机的。

（10）最后一个忠告，如果我们在进行优化时出了问题，不知道动了哪一项而导致系统启动后出问题，我们可以通过重新设置 BIOS 来解决，具体的做法是：选择 LOAD SETUP DEFAUKTS 载入系统的一个预设值，首先能保证系统能正常开机使用。

8. BIOS 错误信息和解决方法

（1）CMOS battery failed（CMOS 电池失效）。

原因：说明 CMOS 电池的电力已经不足，请更换新的电池。

（2）CMOS check sum error-Defaults loaded（CMOS 执行全部检查时发现错误，因此载入预设的系统设定值）。

原因：通常发生这种状况都是因为电池电力不足所造成的，所以不妨先换个电池试试看。如果问题依然存在的话，那就说明 CMOS RAM 可能有问题，最好送回原厂处理。

（3）Display switch is set incorrectly（显示形状开关配置错误）。

原因：较旧型的主板上有跳线可设定显示器为单色或彩色，而这个错误提示表示主板上的设定和 BIOS 里的设定不一致，重新设定即可。

（4）Press ESC to skip memory test（内存检查，可按“ESC”键跳过）。

原因：如果在 BIOS 内并没有设定快速加电自检的话，那么开机就会执行内存的测试，如果你不想等待，可按“ESC”键跳过或到 BIOS 内开启 Quick Power On Self Test。

（5）Secondary Slave hard fail（检测从盘失败）。

原因： CMOS 设置不当（例如没有从盘但在 CMOS 里设有从盘）；硬盘的线、数据线可能未接好或者硬盘跳线设置不当。

（6）Override enable-Defaults loaded（当前 CMOS 设定无法启动系统，载入 BIOS 预设值以启动系统）。

原因：可能是你在 BIOS 内的设定并不适合你的计算机（像你的内存只能跑 100MHz，但你让它跑 133MH）这时进入 BIOS 设定重新调整即可。

（7）Press TAB to show POST screen（按“TAB”键可以切换屏幕显示）。

原因：有一些 OEM 厂商会以自己设计的显示画面来取代 BIOS 预设的开机显示画面，而此提示就是要告诉使用者可以按“TAB”键来将厂商的自定义画面和 BIOS 预设的开机画面进行切换。

（8）Resuming from disk，Press TAB to show POST screen（从硬盘恢复开机，按“TAB”键显示开机自检画面）。

原因：系统提供了 Suspend to disk（挂起到硬盘）功能，当使用者以 Suspend to disk 方式关机时，那么在下次开机时就会显示此提示消息。

五、思考题：

1. 了解什么是 CMOS 设置。
2. 了解 BIOS 的工作流程。
3. 在不知道硬盘参数的情况下，如何在 CMOS 中设定硬盘参数?
4. 丢失了计算机 COMS 设定的密码该如何处理?

实验三 硬盘分区、格式化操作

一、实验目的

学会对硬盘进行分区管理及格式化硬盘。

二、实验步骤

双击桌面上的硬盘分区魔术师 8.0 的快捷方式图标，启动硬盘分区魔术师 8.0 程序，如图 S3-1 所示。

将 NTFS 文件系统格式的 C 盘 4000MB 增大为 4500MB，增大部分的空间从 FAT32 文件系统格式的 D 盘中减除，如图 S3-2 所示。

图 S3-1　硬盘分区魔术师

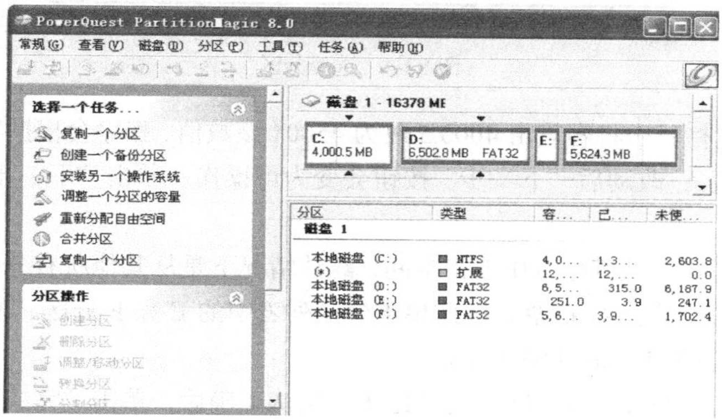

图 S3-2　启动硬盘分区魔术师

在右侧分区列表中，单击选中的分区后可对该分区进行各类常规操作（窗口左下角的“分区操作”栏目列出了各操作项目）。程序窗口左侧的“选择一个任务...”列表中列出的各项任务是对整个硬盘进行的操作。鼠标指向“调整一个分区的容量”，准备对C盘的容量进行调整，如图 S3-3 所示。

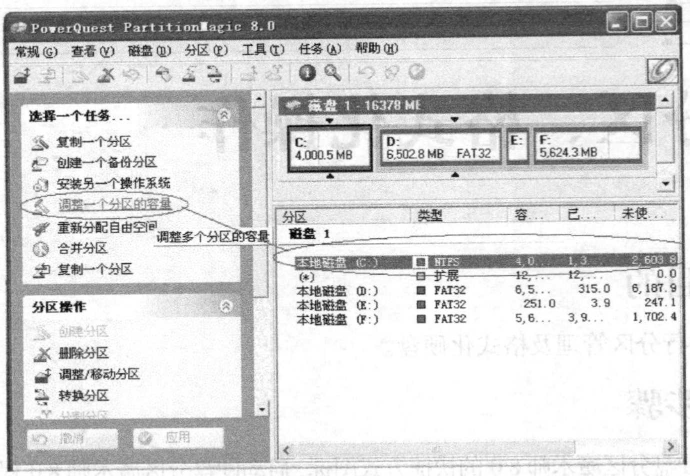

图 S3-3 调整硬盘分区魔术师

用鼠标单击C分区，使其被选中而标注为蓝色，如图 S3-4 所示。

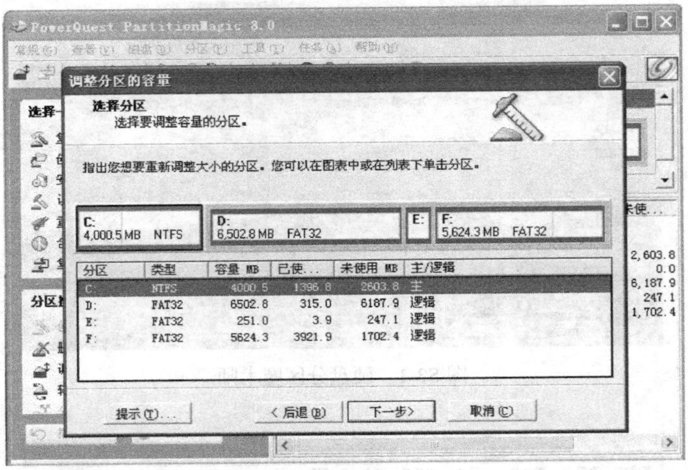

图 S3-4 选择分区

在分区的新容量栏目中将容量由 4000.5 改为 4500（该数值，程序会根据实际情况自动改为最合适并最接近的数值），改动后“下一步”按钮会变为可操作。单击“下一步”按钮，如图 S3-5 所示。

增加C盘的容量需要从其他盘中取得空间，默认情况下是从其他所有分区中均匀地提取。这里我只想从D盘中提取空间给C盘，因此单击分区列表中的E和F分区，取消E和F分区前面的勾，只保留D盘前的勾，如图 S3-6 所示。

调整分区空间前和调查分区空间后的对比图，确认正确后，单击“完成”按钮关闭向导，否则单击“后退”按钮返回上一步再操作。单击“完成”按钮后显示如图 S3-7 所示。

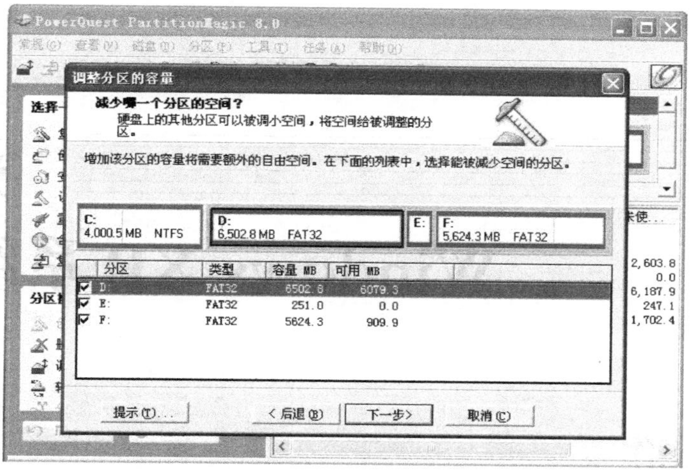

图 S3-5　减少分区

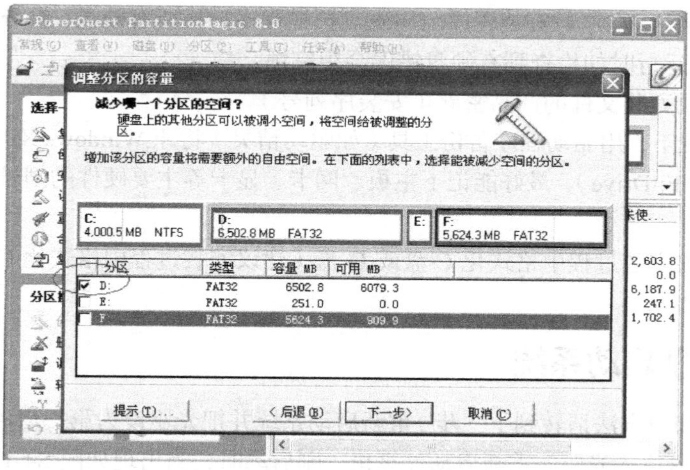

图 S3-6　提取分区

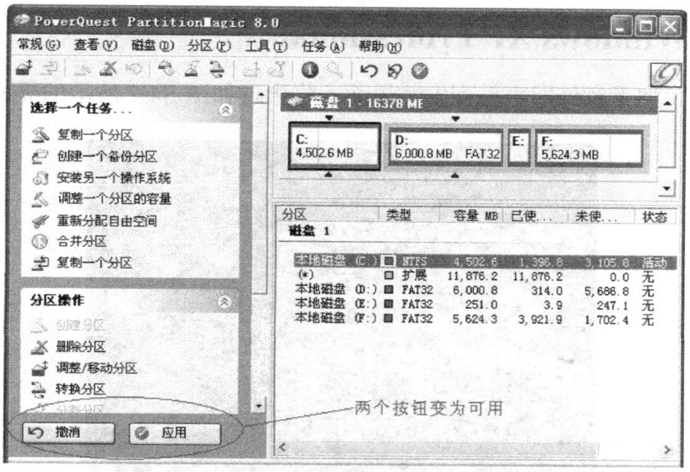

图 S3-7　完成分区

实验四 Windows XP 系统安装

一、准备工作

1. 准备好 WindowsXP Professional 简体中文版安装光盘，并检查光驱是否支持自启动。

2. 可能的情况下，在运行安装程序前用磁盘扫描程序扫描所有硬盘，检查硬盘错误并进行修复，否则安装程序运行时如检查到有硬盘错误会很麻烦。

3. 用纸张记录安装文件的产品密匙（安装序列号）。

4. 可能的情况下，用驱动程序备份工具（如驱动精灵）将原 Windows XP 下的所有驱动程序备份到硬盘上（如 F:\Drive）。最好能记下主板、网卡、显卡等主要硬件的型号及生产厂家，预先下载驱动程序备用。

5. 如果你想在安装过程中格式化 C 盘或 D 盘（建议安装过程中格式化 C 盘），请备份 C 盘或 D 盘中有用的数据。

二、用光盘启动系统

（如果你已经知道方法请转到下一步）重新启动系统并把光驱设为第一启动盘，保存设置并重启。将 XP 安装光盘放入光驱，重新启动计算机。刚启动时，当出现如图 S4-1 所示的界面时快速按下“回车”键，否则不能启动 XP 系统光盘安装。

三、安装 Windows XP Professional

光盘自启动后，如无意外即可见到安装界面，将出现如图 S4-1 所示的界面。

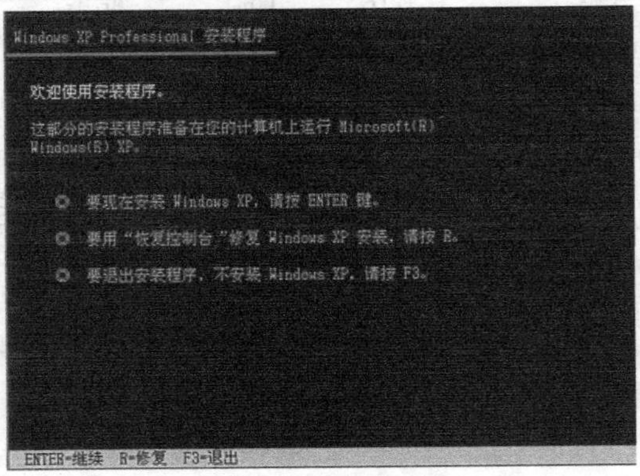

图 S4-1 安装界面

全中文提示，“要现在安装 Windows XP，请按 ENTER”，按“回车”键后，出现如图 S4-2 所示的界面。

许可协议，这里没有选择的余地，按“F8”键后如图 S4-3 所示。

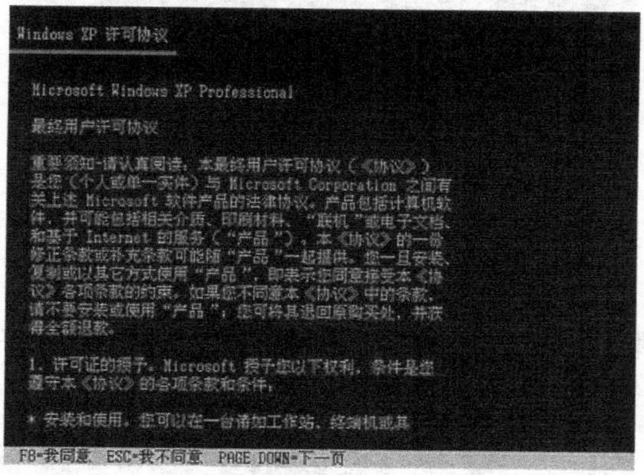

图 S4-2　全中文提示

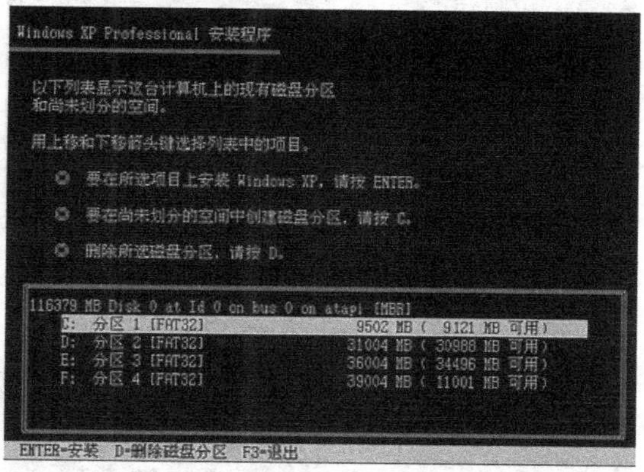

图 S4-3　选择分区

这里用“向下”或“向上”方向键选择安装系统所用的分区，如果你已格式化 C 盘请选择 C 分区，选择好分区后按“回车”键，出现如图 S4-4 所示的界面。

这里对所选分区可以进行格式化，从而转换文件系统格式，或保存现有文件系统，有多种选择的余地，但要注意的是 NTFS 格式可节约磁盘空间，提高安全性并减小磁盘碎片，但同时存在很多问题：DOS 和 98/Me 下看不到 NTFS 格式的分区，在这里选“用 FAT 文件系统格式化磁盘分区（快），按“回车”键，出现如图 S4-5 所示的界面。

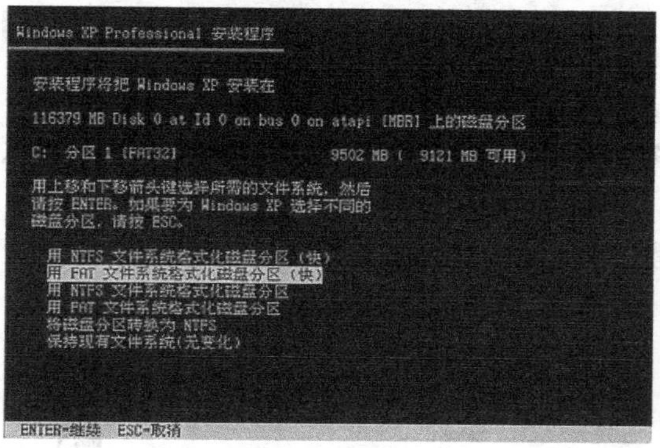

图 S4-4　分区格式

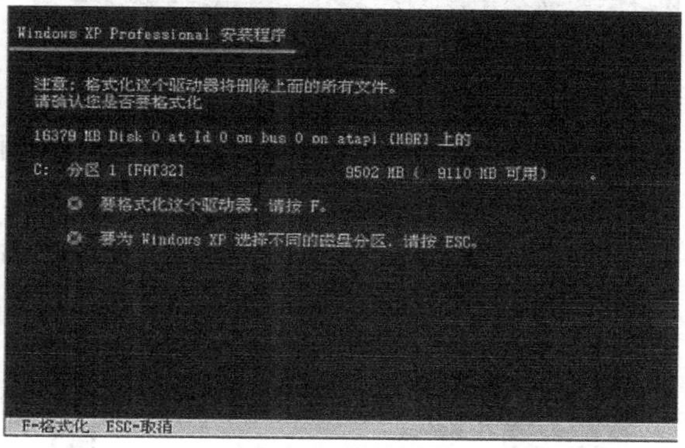

图 S4-5　格式化分区提示

格式化 C 盘的警告，按“F”键将准备格式化 C 盘，出现如图 S4-6 所示的界面。

由于所选分区 C 的空间大于 2048M（即 2G），FAT 文件系统不支持大于 2048M 的磁盘分区，所以安装程序会用 FAT32 文件系统格式对 C 盘进行格式化，按“回车”键，出现如图 S4-7 所示的界面。

图 S4-7 中正在格式化 C 分区，只有用光盘启动或安装启动软盘启动 XP 安装程序，才能在安装过程中提供格式化分区选项，如果用 MS-DOS 启动盘启动进入 DOS 下，运行 i386\winnt 进行安装 XP 时，安装 XP 时没有格式化分区选项。格式化 C 分区完成后，出现如图 S4-8 所示的界面。

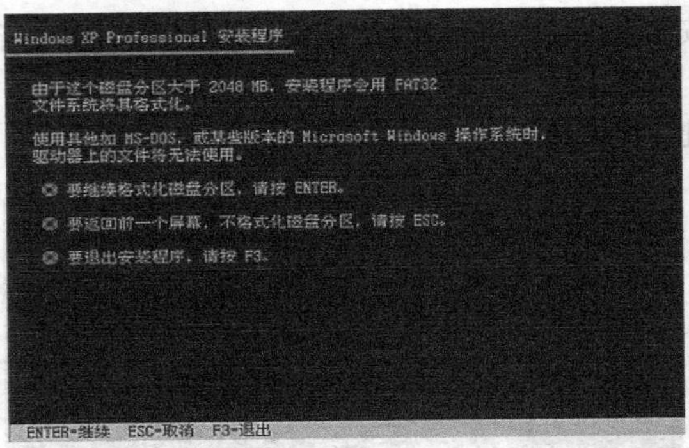

图 S4-6　格式化分区

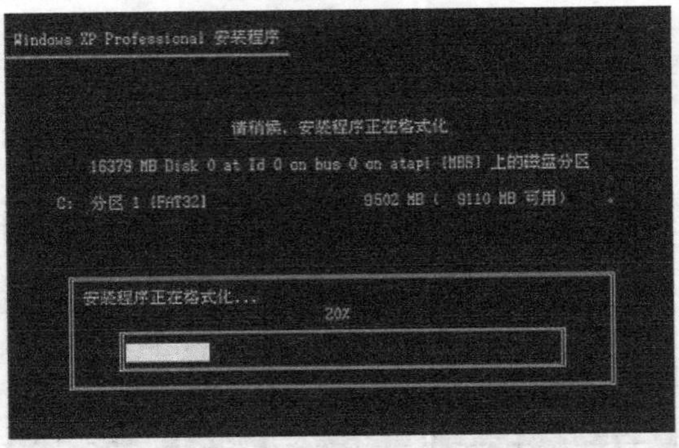

图 S4-7　格式化

图 S4-8 中开始复制文件，文件复制完后，安装程序开始初始化 Windows 配置。然后系统将会自动在 15 秒后重新启动，重新启动后，出现如图 S4-9 所示的界面。

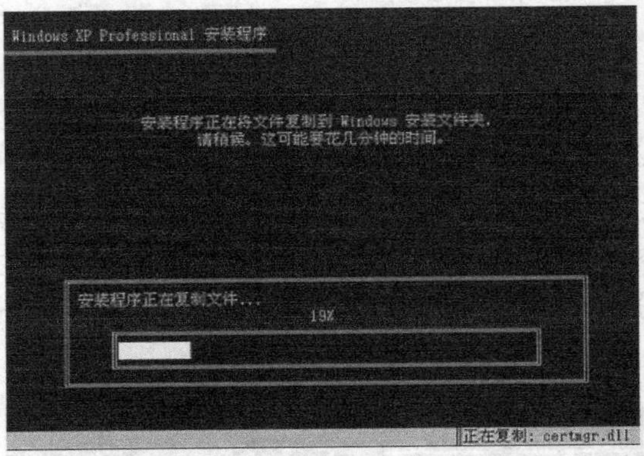

图 S4-8　复制文件图

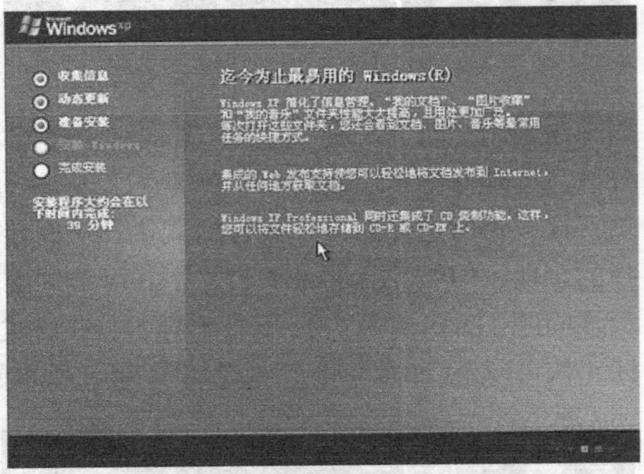

图 S4-9　程序初始化

过 5 分钟后，当提示还需 33 分钟时将出现如图 S4-10 所示的界面，区域和语言设置选用默认值就可以了，直接单击“下一步”按钮。

这里输入你想好的姓名和单位，这里的姓名是你以后注册的用户名，单击“下一步”按钮，出现如图 S4-11 所示的界面。

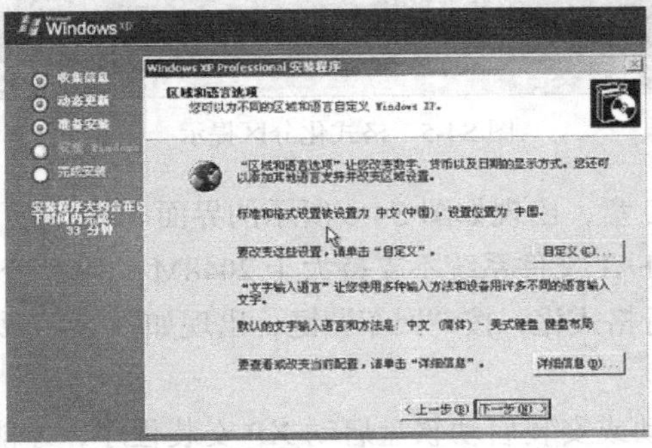

图 S4-10　语言

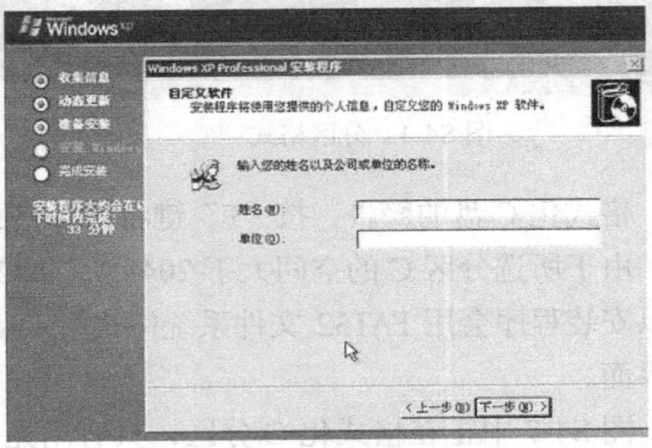

图 S4-11　用户名

如果你没有预先记下产品密钥（安装序列号）这里输入安装序列号，单击“下一步”按钮，出现如图 S4-12 所示的界面。

安装程序自动为你创建的计算机名称，自己可任意更改，输入两次系统管理员密码，请记住这个密码，Administrator 系统管理员在系统中具有最高权限，平时登陆系统不需要这个帐号。接着单击“下一步”按钮出现如图 S4-13 所示的界面。

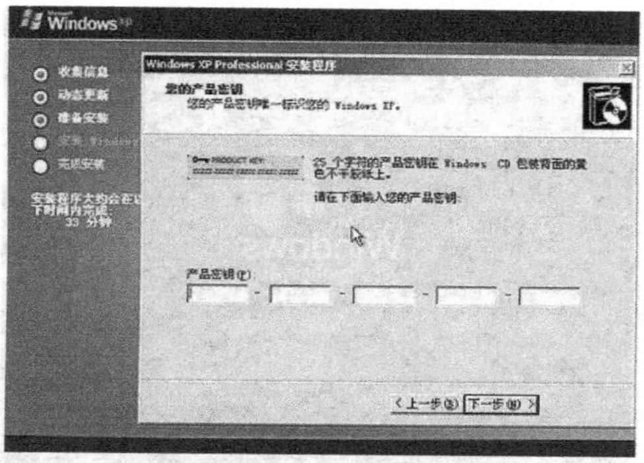

图 S4-12　安装序列号

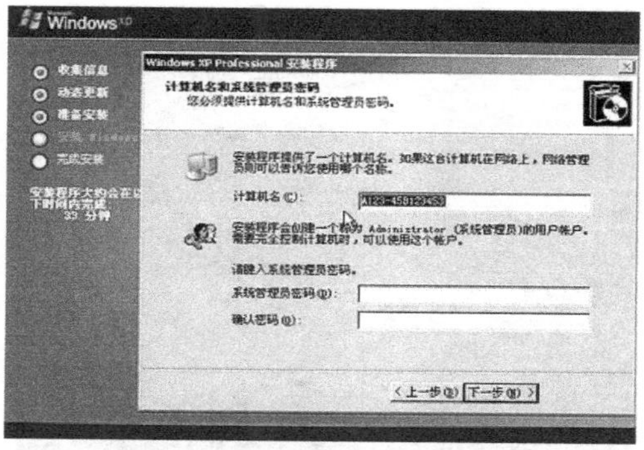

图 S4-13　创建的计算机名

日期和时间设置不用讲，选北京时间，单击“下一步”按钮，出现如图 S4-14 所示的界面。开始安装，复制系统文件、安装网络系统，很快出现如图 S4-15 所示的界面。

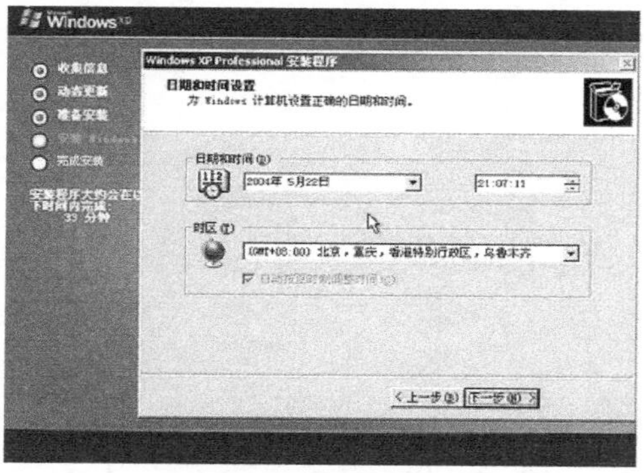

图 S4-14　设置日期和时间

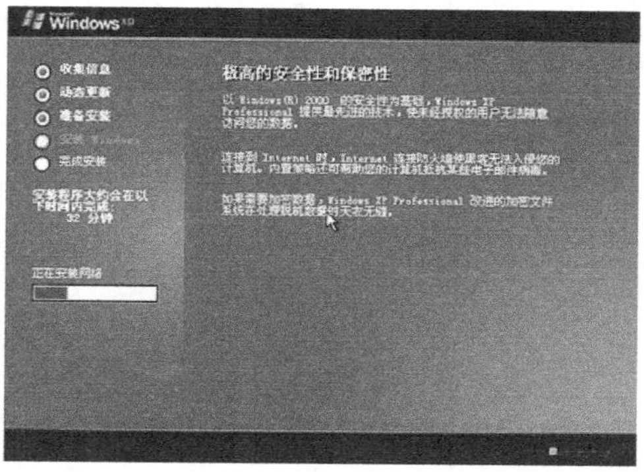

图 S4-15　复制系统文件

让你选择网络安装所用的方式，选典型设置单击“下一步”按钮，出现如图 S4-16 所示的界面。让你选择网络安装所用的方式，设置工作组如图 S4-17 所示。

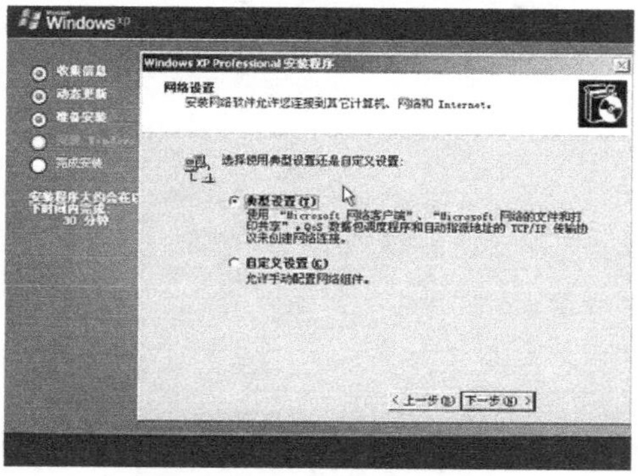

图 S4-16　典型设置

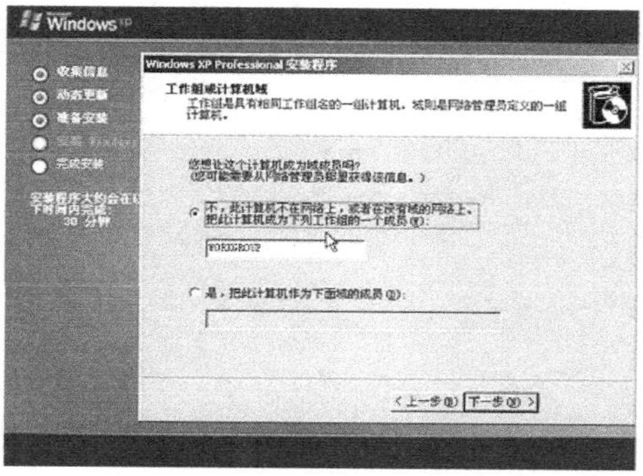

图 S4-17　设置工作组

开始安装，复制系统文件，单击“下一步”按钮，显示如图 S4-18 所示的界面。

继续安装，到这里后就不用你参与了，安装程序会自动完成全过程。安装完成后自动重新启动，显示启动界面，如图 S4-19 所示。

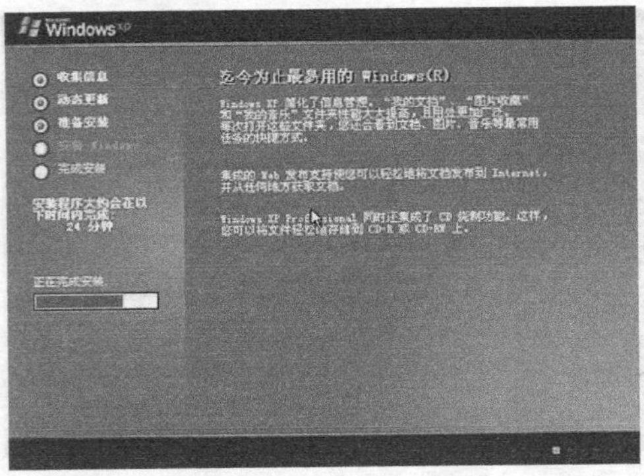

图 S4-18　复制系统文件

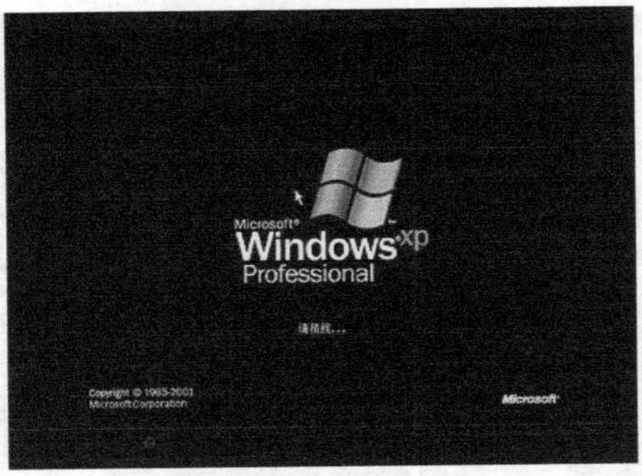

图 S4-19　自动重新启动

安装程序会自动完成全过程，安装完成后自动重新启动，完成系统安装。

实验五 Windows 7 系统安装

一、准备工作

1. 准备好 Windows 7 旗舰版安装光盘，并检查光驱是否支持自启动。

2. 可能的情况下，在运行安装程序前用磁盘扫描程序扫描所有硬盘，检查硬盘错误并进行修复，否则安装程序运行时如检查到有硬盘错误就会很麻烦。

3. 用纸张记录安装文件的产品密匙（安装序列号）。

4. 可能的情况下，用驱动程序备份工具（如驱动精灵）将原 Windows 7 下的所有驱动程序备份到硬盘上（如 F:\Drive）。最好能记下主板、网卡、显卡等主要硬件的型号及生产厂家，预先下载驱动程序备用。

5. 如果你想在安装过程中格式化 C 盘或 D 盘（建议安装过程中格式化 C 盘），请备份 C 盘或 D 盘中有用的数据。

二、用光盘启动系统

（如果你已经知道方法请转到下一步）重新启动系统并把光驱设为第一启动盘，保存设置并重启。将 Windows 7 安装光盘放入光驱，重新启动计算机。刚启动时，当出现如图 S5-1 所示的界面时快速按下“回车”键，否则不能启动 XP 系统光盘安。

在 Windows 7 下用虚拟光驱装载 ISO 镜像。

打开解压后的文件夹，找到 setup.exe（有的是 autorun.exe）双击即可运行安装程序。出现如图 S5-1 所示的界面，单击“现在安装”进入安装过程。

图 S5-1 安装

整个屏幕被 Windows 7 安装界面覆盖（此时要切换到其他操作按“win”键），并在屏幕中央出现如图 S5-2 所示的界面，选择“不获取最新安装更新”。

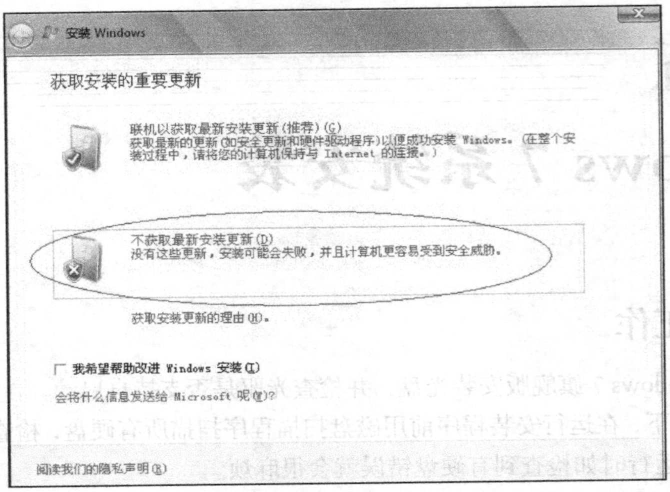

图 S5-2　安装更新

这个选择“不获取最新安装更新”，不然会很慢的。

出现协议许可界面，按“+”键同意安装，(按“–”键不同意安装)，或用鼠标单击“同意”按钮，然后按“回车”键（或单击“下一步”按钮）继续，如图 S5-3 所示。

出现安装类型选择界面，上键“↑”和下键“↓”移动到“自定义（高级）”选项（或用鼠标选择）继续，如图 S5-4 所示，选自定义（注意要选自定义），接下来到最重要的步骤了，一定要注意选对。

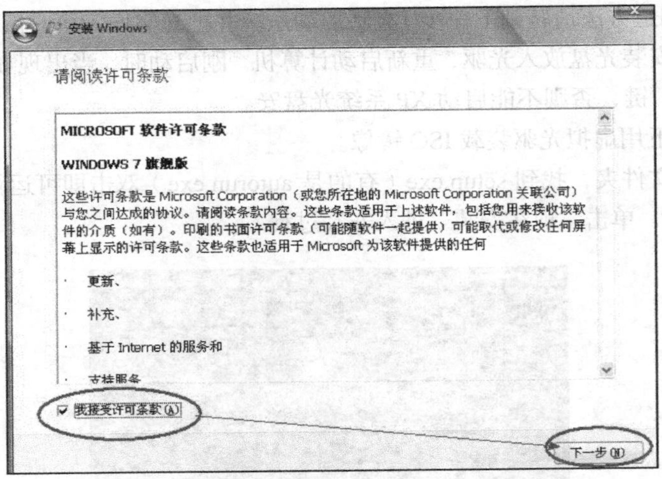

图 S5-3　协议许可

出现下图问你将 Windows 7 安装到何处，自己用上键（↑）和下键（↓）选择合适的分区（不能选择当前系统活动的分区，用光盘启动才可以安装到任意分区），选择好后按“回车”键进行下一步，如图 S5-5 所示。

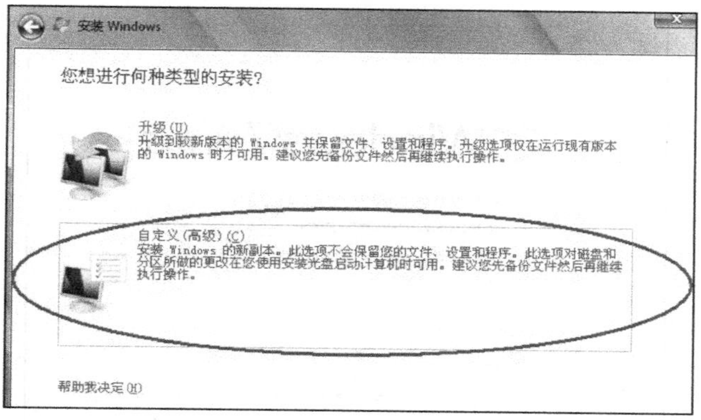

图 S5-4　安装类型

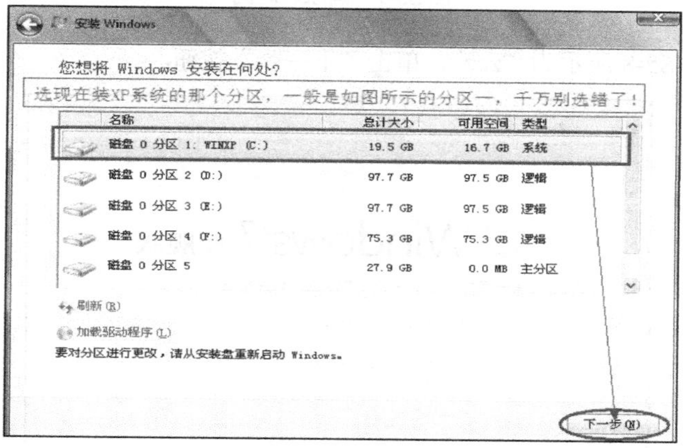

图 S5-5　选择分区

现在的系统分区很容易判断是哪一个，系统分区一般是分区一，有的会标注“Windows xp”，其大小一般为 18G～25G，且显示为“系统”，如图 S5-5 所示，下面的是其他分区，每个人的不一定一样，不用理它。选好分区单击“下一步”按钮，在下面弹出的对话框中直接确定就可以了。

安装系统正式启动，首先出现以图 S5-6 所示的界面，一步一步完成上面的任务，此过程会自动重启计算机，一次重启以后继续安装过程，此过程请不要做任何操作，系统会自动完成。

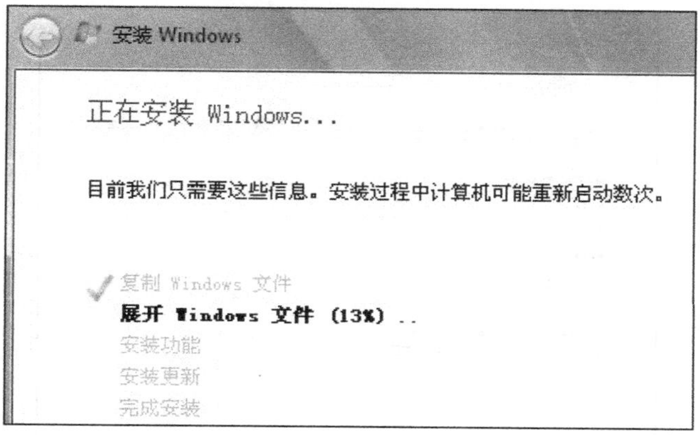

图 S5-6　安装过程

进入完成阶段，（重启后继续）设置如图 S5-7 所示，单击“下一步”按钮。

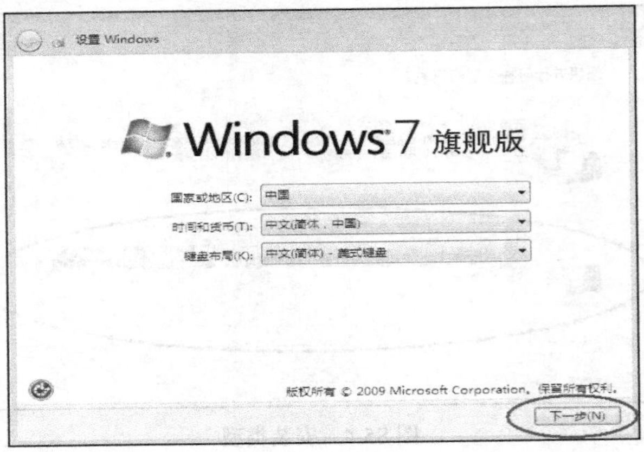

图 S5-7　国家、时间

输入用户名，图 S5-8 所示为“zcz”，单击“下一步”按钮。

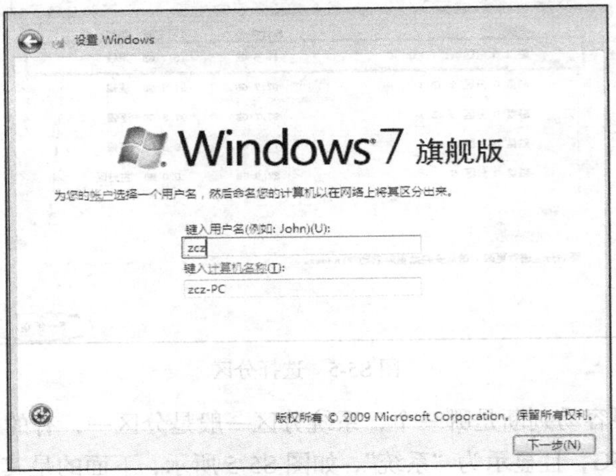

图 S5-8　用户名

输入密码（不想设置密码也可以不输入，这密码是开机密码），单击“下一步”按钮，如图 S5-9 所示。

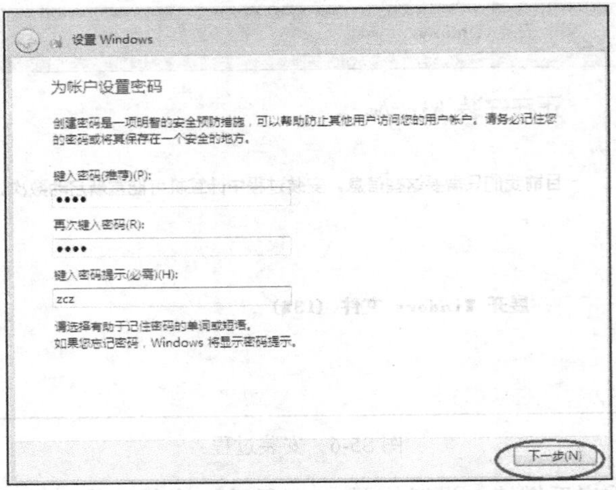

图 S5-9　密码

输入产品密钥，如果没有就不输继续（不输密钥，只能试用 30 天），如图 S5-10 所示。

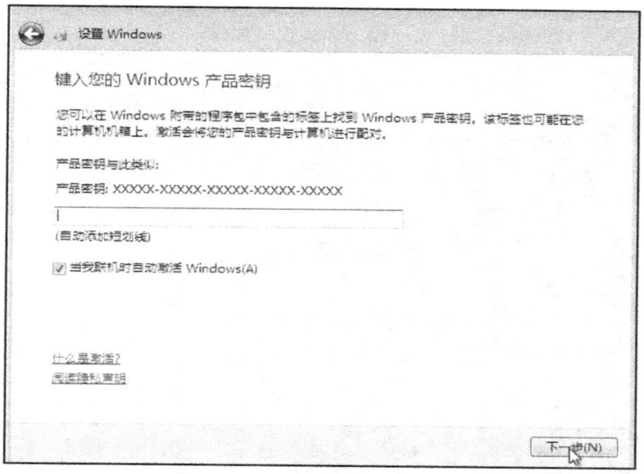

图 S5-10　输入产品密钥

直接单击“下一步”按钮,（装好后再激活，具体见下面）选“仅安装重要更新”，如图 S5-11 所示。

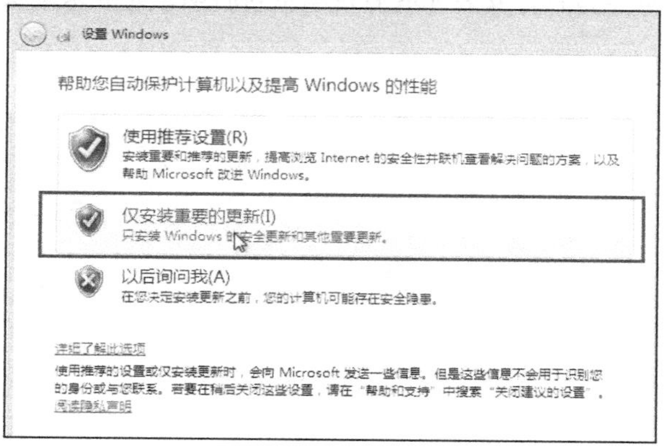

图 S5-11　仅安装重要更新

设置时区，时间不用设置，然后继续，如图 S5-12 所示。

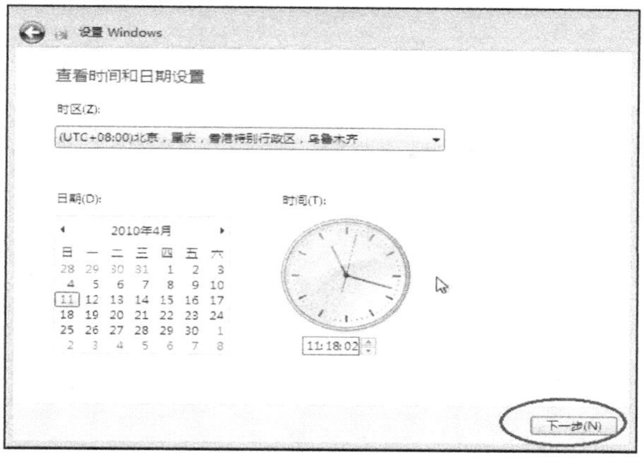

图 S5-12　设置时区

直接单击“下一步”按钮，进入开机界面，如图 S5-13 所示。

图 S5-13　开机界面

安装程序会自动完成全过程，安装完成后自动重新启动，完成系统安装。

实验六 Windows XP 的注册表设置

一、实验目的

1. 熟悉 Windows XP 的注册表的基本概念。
2. 掌握注册表的基本设置方法。

二、实验内容

1. 了解五大根项

注册表的定义是 Windows NT/2000 的中央分层数据库，用于存储所有用户、应用程序和硬件设备配置时的信息。依次单击“开始”→“运行”，在弹出的“运行”栏中输入“Regedit”命令，在打开的“注册表编辑器”窗口中可以看到注册表的所有内容。

注册表是按照子树、子树的项、子项和值的层次结构组织的。它具有两棵真正的注册表子树：HKEY_LOCAL_MACHINE 和 HKEY_USERS。其余的三棵子树是这两棵子树中部分内容的“快捷方式”，其目的是为了便于查找注册表中的信息，因此构成了五棵子树。它们的作用分别是：

（1）HKEY_LOCAL_MACHINE：可缩写为“HKLM”，它包含了计算机硬件和操作系统数据，如总线类型、系统内存、设备驱动程序和启动控制数据等等。

（2）KEY_USERS：可缩写为“HKU”，它包含了动态加载的用户配置文件和默认配置文件的信息。

（3）HKEY_CURRENT_USER：可缩写成“HKCU”，它包含了当前以交互方式登录的用户配置文件，包括环境变量、桌面设置、网络连接、打印机和程序首选项。它是 HKEY_USERS 的子项。

（4）HKEY_CLASSES_ROOT：可缩写为“HKCR”，它包含了用于各种 OLE 技术和文件关联的信息。它对应了 HKEY_LOCAL_MACHINE\SOFT WARE\ HKEY_CURRENT_ USER\Classes 或 SOFTWARE\Classes 中存在的项或值。

（5）HKEY_CURRENT_CONFIG：可缩写为“HKCC”。它包含了计算机当前硬件的配置信息，其中的数据随当前连接到的网络类型、硬件驱动、软件安装的改变而改变。它属于 HKEY_LOCAL_MACHINE 的子项，指向“HKEY_LOCAL_MACHINE\SYSTEM\CurrentControlSet\Hardware Profiles\Current”。这属于一个着重于查看信息的子树，一般无须进行调整。

2. 值的名称、数据类型和内容

在每个注册表项或子项中都可以包含称为“值”的数据。值具有三个部分，即值的名称、值的数据类型和值的内容，值的三个部分总是按一定顺序显示的，如图 S6-1 所示。

图 S6-1　注册表项值

其中，名称和数据类型一般是由注册表内置决定，具体内容则可以由用户来指定。值得注意的是，不同的数据类型往往只适应指定的环境，如表 S6 所示。

表 S6　　数据类型

REG_SZ	字符串值	长度固定的文本字符串
REG_BINARY	二进制值	多数硬件信息都以二进制存储，以十六进制格式显示
REG_DWORD	DWORD 值	设备驱动程序和服务的很多参数都是这种类型。值的内容可以使用二进制、十六进制或十进制的格式显示
REG_MULTI_SZ	多字符串值	包含列表类型的多个值的值通常为此类型。各个条目之间用空格、逗号或其他标记分开
REG_EXPAND_SZ	可扩充字符串值	长度可变的数据字符串。这种数据类型包括程序或服务使用该数据时解析的变量
REG_LINK	链接	一个 Unicode 字符串，它命名一个符号链接

3. 修改注册表的基本技能

在注册表编辑器窗口中编辑注册表内容时需要掌握几项基本技能。

（1）查找

按下“Ctrl+F”键后，可以使用“查找”功能快速找出所需子项或值的名称位置。此后，还可以通过不断地按“F3”键进行相同数据的重复查找。

（2）更改内容

如果需要更改子项或值的内容，只需双击右侧窗口中的“默认”值或特定值的名称，在弹出的属性窗口中输入数据即可，如图 S6-2 所示。

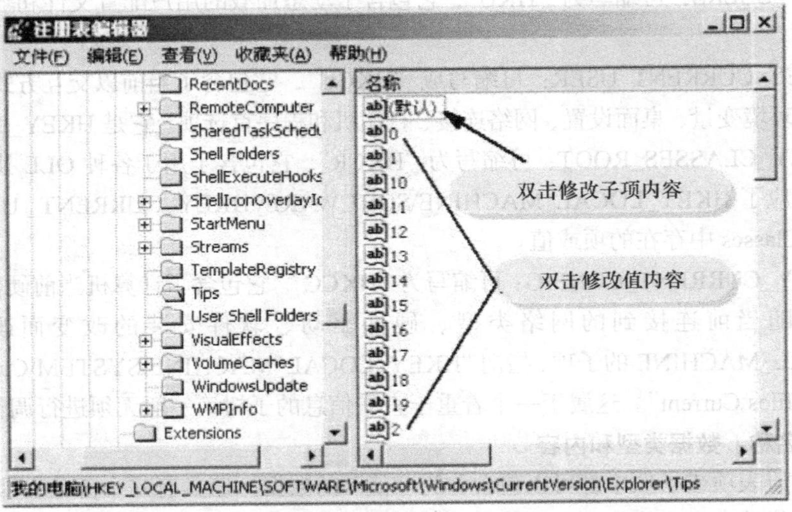

图 S6-2　注册表编辑器更改内容

（3）删除

手工删除子项或值的方法很简单，选中子项或值并按下"Delete"键即可；如果需要自动删除，则可以通过编写 Reg 文件来实现。例如，下面的方法可以自动清除 IE 地址栏的访问记录：在注册表中进入 HKEY_CURRENT_USER\SOFTWARE\Microsoft\Internet Explorer 项，选中其下的"TypedURLs"子项并单击鼠标右键选择"导出"。用记事本打开导出的 REG 文件，在其中的 HKEY_CURRENT_USER\SOFTWARE\Microsoft\InternetExplorer\

语句前添加"-"符号，即改成"-HKEY_CURRENT_USER\SOFTWARE\Microsoft\Internet Explorer\TypedURLs"。完成修改操作并保存文件后，以后要删除 TypedURLs 下的所有值时，只需双击此 REG 文件即可。

（4）重命名

重命名也是一项重要的注册表内容修改方法，只不过它修改的是子项或值的名称，其数据类型一般不变。进行重命名的操作很容易：单击选中子项或值，按下 F2 键进入重命名状态后，再进行相应的更名操作即可。

（5）备份与恢复

最简单的注册表备份方法是：在注册表编辑器窗口选中"我的电脑"项后，单击"文件→导出"菜单并根据向导提示，将所有的注册表信息导出到一个非启动分区；在需要恢复注册表时，单击"文件→导入"菜单并根据向导提示，即可使用备份的注册表内容覆盖当前的注册表内容了。

在注册表编辑器中，我们可以将注册表的任何一部分导出成以.reg 为扩展名的注册表文件。当我们用文本编辑器修改完该注册表文件后，将它导入注册表时，系统总会弹出一个确认对话框，这尽管是注册表编辑器的一个保护措施，但有时候我们会嫌它太麻烦。其实只要我们单击"开始→运行"，然后键入"Regedit /s 注册表文件名"（注册表文件名为要导入的注册表文件名），注册表编辑器就会"静悄悄"地将你指定的注册表文件导入到系统注册表中。

三、实验步骤

1. 设置用户对注册表的访问权限

（1）打开"注册表编辑器"，选定要设置访问权限的注册表项。

（2）选择"编辑"→"权限"命令，或单击右键，在弹出的快捷菜单中选择"权限"命令。

（3）打开"注册表项权限"对话框。

（4）在该对话框中的"组或用户名称"列表框中选择要设置访问权限的组或用户的名称。若在该列表框中没有要设置访问权限的组或用户的名称，可单击"添加"按钮，打开"选择用户或组"对话框，将其添加到列表框中。

（5）在"组或用户权限"列表框中显示了该组或用户的访问权限。若要对该组或用户设置特别权限或进行高级设置，可单击"高级"选项卡，打开"组或用户的高级安全设置"对话框，选择"权限"选项卡。

（6）在该选项卡中的"权限项目"列表框中双击某个组或用户名称，或单击"编辑"按钮，打开"组或用户的权限项目"对话框。

（7）在该对话框中的"名称"框中显示了该组或用户的名称。在"权限"列表框中显示了该组或用户允许或拒绝访问的权限项目。用户可单击更改该组或用户的访问项目。

（8）设置完毕后，单击"确定"按钮即可在"组或用户的高级安全设置"对话框中的"权限项”列表框中看到用户所做的更改。

（9）若所做的是拒绝某组或用户对某权限项目的访问，则单击“应用”按钮，将弹出“安全”对话框，提醒用户是否要设置该组或用户的拒绝权限。

（10）单击“是”按钮即可。

（11）重新启动计算机即可应用设置。

2. 通过修改注册表禁止运行某些程序

（1）打开“注册表编辑器”。

（2）选择“HKEY_CURRENT_USER/Software/Microsoft/Windows/CurrentVersion/Policies/Explorer”注册表项。

（3）右键单击 Explorer 注册表项，在弹出的快捷菜单中选择“新建”→“DWORD 值”命令，新建一个类型为 REG_DWORD 的值项。

（4）将该值项命名为“DisallowRun”。

（5）双击该值项，在弹出的“编辑 DWORD 值”对话框中的“数值数据”文本框中修改数值为“1”，“基数”选项组中选择“十六进制”选项。

（6）右键单击 Explorer 注册表项，在其弹出的快捷菜单中选择“新建”→“项”命令，新建一个 Explorer 注册表项的子项。

（7）将该子项命名为“DisallowRun”。

（8）右键单击该子项，在弹出的快捷菜单中选择“新建”→“字串值”命令，新建一个类型为 REG_SZ 的值项。

（9）将该值项命名为“1”，双击该值项，在弹出的“编辑字符串”对话框中的“数值数据”文本框中输入要禁止运行的程序名称。例如，要禁止运行记事本程序，可输入“Notepad.exe”。

（10）若要禁止多个程序，重复（8）～（9）步即可。

（11）设置完毕后，重新启动计算机即可。

禁止后的程序，若通过“开始”菜单或资源管理器运行，则会出现“限制”对话框。

注意 完成以上操作后请恢复原状。

---

3. 消除历史记录

使用 WMP 播放电影后，“文件”菜单中会留下曾经打开过的文件名，下面介绍如何清除历史记录。

单击“开始→运行”，输入“regedit”，打开注册表编辑器，展开左侧 Software\Microsoft\MediaPlayer\Player\RecentFileList 分支，在右边窗口中列出的就是最近一段时间的历史记录，将它们全部删除即可。如果你不想 WMP 每次都记录播放的历史记录，可以找到 HKEY_CURRENT_USER\Software\Microsoft\MediaPlayer\Preferences 分支，在它下面新建一个名为“AddMRU”的二进制项目，然后将它的值修改为“0”，以后在 WMP 中就再也不会留下任何痕迹了。

4. 用注册表添加自启动程序

利用注册表实现软件自启动是一种传统且有效的方法，木马、病毒、流氓软件、间谍软件多是利用此方法来实现自启动的，不过由于已经是种公开的秘密，所以现在利用注册表实现自启动的软件越来越少。

现在我们来查看一下自己系统注册表中是否有“内鬼”，按下“Win+R”键打开“运行”对话框，输入“REGEDIT”打开注册表编辑器，依次展开 HKEY_CURRENT_USER\Software\Microsoft\Windows\CurrentVersion\Run（或 RunOnce 和 RunOnceEx）和 HKEY_LOCAL_MACHINE\SOFTWARE\Microsoft\Windows\CurrentVersion\Run（或 RunOnce 和 RunOnceEx）。

解决方案：仔细查看注册表编辑器右侧区域中是否有不认识的软件名称，想取消此软件的自启动只需右键单击其名称执行“删除”命令便可。

实验七
Windows 组策略配置

一、实验目的

1. 熟悉 Windows XP 的组策略的基本概念。
2. 掌握组策略的基本设置方法。

二、实验内容

1. 组策略介绍

组策略（Group Policy）是管理员为用户和计算机定义并控制程序、网络资源及操作系统行为的主要工具。通过使用组策略可以设置各种软件、计算机和用户策略。

2. 启动方式

在“开始”菜单中，单击“运行”命令项，输入 gpedit.msc 并确定，即可运行组策略。先看看组策略的全貌，如图 S7-1 所示。

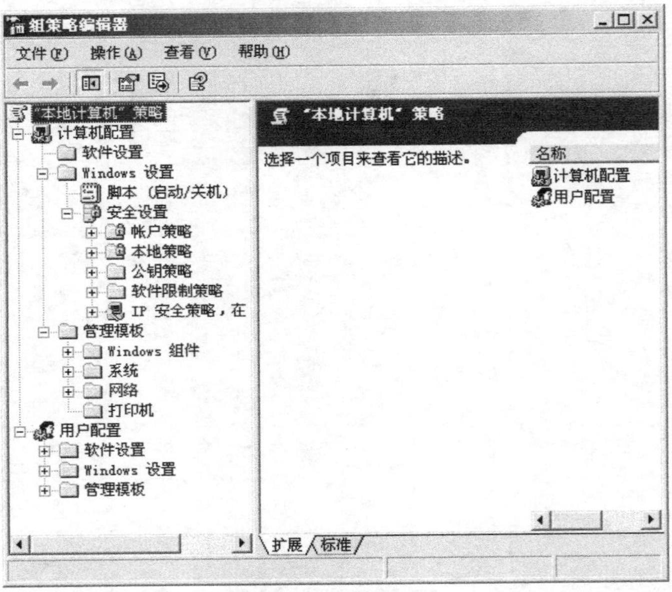

图 S7-1　运行组策略

安全设置包括账户策略、本地策略、公钥策略、软件限制策略、IP 安全策略。账户策略：在

Windows Server 2003 系统的“账户和本地策略”中包括“账户策略”和“本地策略”两个方面，而其中的“账户策略”又包括密码策略、账户锁定策略和 Kerberos 策略三个方面；另外，“本地策略”也包括审核策略、用户权限分配和安全选项三部分，如图 S7-2 所示。

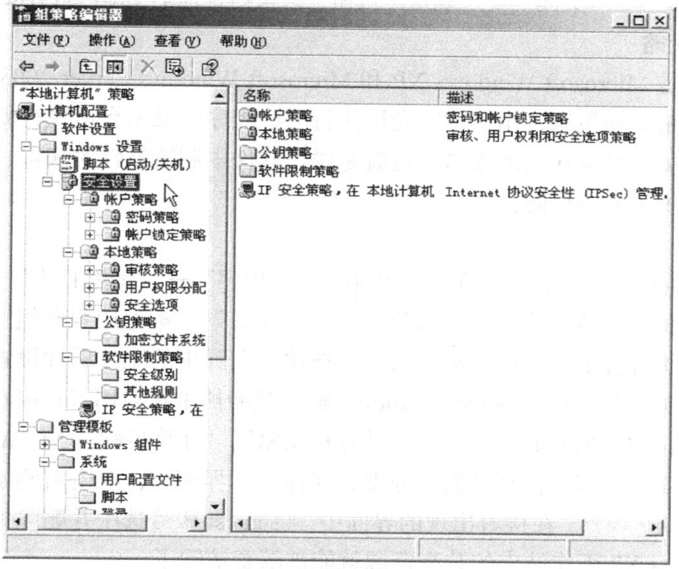

图 S7-2　安全设置

在 Windows 2000/XP/2003 系统中，系统默认已经安装了组策略程序，在“开始”菜单中，单击“运行”选项，输入“gpedit.msc”并确定，即可运行组策略，或者把“gpedit.msc”复制到新建的一个 TXT 文档，最后改扩展名为.bat，以后直接双击就可以进入。

使用上面的方法打开的组策略对象是当前的计算机，而如果需要配置其他的计算机组策略对象，则需要将组策略作为独立的 MMC 管理单元打开：

Microsoft 管理控制台（可在“开始”菜单的“运行”对话框中直接输入“MMC”并确定）。

单元菜单命令，在打开的对话框中单击“添加”按钮。

单元对话框中，单击“组策略”选项，然后单击“添加”按钮。

组策略对象对话框中，单击“本地计算机”选项编辑本地计算机对象，或通过单击“浏览”查找所需的组策略对象、策略管理单元即打开要编辑的组策略对象，配置、“已禁用”选项即可对计算机策略进行管理。

三、实验步骤

1. MMC 管理单元

若要在 MMC 控制台中通过选择 GPE 插件来打开组策略编辑器，具体方法如下：

（1）单击选择“开始”→“运行”命令，在弹出的对话框中键入“mmc”，然后单击“确定”按钮，打开 Microsoft 管理控制台窗口。

（2）选择“文件”菜单下的“添加/删除管理单元”命令。

（3）在“添加/删除管理单元”窗口的“独立”选项卡中，单击“添加”按钮。

（4）弹出“添加独立管理单元”对话框，并在“可用的独立管理单元”列表中选择“组策略”

选项，单击“添加”按钮。

（5）由于是将组策略应用到本地计算机中，故在“选择组策略对象”对话框中，单击“本地计算机”，编辑本地计算机对象，或通过单击“浏览”按钮查找所需的组策略对象。

（6）单击“完成”→“关闭”→“确定”按钮，组策略管理单元即可打开要编辑的组策略对象。

2. 软件限制策略

软件限制策略是 Microsoft Windows XP 和 Microsoft Windows Server 2003 中的一项新功能。它们提供了一套策略驱动机制，用于指定允许执行哪些程序以及不允许执行哪些程序。软件限制策略可以帮助组织免遭恶意代码的攻击。也就是说，软件限制策略针对病毒、特洛伊木马和其他类型的恶意代码提供了另一层防护。

3. 本地策略

首先，在 Windows XP 工作站中单击“开始”→“程序”→“管理工具”→“计算机管理”命令，在弹出的计算机管理界面中，再逐步展开“系统工具”、“本地用户和组”、“用户”分支，在对应“用户”分支的右边子窗口中双击“guest”选项，在弹出的账号属性设置界面中，取消“账号已停用”选项，再单击“确定”按钮，“guest”账号就能被重新启用了；接着打开系统的组策略编辑窗口，再用鼠标逐步展开其中的“本地计算机策略”、“计算机配置”、“Windows 设置”、“安全设置”、“本地策略”、“用户权利指派”分支，在弹出的界面中，双击右侧子窗口中的“拒绝从网络访问这台计算机”项目，在接着出现的界面中，将 guest 账号选中并删除掉，然后单击“确定”按钮，那么 Windows XP 工作站中的共享资源就能被随意访问了。

接着打开系统的组策略编辑窗口，再用鼠标逐步展开其中的“本地计算机策略”、“计算机配置”、“Windows 设置”、“安全设置”、“本地策略”、“用户权利指派”分支，在弹出的如图 S7-3 所示的界面中，双击右侧子窗口中的“拒绝从网络访问这台计算机”项目，在接着出现的界面中，将 guest 账号选中并删除掉，然后单击“确定”按钮，那么 Windows XP 工作站中的共享资源就能被随意访问了。

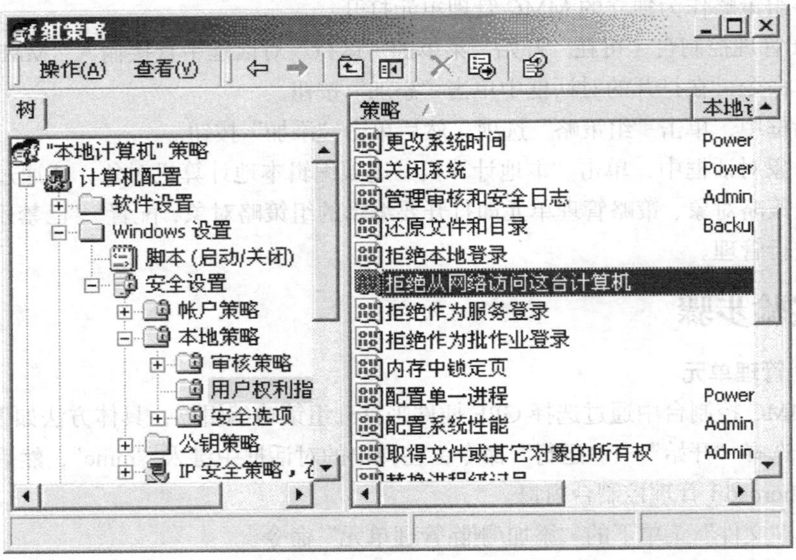

图 S7-3 拒绝从网络访问计算机

4. 公钥策略

加密文件系统（EFS）是 Windows 2000、Windows XP Professional 和 Windows Server 2003 的 NTFS 文件系统的一个组件（Windows XP Home 不包含 EFS）。EFS 采用高级的标准加密算法实现透明的文件加密和解密。任何不拥有合适密钥的个人或者程序都不能读取加密数据。即便是物理拥有驻留加密文件的计算机，加密文件仍然受到保护。甚至是有权访问计算机及其文件系统的用户，也无法读取这些数据。还应该采取其他防御策略，加密这种解决方法不是解决每种威胁的恰当对策，加密只是其他防御策略之外的又一种有力措施。EFS 是 Windows 文件系统的内置文件加密工具。

5. 软件限制策略

在 Windows XP 里的软件限制策略提供了一种透明的方式来隔离和使用不可靠的、有潜在危险的代码，这在某种程度上会保护你的计算机免受各种通过电子邮件或网页传播的病毒、木马程序和蠕虫等的攻击。这些策略允许你选择如何管理你系统里的软件。软件可以被严格管理，你可以决定以何种方式、在什么时间、在什么地点执行；或者软件可以被设置为不予管理、禁止指定代码运行等。通过在一个隔离区执行不可靠的代码和脚本，你可以获得那些被证明是良性的不可靠代码和脚本的功能，而那些受感染的代码是不能对你的系统造成任何危害的。

软件限制策略保护你免受已被感染的电子邮件附件的攻击，包括存储在临时文件夹的文件、对象和脚本。同时，也可以保护你的系统免受嵌入式不可靠脚本的 URL/UNC 连接、网上下载的 ActiveX 的危害。

实验八
计算机常见问题与故障排除

一、实验目的

学会对电脑常见问题的维护与维修，以及对电脑故障的排除。

二、电脑维修的基本方法

1. 观察法

观察，是维修判断过程中第一要法，它贯穿于整个维修过程中。观察不仅要认真，而且要全面。要观察的内容包括：

（1）周围的环境。

（2）硬件环境，包括接插头、座和槽等。

（3）软件环境。

（4）用户操作的习惯、过程。

2. 最小系统法

最小系统是指从维修判断的角度能使电脑开机或运行的最基本的硬件和软件环境。最小系统有以下两种形式。

硬件最小系统由电源、主板和CPU组成。在这个系统中，没有任何信号线的连接，只有电源到主板的电源连接。在判断过程中通过声音来判断这一核心组成部分是否可正常工作。

软件最小系统由电源、主板、CPU、内存、显示卡/显示器、键盘和硬盘组成。这个最小系统主要用来判断系统是否可完成正常的启动与运行。

对于软件最小环境，就“软件”有以下几点要说明：

（1）硬盘中的软件环境，保留着原先的软件环境，只是在分析判断时，根据需要进行隔离（如卸载、屏蔽等）。保留原有的软件环境，主要是用来分析判断应用软件方面的问题。

（2）硬盘中的软件环境，只有一个基本的操作系统环境（可能是卸载掉所有应用，或是重新安装一个干净的操作系统），然后根据分析判断的需要，加载需要的应用。需要使用一个干净的操作系统环境，是要判断系统问题、软件冲突或软、硬件间的冲突问题。

（3）在软件最小系统下，可根据需要添加或更改适当的硬件。如：在判断启动故障时，由于硬盘不能启动，想检查一下能否从其他驱动器启动。这时，可在软件最小系统下加入一个软驱或干脆用软驱替换硬盘来检查。又如：在判断音、视频方面的故障时，应需要在软件最小系统中加入声卡；在判断网络问题时，就应在软件最小系统中加入网卡等。

最小系统法，主要是先判断在最基本的软、硬件环境中，系统是否可正常工作。如果不能正常工作，即可判定最基本的软、硬件部件有故障，从而起到故障隔离的作用。

最小系统法与逐步添加法结合，能较快速地定位发生在其他版本软件的故障，提高维修效率。

3. 逐步添加/去除法

逐步添加法，以最小系统为基础，每次只向系统添加一个部件/设备或软件，来检查故障现象是否消失或发生变化，以此来判断并定位故障部位。

逐步去除法正好与逐步添加法的操作相反。

逐步添加/去除法一般要与替换法配合，才能较为准确地定位故障部位。

4. 隔离法

隔离法是将可能防碍故障判断的硬件或软件屏蔽起来的一种判断方法。它也可用来将怀疑相互冲突的硬件、软件隔离开以判断故障是否发生变化的一种方法。

上提到的软、硬件屏蔽，对于软件来说，即是停止其运行，或者是卸载；对于硬件来说，是在设备管理器中禁用、卸载其驱动，或干脆将硬件从系统中去除。

5. 替换法

替换法是用好的部件去代替可能有故障的部件，以判断故障现象是否消失的一种维修方法。好的部件可以是同型号的，也可能是不同型号的。替换的顺序一般为：

（1）根据故障的现象或第二部分中的故障类别，来考虑需要进行替换的部件或设备。

（2）按先简单后复杂的顺序进行替换。如：先内存、CPU，后主板；又如：要判断打印故障时，可先考虑打印驱动是否有问题，再考虑打印电缆是否有故障，最后考虑打印机或并口是否有故障等。

（3）最先检查与怀疑有故障的部件相连接的连接线、信号线等，之后是替换怀疑有故障的部件，再替换供电部件，最后是与之相关的其他部件。

（4）从部件的故障率高低来考虑最先替换的部件，故障率高的部件应先进行替换。

6. 比较法

比较法与替换法类似，即用好的部件与怀疑有故障的部件进行外观、配置、运行现象等方面的比较，也可在两台电脑间进行比较，以判断故障电脑在环境设置、硬件配置方面的不同，从而找出故障部位。

7. 敲打法

敲打法一般用在怀疑电脑中的某部件有接触不良的故障时，通过振动、适当的扭曲，甚或用橡胶锤敲打部件或设备的特定部件来使故障复现，从而判断故障部件的一种维修方法。

8. 对电脑产品进行清洁的建议

有些电脑故障，往往是由于机器内灰尘较多而引起的，这就要求我们在维修过程中，注意观察故障机内、外部是否有较多的灰尘，如果是，应该先进行除尘，再进行后续的判断与维修。在进行除尘操作中，以下几个方面要特别注意：

（1）注意风道的清洁。

（2）注意风扇的清洁。

风扇的清洁过程中，最好在清除其灰尘后，能在风扇轴处，点一点儿钟表油，加强润滑。

（3）注意接插头、座、槽、板卡金手指部分的清洁以及手指的清洁，可以用橡皮擦拭金手指部分，或用酒精棉擦拭也可以，插头、座、槽的金属引脚上的氧化现象的去除方法：一是用酒精擦拭，二是用金属片（如小一字改锥）在金属引脚上轻轻刮擦。

（4）注意大规模集成电路、元器件等引脚处的清洁。

清洁时，应用小毛刷或吸尘器等除掉灰尘，同时要观察引脚有无虚焊和潮湿的现象，以及元器件是否有变形、变色或漏液的现象。

（5）注意使用的清洁工具。

清洁用的工具，首先是防静电的。如清洁用的小毛刷，应使用天然材料制成的毛刷，禁用塑料毛刷。其次，如使用金属工具进行清洁时，必须切断电源，且要对金属工具进行泄放静电的处理。

用于清洁的工具包括小毛刷、皮老虎、吸尘器、抹布、酒精（不可用来擦拭机箱、显示器等的塑料外壳）。

（6）对于比较潮湿的情况，应想办法使其干燥后再使用，可用的工具如电风扇、电吹风等，也可让其自然风干。

三、常见故障排除

1. 虚拟内存不足的解决办法

可以通过改变系统虚拟内存的设置来解决这个问题，操作步骤如下：

单击"我的电脑→控制面板→系统"，选择"性能"菜单中的"虚拟内存"设置栏，选择"用户自己指定虚拟内存设置"，在弹出的对话框中，选择有较大剩余空间的硬盘作为虚拟内存盘符，并指定最大、最小虚拟内存量。设置好后按"确定"，直至退出"控制面板"为止。

2. 解决*.bmp 文件不能预览

一种方法是打开"我的电脑"，找到一个.bmp 文件，按住"Shift"键的同时单击鼠标右键，会弹出一个快捷菜单。选择"打开方式"来设置打开这个格式的文件的应用程序。

还有一种方法是：在桌面上双击"我的电脑"，选择需要浏览的 bmp 图像文件所在的文件夹，单击"查看"菜单，勾选其中的"按 web 页"选项，再选择您想查看的图像即可预览。

3. 用"关闭计算机"不能关机

我们经常用"开始"菜单中的"关闭计算机"来关机，有时出现不能正常关机的情况，原因是 Windows XP 的系统文件遭到了破坏。在操作系统核心文件遭到破坏时，系统根本不能正常启动，在这种情况下，一般只能重新安装系统。如果被破坏的系统不涉及系统的基本功能，那么可以通过重新复制被破坏的文件的方法来解决。

4. 无法运行磁盘清理程序

磁盘清理程序会搜索驱动器，然后列出临时文件、Internet 缓存文件和可以安全删除的不需要的文件，释放空间，但如果你的硬盘存在错误，则无法执行操作。我们可以先运行"磁盘扫描程序"对硬盘进行查错处理。运行"磁盘扫描程序"的方法是：在"我的电脑"中右键单击需要查错的驱动器，选择"属性"，打开相应的驱动属性对话框，在对话框中选择"工具"选择卡，并在"查错"栏目中按"开始检查"按钮。

实验九 GHOST 软件应用

一、实验目的

通过实验熟练掌握 GHOST 软件的应用。

二、Ghost 简介

Ghost（幽灵）软件是美国赛门铁克公司推出的一款出色的硬盘备份还原工具，可以实现 FAT16、FAT32、NTFS、OS2 等多种硬盘分区格式的分区及硬盘的备份还原，俗称克隆软件。

1．特点

既然称之为克隆软件，说明其 Ghost 的备份还原是以硬盘的扇区为单位进行的，也就是说可以将一个硬盘上的物理信息完整复制，而不仅仅是数据的简单复制；克隆人只能克隆躯体，但这个 Ghost 却能克隆系统中所有的东西，包括声音、动画、图像，甚至连磁盘碎片都可以帮你复制。Ghost 支持将分区或硬盘直接备份到一个扩展名为.gho 的文件里（赛门铁克把这种文件称为镜像文件），也支持直接备份到另一个分区或硬盘里。

2．运行 ghost

至今为止，ghost 只支持 DOS 的运行环境，这不能说不是一种遗憾。我们通常把 ghost 文件复制到启动软盘（U 盘）里，也可将其刻录进启动光盘，用启动盘进入 DOS 环境后，在提示符下输入 ghost，按“回车”键即可运行 ghost，首先出现的是关于界面，如图 S9-1 所示。

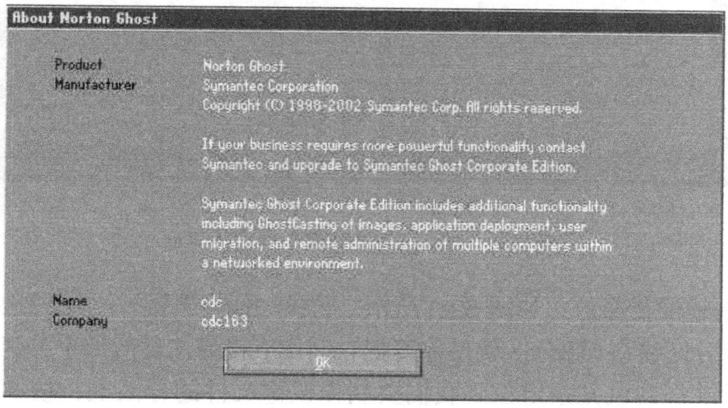

图 S9-1　ghost 运行界面

按任意键进入 ghost 操作界面，出现 ghost 菜单，主菜单共有 4 项，从下至上分别为 Quit（退出）、Options（选项）、Peer to Peer（点对点，主要用于网络中）、Local（本地）。一般情况下我们只用到 Local 菜单项，其下有三个子项：Disk（硬盘备份与还原）、Partition（磁盘分区备份与还原）、Check（硬盘检测），前两项功能是我们用得最多的，下面的操作讲解就是围绕这两项展开的。

三、分区备份

Disk：磁盘。

Partition：分区。在操作系统里，每个硬盘盘符（C 盘以后）对应着一个分区。

Image：镜像。镜像是 Ghost 的一种存放硬盘或分区内容的文件格式，扩展名为.gho。

To：到。在 ghost 里，简单理解 to 即为“备份到”的意思。

From：从。在 ghost 里，简单理解 from 即为“从……还原”的意思。

Partition 菜单简介，其下有三个子菜单：

To Partion：将一个分区（称源分区）直接复制到另一个分区（称目标分区），注意操作时，目标分区空间不能小于源分区。

To Image：将一个分区备份为一个镜像文件，注意存放镜像文件的分区不能比源分区小，最好是比源分区大。

From Image：从镜像文件中恢复分区（将备份的分区还原）。

四、分区镜像文件的制作

1. 运行 Ghost 后，用光标方向键将光标从“Local”移动“Disk”、“Partition”移动到“To Image”菜单项上，如图 S9-2 所示，然后按“回车”键。

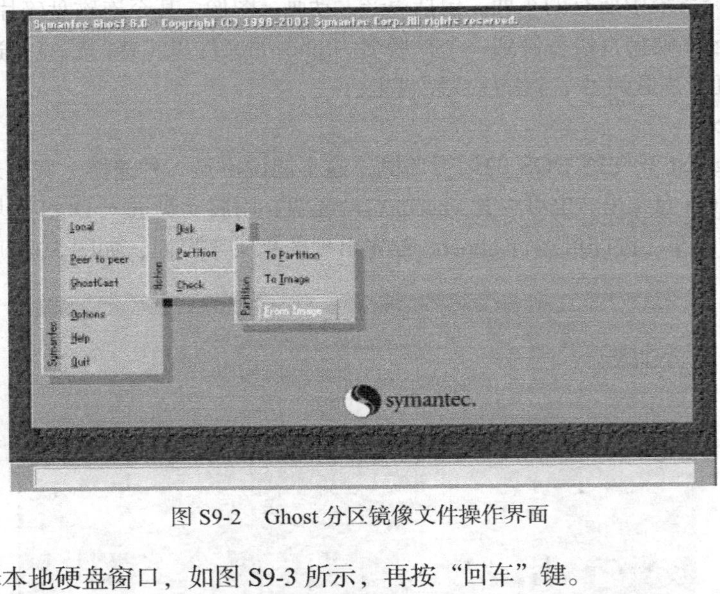

图 S9-2　Ghost 分区镜像文件操作界面

2. 出现选择本地硬盘窗口，如图 S9-3 所示，再按“回车”键。

3. 出现选择源分区窗口（源分区就是你要把它制作成镜像文件的那个分区），如图 S9-4 所示。用上、下光标键将蓝色光条定位到我们要制作镜像文件的分区上，按“回车”键确认我们要选择的源分区，再按一下“Tab”键将光标定位到“OK”键上（此时“OK”键变为白色），如图 S9-5 所示，再按“回车”键。

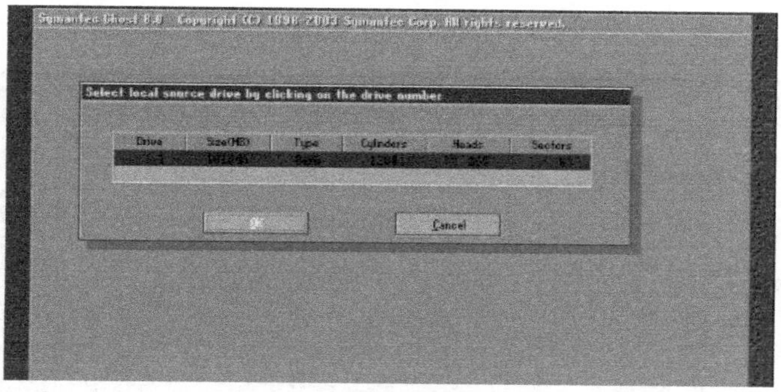

图 S9-3　选择本地硬盘

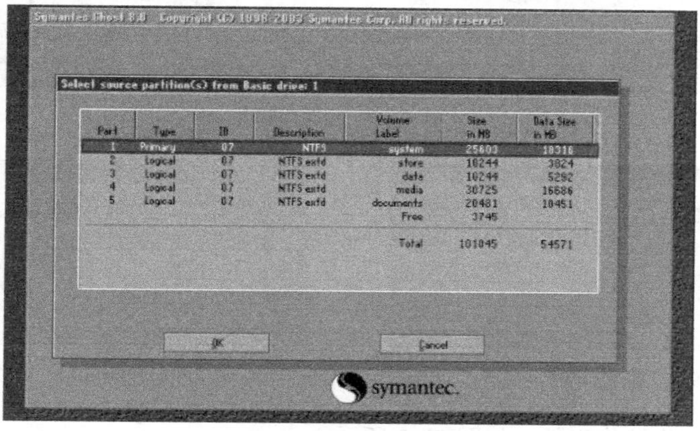

图 S9-4　选择源分区窗口

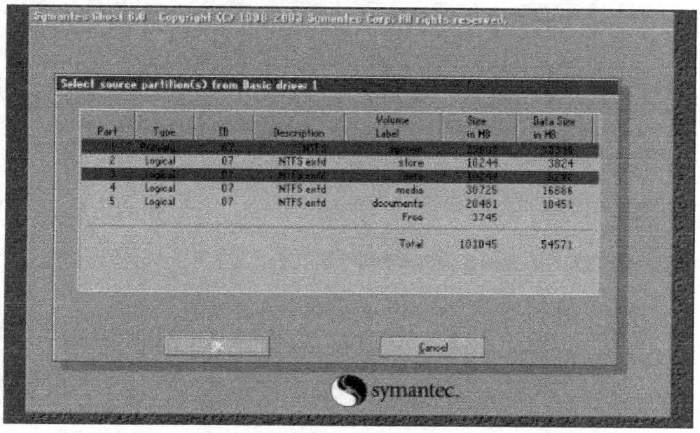

图 S9-5　制作镜像文件

4. 进入镜像文件存储目录，默认存储目录是 Ghost 文件所在的目录，在 File name 处输入镜像文件的文件名，也可带路径输入文件名（此时要保证输入的路径是存在的，否则会提示非法路径），如图 S9-6 所示，输好文件名后，再按“回车”键。

5. 接着出现“是否要压缩镜像文件”窗口，如图 S9-7 所示，有“No（不压缩）、Fast（快速压缩）、High（高压缩比压缩）”，压缩比越低，保存速度越快。一般选“Fast”即可，用向右光标方向键移动到“Fast”上，按“回车”键确定。

6. 接着又出现一个提示窗口，如图 S9-8 所示，用光标方向键移动到“Yes”上，按“回车”

键确定。

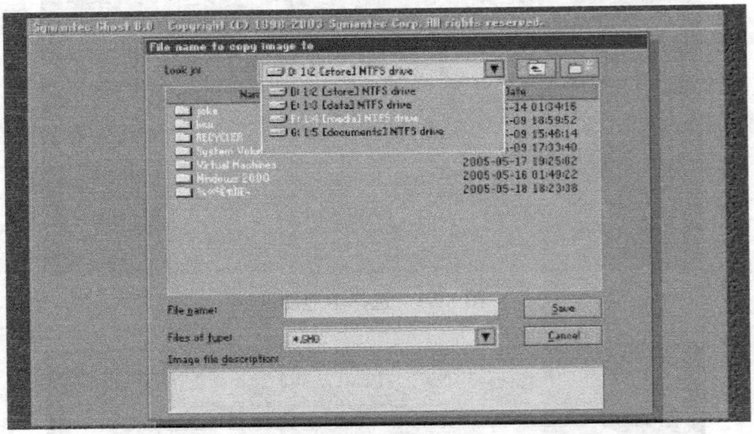

图 S9-6　文件存储

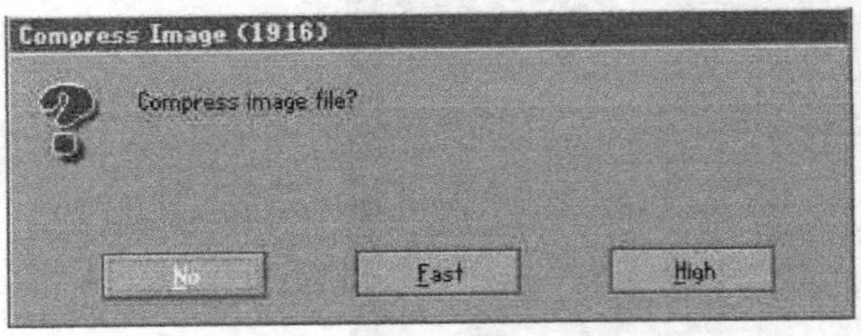

图 S9-7　是否压缩

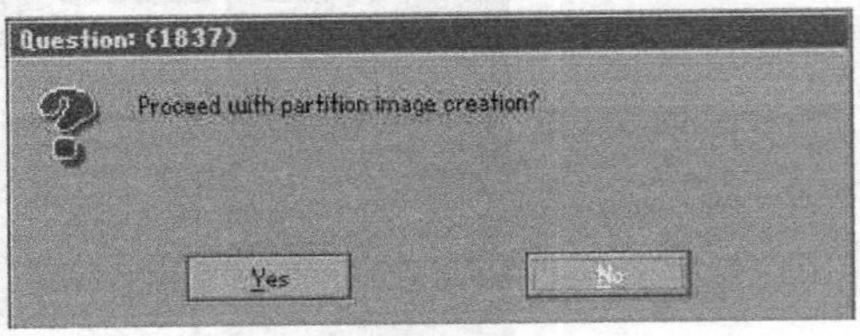

图 S9-8　确定

7. Ghost 开始制作镜像文件，如图 S9-9 所示。

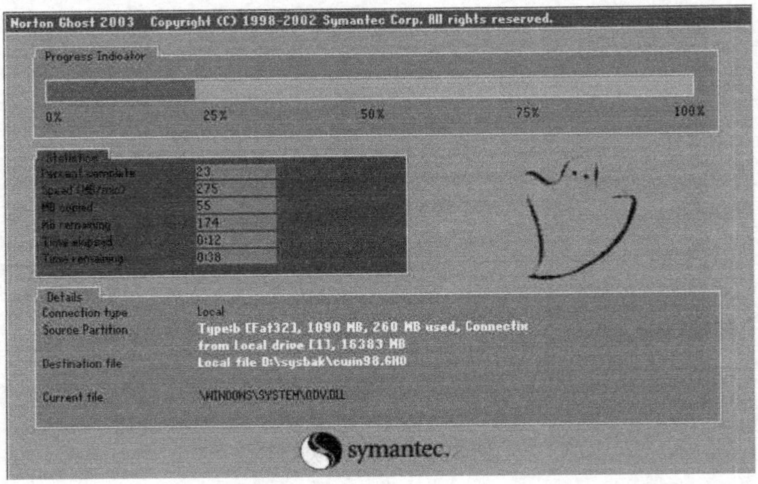

图 S9-9　制作镜像文件

8. 建立镜像文件成功后，会出现提示创建成功窗口，如图 S9-10 所示。

按“回车”键即可回到 Ghost 界面。

9. 再按“Q”键，按“回车”键后即可退出 ghost。

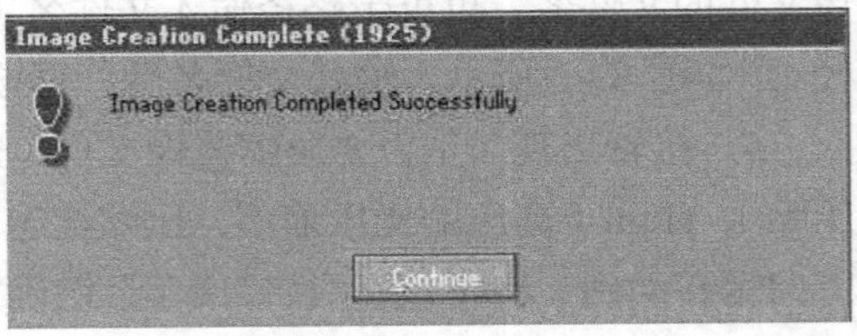

图 S9-10　创建成功

五、从镜像文件还原分区

制作好镜像文件，我们就可以在系统崩溃后还原，这样又能恢复到制作镜像文件时的系统状态。下面介绍镜像文件的还原方法。

1. 出现 Ghost 主菜单后，用光标方向键移动到菜单“Local→Partition→FromImage”，如图 S9-11 所示，然后按“回车”键。

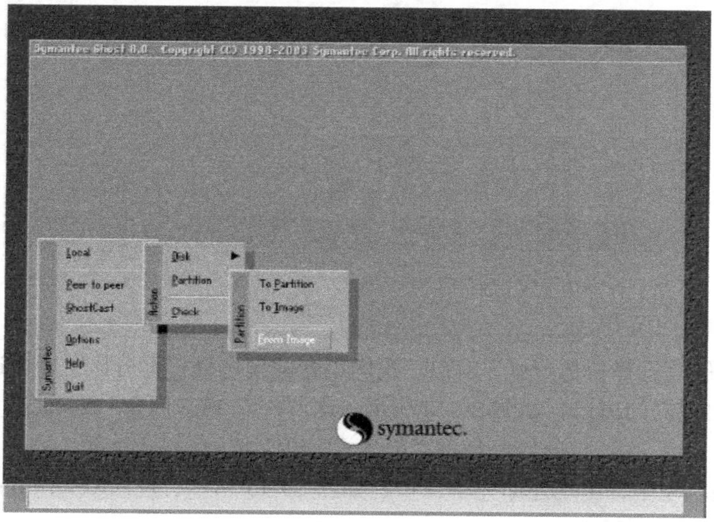

图 S9-11　镜像文件恢复分区

2. 出现“镜像文件还原位置窗口”，如图 S9-12 所示，在 File name 处输入镜像文件的完整路径及文件名（你也可以用光标方向键配合“Tab”键分别选择镜像文件所在路径、输入文件名，但比较麻烦），再按“回车”键。

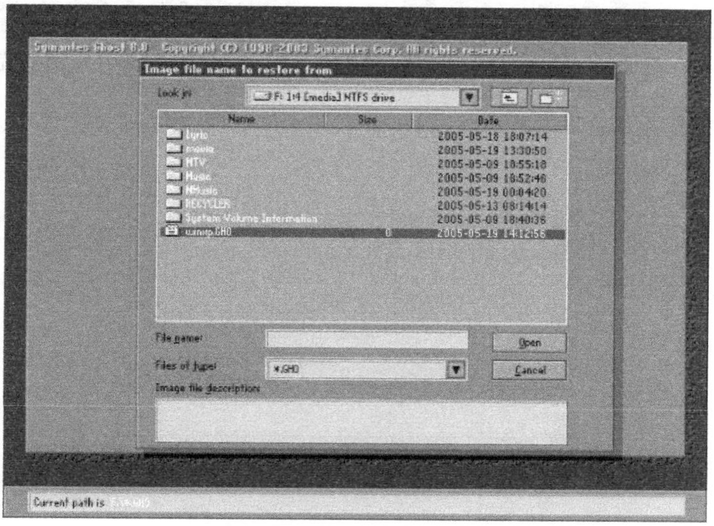

图 S9-12　选择镜像文件

3. 出现从镜像文件中选择源分区窗口，直接按“回车”键，又出现选择本地硬盘窗口，如图

S9-13 所示，再按“回车”键。

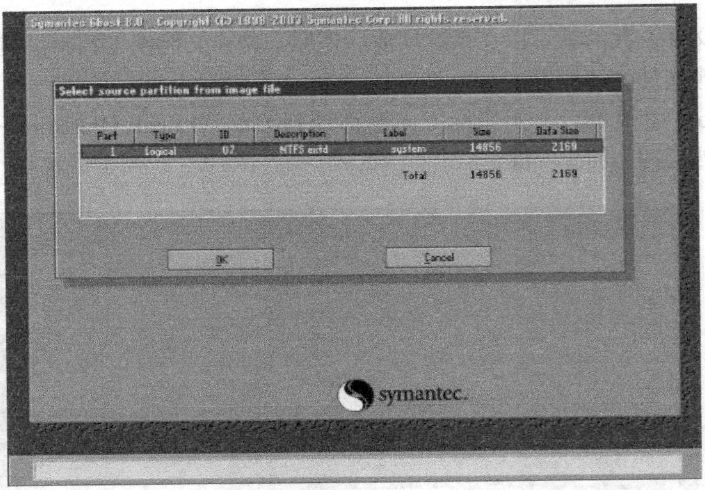

图 S9-13　选择分区

4. 出现“从硬盘选择目标分区”窗口，我们用光标键选择目标分区（即要还原到哪个分区），按“回车”键。出现提问窗口，如图 S9-14 所示，选“Yes”按“回车”键确定，ghost 开始还原分区信息。

5. 很快就还原完毕，出现还原完毕窗口，如图 S9-15 所示，选“Reset Computer”按“回车”键重启电脑。

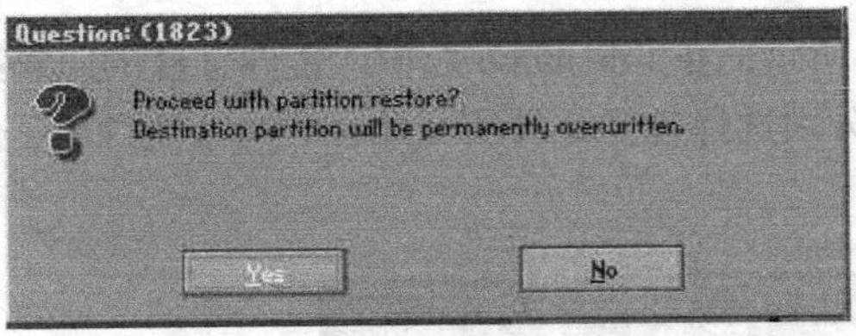

图 S9-14　还原分区信息

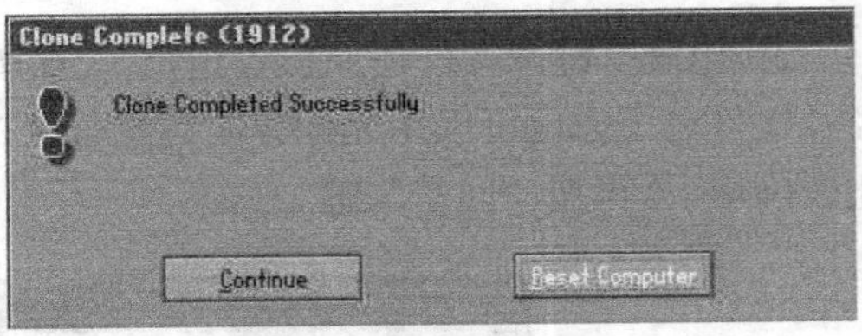

图 S9-15　还原完毕

6. 重启进入操作系统。

实验十
无线网络的组建

一、实验目的

通过实验掌握无线局域网的搭建与应用。

二、无线网络的环境

目前的家庭用户多数都不止一台计算机连接互联网，并且有些用户还是台式电脑、笔记本电脑相结合，有线与无线相结合。在这种环境下，无线宽带路由可以很好地为我们完成这样的工作。

（1）一台无线宽带路由器，如图 S10-1 所示。

（2）一台运行 Windows 7 操作系统的 PC。

（3）一条双绞线跳线。

图 S10-1　宽带路由器的连接

三、搭建无线网络的步骤

1. 把自己的网卡设定为自动分配 IP 地址，然后连接路由器之后看看自动获取的 IP 地址，这样比较容易确定网关，也就是路由器的配置地址，如图 S10-2 所示。

2. 编辑配置的这台获得的 IP 地址是 192.168.1.101，网关也显示了，是 192.168.1.1。在浏览器中输入 192.168.1.1，进入路由器配置界面，如图 S10-3 所示。TP-LINK 的产品用户名与密码都是 admin，如图 S10-4 所示。

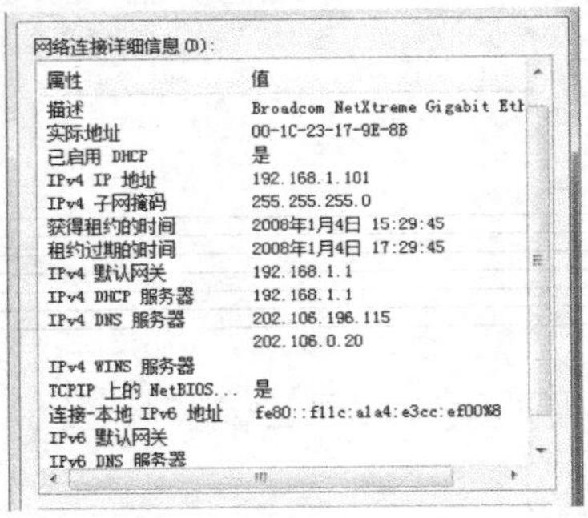

图 S10-2　网卡配置

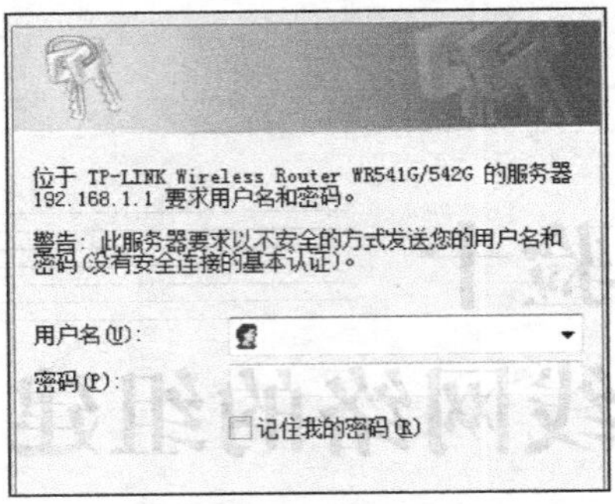

图 S10-3　登录宽带路由器

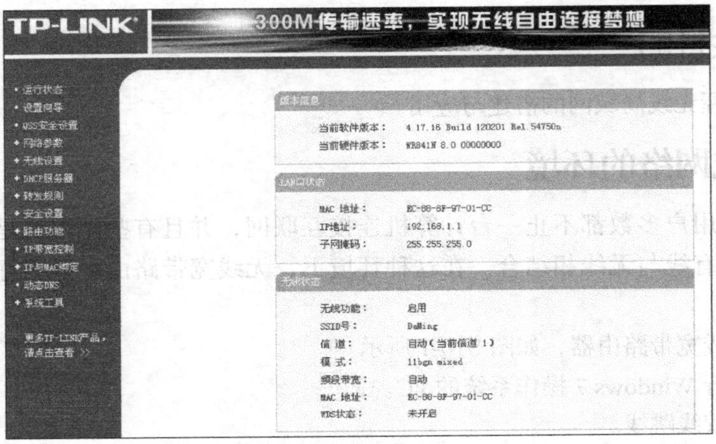

图 S10-4　宽带路由器主界面

3. 配置之前先确定你的宽带接入方式，如图 S10-5 所示，一般路由器支持的连接种类很多。

这里以 ADSL 为例，选择 PPPOE，在账号与口令中输入运营商给你的用户名与密码。下面的自动连接按照需求设定，如图 S10-6 所示。

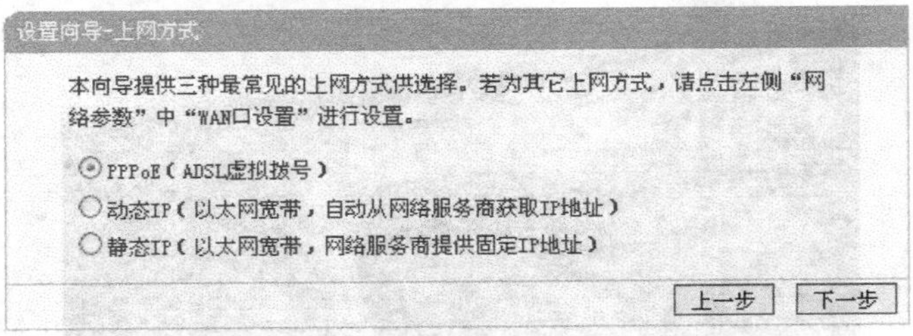

图 S10-5　选择宽带接入方式

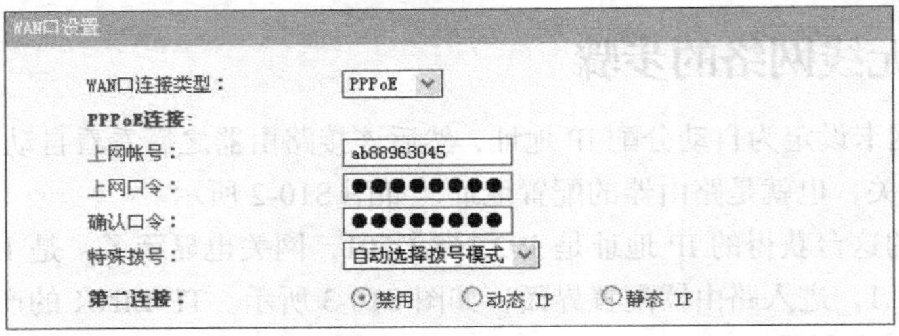

图 S1　0-6　填写上网账号、口令

4. LAN 口的设定，这里主要是设定路由器的配置 IP，默认的是 192.168.1.1，如图 S10-7 所示。

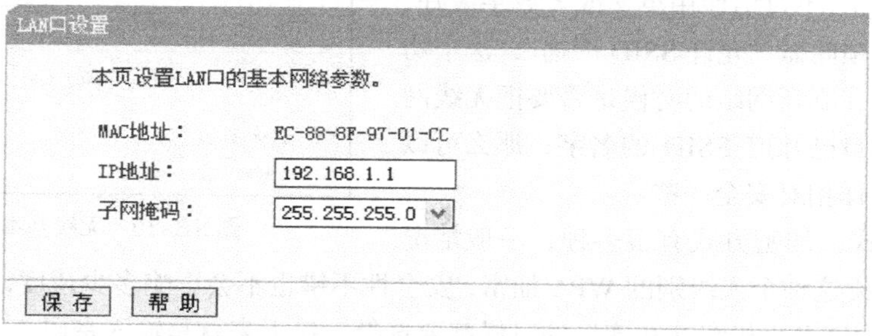

图 S10-7　LAN 口设置

5. MAC 地址克隆是让路由器伪装自身的 MAC，如图 S10-8 所示。有些运营商的设备在上网的时候已经绑定了电脑网卡的 MAC 地址，遇上这样的情况，需要把网卡的 MAC 地址填到地址栏，这样路由器就伪装成网卡可以继续上网了。

6. 无线的设定，首先是频道，有的产品有 AUTO（自动）这个选项，但是有一些没有，比如 TP-LINK 的设备。

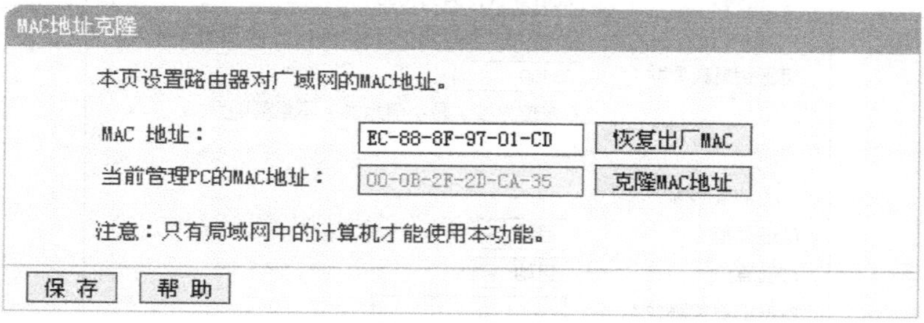

图 S10-8　MAC 地址克隆

一般情况下我们选择 1、6、11 就可以了，如果有自动的可以打开自动，最好不要设定到 11 以后，因为各国标准不一样，可能有些网卡刷不出 11 频道以后的无线信号。如果你有邻居也使用无线网，那最好协商一下选择不用的信道。无线参数配置的界面如图 S10-9 所示。

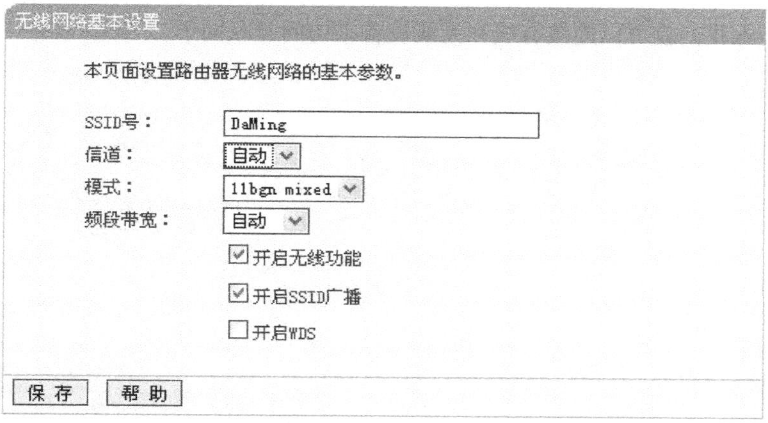

图 S10-9　无线参数配置

然后是SSID设置，如图S10-10所示，填上喜欢的名字就可以了，不过请使用英文或者数字最好，而下面有一个选项叫做“允许SSID广播”，这个功能就是无线网卡在刷新网络的时候是否要把无线网刷出来，如果你自己知道SSID的名字，那么可以选择不广播，这样相对安全一些。

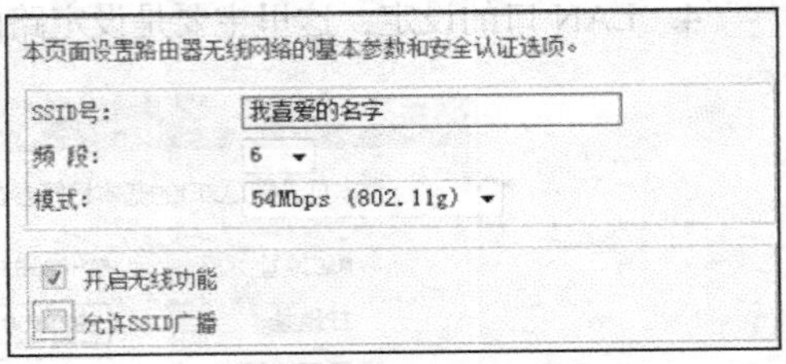

图 S10-10　无线基本参数配置

7. 加密方式，加密方式有很多种，一般情况下使用WPA-PSK这种个人级别的WPA加密，安全性不错也不会影响多少速度，加密方式可以固定到TKIP，因为许多手机终端在连接的时候都要选择。接下来就是输入密码，一般设定10位密码，如图S10-11所示。

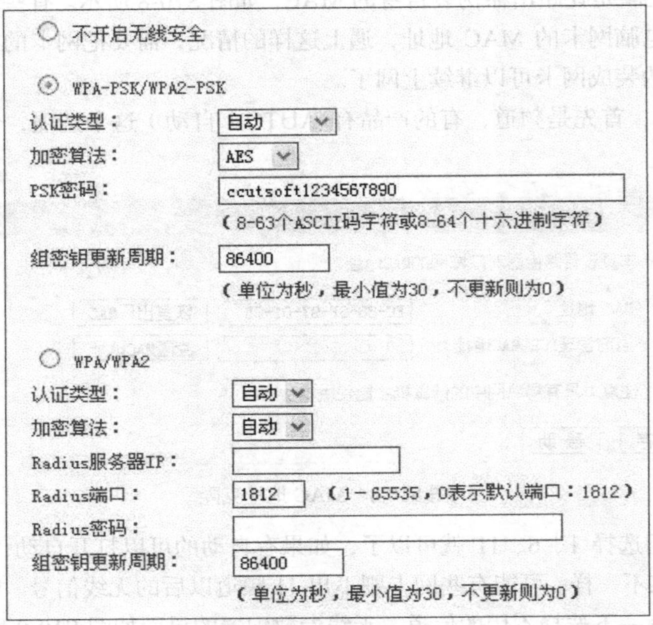

图 S10-11　无线加密参数配置

完成以上步骤我们就可以连接有线和无线设备来访问互联网了。

参考文献

[1] 杨振山，龚沛曾. 大学计算机基础（第四版）. 北京：高等教育出版社，2004.

[2] 耿增民，孙思云. 计算机硬件技术基础（第 2 版）. 北京：人民邮电出版社，2012.

[3] 何桥. 计算机硬件技术基础（第 2 版）. 北京：电子工业出版社，2010.

[4] 李密生，韩坤. 计算机硬件及组装维护. 北京：清华大学出版社，2011.

[5] 缪亮，谢天年，卢小宝. 计算机组装与维护实用教程. 北京：清华学出版社，2009.

[6] 罗克露，俸志刚. 计算机组成原理. 北京：电子工业出版社，2010.

[7] 于德海，王亮，王金甫. 计算机网络技术基础. 北京：中国水利水电出版社，2008.

[8] 王金甫，王亮. 物联网技术. 北京：北京大学出版社，2012.

[9] 王鑫刚，陈忻. Windows XP 基础教程. 北京：清华学出版社，2004.

[10] 李红. 网络服务器配置与管理——Windows Server 2003，北京：人民邮电出版社，2012.

[11] 邱泽伟. 计算机应用基础. 北京：人民邮电出版社，2012.

[12] （美） Amold S. Berger 著. 清华大学吴为民，喻文建，刘澍华，伍绍贺译. 计算机硬件及组成原理. 北京：机械工业出版社，2007.

[13] 谢希仁. 计算机网络（第 5 版）. 北京：电子工业出版社，2012.

[14] 李云，葛桂萍，史庭俊. 计算机硬件技术基础. 北京：机械工业出版社，2011.

[15] 王迎旭. 单片机原理与应用（第 2 版）. 北京：机械工业出版社，2012.

[16] 高长铎，郭亮. 计算机应用基础(Windows XP+Office 2003)（第 2 版）. 北京：人民邮电出版社，2013.